U0288454

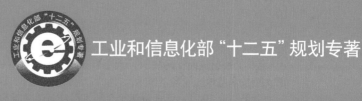

国家出版基金项目

工业和信息化部"十二五"规划专著

航天发射科学与技术

航天发射地面支持技术

SPACE LAUNCH GROUND SUPPORT TECHNOLOGY

何家声　编著

北京理工大学出版社
BEIJING INSTITUTE OF TECHNOLOGY PRESS

内 容 简 介

《航天发射地面支持技术》主要以运载火箭和弹道导弹发射流程为主线，介绍航天发射地面支持技术及地面设备系统。

全书共分 10 章，第一章绪论介绍发射准备工艺流程和地面发射支持技术的特点，随后各章逐一介绍箭（弹）运输技术、转载和对接组装技术、装填技术、地面瞄准技术、地面供配电技术、常温液体推进剂贮运和加注技术、低温液体推进剂贮运和加注技术、地面供配气技术、抗核加固和防护技术。具体内容包括各项支持技术任务要求、操作方式、技术原理，以及要解决的主要技术问题和发展方向等。

图书在版编目（CIP）数据

航天发射地面支持技术 / 何家声编著 . ﹣﹣北京：
北京理工大学出版社，2015.6（2024.8 重印）
（航天发射科学与技术）
国家出版基金项目 工业和信息化部"十二五"规划
专著
ISBN 978 ﹣7 ﹣5682 ﹣0738 ﹣6

Ⅰ.①航… Ⅱ.①何… Ⅲ.①航天器发射﹣地面维护
Ⅳ.①V554

中国版本图书馆 CIP 数据核字（2015）第 133398 号

责任编辑：封 雪   文案编辑：封 雪
责任校对：周瑞红   责任印制：王美丽

出版发行 / 北京理工大学出版社有限责任公司
社　　　址 / 北京市丰台区四合庄路 6 号
邮　　　编 / 100070
电　　　话 / （010）68944439（学术售后服务热线）
网　　　址 / http://www.bitpress.com.cn

版 印 次 / 2024 年 8 月第 1 版第 2 次印刷
印　　刷 / 廊坊市印艺阁数字科技有限公司
开　　本 / 787 mm×1092 mm 1/16
印　　张 / 18.75
字　　数 / 362 千字
定　　价 / 82.00 元

航天发射科学与技术

学术顾问委员会

（按姓氏笔画排序）

总序

　　世界各国为了进一步提高综合国力，都在大力开发空间资源和加强国防建设。作为重要运载器的火箭、导弹，以及相关的发射科学技术，也相应地都得到了广泛的重视。发射科学技术综合了基础科学和其他应用科学领域的最新成就，以及工程技术的最新成果，是科学技术和基础工业紧密结合的产物。同时，发射科学技术也反映了一个国家相关科学技术和基础工业的发展水平。

　　航天发射科学技术的发展历史漫长，我国古代带火的弓箭便是火箭的雏形。火箭出现后，被迅速用于各种军事行动和民间娱乐。随着现代科学技术的发展和人类需求的增加，美国、俄罗斯、中国、日本、法国、英国等航天大国，投入了大量的人力、物力进行航天发射的研究和开发，并取得了丰硕成果，代表了世界的先进水平。火箭、导弹的发射水平，决定了一个国家航天活动和国防保障区域的范围。因此，各航天大国均把发展先进的发射和运载技术作为保持其领先地位的战略部署之一。无论是空间应用、科学探测、载人航天、国际商业发射与国际合作，还是国防建设，都对发射技术提出了新的要求，促使航天发射科学技术向着更高层次发展。

　　综上所述，系统归纳、总结发射领域的理论和技术成果，供从事相关领域教学、研发、设计、使用人员学习和参考，具有重要的意义。这对提高教育水平、提升技术能力、推动科学发展和提高航天发射领域的研发水平将会起到十分重要的作用。

　　航天发射科学技术构成复杂，涉及众多学科，而且内容广泛，系列丛书的编写需要有关领域的专家、学者来共同完成。因此，北京理工大学、北京航天发射技术研究所、北京机械设备研究所、北京特种机械研究所、总装备部工程设计研究院等国内从事相关领域研究的权威单位组建了本丛书的作者队伍，期望将发射科学技术的重要成果著作成册，帮助读者更深入地了解和掌握航天发射领域的知识和技术，推动我国航天事业的发展。

本丛书力求系统性、完整性、实用性和理论性的统一，从发射总体技术、发射装置、地面支持技术、发射场总体设计、发射装置设计、发射控制技术、发射装置试验技术、发射气体动力学、发射动力学、弹射内弹道学等多个相互支撑的学科领域，以发射技术基本理论，火箭、导弹发射相关典型系统和设备为重点，全面介绍国内外的相关技术和设备、设施。

本丛书作者队伍是一个庞大的教育、科研、设计团队，为了编写好本丛书，编写人员辛勤劳动，做出了很大努力。同时，得到了相关学会，以及从事编写的五个单位的领导、专家及工作人员的关心和大力支持，在此深表感谢！由于种种原因，书中难免存在不当之处，敬请读者批评指正！

编写委员会

前言

本书是《航天发射科学与技术》系列丛书中的一个分册，是在总结、提炼已有技术成果和发射实践经验的基础上编著的。全书共10章，分别为绪论、箭（弹）运输技术、转载和对接组装技术、装填技术、地面瞄准技术、地面供配电技术、常温液体推进剂贮运和加注技术、低温液体推进剂贮运和加注技术、地面供配气技术、抗核加固和防护技术。除了"第1章 绪论"外，其余各章均以发射准备工艺流程中一个程序所采用的技术为内容，包括各程序的任务使命、操作方式、技术原理、发射对该程序的技术要求、要解决的主要技术问题和发展方向等。

以在试验场（发射场）发射所采用的技术（包括国内、国外的技术）为主，而不仅是以系统和设备设计为主要内容，这是本书内容与已有丛书内容的主要不同。而且，由于发射技术是在不断地提高和发展的，因此，许多技术内容是已有丛书很少涉及或没有涉及的。理论上讲，发射装置、测试及试验场土建设施等也属于地面发射支持技术范畴，但根据编委会的安排，这些内容划归另外的分册。

本书适合于从事发射技术研究和地面发射支持系统研究、设计、生产、试验、使用的工程技术人员和管理人员阅读与参考，也可作为高等院校相关专业的参考教材，这是本书编写的初衷和目的。

全书约36万字，插图254幅，表格38个，主要公式98条。在编写过程中，力求做到内容全面翔实、逻辑严谨、概念清楚、公式与原理正确，既反映历史沿革又突出先进技术。

本书在丛书编委会的组织和领导下，由时任北京航天发射技术研究所科技委委员的何家声研究员编著。在编著过程中，北京航天发射技术研究所的胡习明所长、牛养慈所长、王缜副所长等领导高度重视，并给予了大力支持，包元吉、王缜、傅伟等专家对全书进行了审读，付顺昌、王紫竹、张宗相、张福全、岳尚武、丁爽、罗强等同志对部分章节进行了审校，张健、路峰等同志做了许多工作，在此对他们表示由衷的感谢！

由于掌握的信息和作者水平有限，本书内容不够全面，其他的缺点和错误也在所难免，恳请广大读者批评指正。

作　者

2015 年 3 月

目 录
CONTENTS

第1章 绪 论

运载火箭和弹道导弹［以下简称箭（弹）］发射是一项宏大而复杂的系统工程，尤其是在试验场或发射场（以下统称为试验场）发射。在试验场发射时，从箭（弹）出厂或出库开始，需要按预先制定的发射准备工艺流程，在各阶段和各程序中采用专门的技术，才能使箭（弹）由出厂状态变为可以点火发射的状态，具备点火发射的条件。发射准备工艺流程以及流程中各阶段与各程序所采用的技术支撑和保障着箭（弹）的按时、成功发射，因而称为航天发射地面支持技术，它是发射科学与技术的重要组成部分。

海基或空基机动发射时，从箭（弹）出厂或出库开始，也要按预先制定的发射准备工艺流程，在地面上完成一系列的技术处理和准备，才能使之达到随时可以发射的状态。

发射准备工艺流程通常分为两大流程段：其中一个流程段为从箭（弹）出厂或出库开始至进入发射倒计时程序（即射前××小时程序）前，另一个流程段为射前××小时程序。对于不同的箭（弹）和发射方式可采用不同的推进剂，且在这两个流程段内的准备工作内容也各有不同。对于在试验场固定发射采用常温推进剂的箭（弹），在第一个流程段内的准备工作包括运输、转载、单元测试、供配气、姿控常温推进剂加注、对接组装、垂直度调整、发射状态下的测试与检查和模飞、助推器和芯级常温液体推进剂加注等，完成这些工作后即可进入射前××小时程序。对于在试验场固定发射且采用低温推进剂的箭（弹），射前检查、供电供气、低温推进剂加注、加注后的垂直度调整、精确瞄准等通常要在射前××小时程序中进行，直到所有地面管线与箭（弹）连接的连接装置脱落和塔架的摆杆摆开，远离火箭。机动发射采用固体推进剂的箭（弹）时，绝大部分准备工作通常都要在技术保障阵地和机动行进中完成，以尽量缩短在发射阵地上的停留时间。机动运输到发射阵地后，经起竖、射前检查后即可发射。

发射准备工艺流程方案制订原则：①保证所需的发射准备时间最短，尤其是发射密度较高时，在试验场发射工位的停留时间要尽量短。对于机动发射，在发射阵地的停留时间更要短；②能确保准备工作可靠和安全，不会损害箭（弹），不会改变箭（弹）固有的技术状态和质量状态；③能将箭（弹）要求的状态保持到点火发射；

④所需设施、设备的投入最合理，所需保障条件容易具备，发射成本低；⑤如发射时可能会遇到难以抵御的恶劣气候，则应有规避这种风险的机动灵活性。

流程中各程序所采用的技术均由专用技术和公用技术两大部分组成。专用技术包括箭（弹）运输技术、转载和对接组装技术、装填技术、地面瞄准技术、推进剂贮运和加注技术、供配气技术、供配电技术、测试与控制技术等，包括这些程序中所采用的操作方式或模式、依据的原理、为满足要求需解决的主要技术问题以及要采用的设施、系统和设备，其中的系统和设备称为地面支持系统（Ground Support Systems），有时也简称为地面设备。公用技术包括公用供电、供水与排水、通风、消防、防雷击、防静电、空调、温度控制和通信等技术。

地面发射支持系统也分为专用系统和设备与通用系统和设备两类。专用系统和设备包括专用的发射台、发射车、铁路运输设备、公路运输设备、机动运输设备、空中运输设备、水路运输设备、装填设备、转载与对接组装设备、瞄准设备、供配电系统和设备、测试－控制系统和设备、推进剂加注系统和设备、供配气系统和设备以及辅助设备等。公用系统和设备包括为保证箭（弹）与专用系统和设备经常处于发射准备状态以及为操作人员提供正常、安全的工作和生活条件的系统与设备，如供电、供水与排水、通风、消防、防雷击、防静电、空调、温度控制和通信等系统和设备。

地面发射支持技术的主要特点是：

（1）专业门类多、专业面广、构成和相互协调与衔接关系复杂、集成性高，所涉及的专业和技术有力学、流体力学、热力学、材料学、光学、电子技术、自动控制、计算机技术、真空技术、低温技术、车辆技术、伪装与防核加固技术、仪器仪表技术、人机工程学和一些边缘科学等。

（2）对于不同的发射对象、不同的发射方式，其需求的发射支持技术也不一样，且随箭（弹）的需求而更新和发展。

（3）发射支持技术直接关系到发射能力、生存能力、发射准备周期、机动性、快速反应能力、快速展开和撤收的能力等，其发展水平受箭（弹）发展的牵引，反过来又会在一定程度上制约箭（弹）的发展。

（4）对箭（弹）是否能准时成功发射及导弹的弹着点精度和飞行器的入轨精度会造成直接影响。例如，假定导弹的射程为 10 000 km，如果方位瞄准误差为 1′，则导弹的弹着点横向偏差为 1.85 km；如果加注到火箭贮箱的低温推进剂温度过高或加注量出现较大偏差，都会影响到火箭的正常飞行乃至使发射成败；如果连接器不能准时脱落，脐带不能准时与箭（弹）分离，发射就要终止，甚至导致发射失败。

（5）地面发射支持系统配套设备多，协调关系复杂，大多数要在野外和露天条件下使用，对各种恶劣气候和环境条件的适应能力强，而且大多数设备是一次建造，长期反复使用，故需具有较高的可靠性及较好的现场和即时可维修性。

地面发射支持技术是在不断探索、研究和积累发射实践经验的基础上产生、完善的，并且随着箭（弹）的发展而发展。迄今为止，箭（弹）直径已由初时的 2 m 左右发展到 10 m 以上，长度由 20 ~ 30 m 发展到 110 m 以上，起飞质量由 70 ~ 80 t 发展到 2 900 t 以上；发射对象由箭（弹）发展到航天飞机和空天飞机；发射方式由单一的固定发射发展到多种方式的机动发射，由陆地机动发射发展到海上、空中和空天机动发射；所用推进剂由液体推进剂发展到固体推进剂，由有毒、有污染的常温推进剂发展到无毒、无污染的低温推进剂；所需加注的推进剂量也由 60 ~ 70 t 发展到约 3 000 t；等等。与此相适应，地面发射支持技术中的箭（弹）运输技术、转载技术、装填与起竖技术、瞄准技术、加注与供配气技术、测试与控制技术等均有了长足的发展，发射支持技术平台的水平与支持和保障成功发射的能力有很大提高。

综观国内外情况，运载火箭及地面设备的发展趋势主要为：①由小、中型火箭向大型火箭发展，并在多子级上使用低温推进剂，以进一步提高运载能力。为了提高试验场的使用效率，保持和控制适当的环境条件，发射方式也由固定发射方式向活动发射方式转变。为此，地面设备系统也必须发展，包括发展大型的、具有牵制释放功能的活动发射平台，垂直运输火箭的大型运输车或牵引车，能向多级贮箱并行加注、管路能与贮箱阀门快速连接和分离的低温加注系统及其测试 – 控制系统，能向多级火箭并行供配冷氦气而且其管路能与火箭插座快速连接和分离的供气系统等。为了确保人员的安全，做到低温推进剂开始加注后现场无人值守，发射测试与控制将由原来几百米距离的近前控制发展为 3 ~ 5 km 的远程控制。为此，必须提高系统和设备的可靠性，受控设备必须具有可靠接受远程控制指令、准确执行并反馈信息的功能。②发展机动发射的中、小型运载火箭，并由陆地机动发射发展为海上和空中机动发射。

导弹地面设备系统是导弹系统的重要组成部分，其发展必须与现代战争的需求相适应。现代战争具有突然性、复杂性、精确打击性和信息化等特点，现代侦察卫星轨道高、侦察范围大、发现目标快、传输信息容量大、实效性强和不受国界及地理条件限制，严重威胁着对方导弹系统的生存。因此，导弹地面设备系统要适应多种机动发射方式的需求，从整体上经济有效地解决作战能力、快速反应能力和生存能力及信息化等问题。

第2章 箭（弹）运输技术

2.1 概 述

在试验场发射箭（弹）时，箭（弹）要经历多次运输，包括从生产厂直接运往试验场的出厂运输、从生产厂到码头或机场的短距离转运、从码头或机场到试验场的转运、从试验场技术准备区某一厂房到另一厂房的转运、从试验场技术准备区到发射区发射工位的转运等。机动式发射箭（弹）时，运输包括从基地中心库到保障和测试地点的转运、从测试地点到装填地点的转运以及从发射阵地到有依托或无依托待机地点的机动运输等。从试验场技术准备区到发射区发射工位的转运通常称为转场运输。

出厂运输有陆路运输、水路运输和空运。由于生产厂离试验场一般较远，公路运输存在通过性、时间长和安全难以保证等问题，故陆路运输一般采取铁路运输。试验场内的转场运输一般为几千米路程的短途运输，道路为场内公路或专用轨道。场外转运通常为公用公路运输，机动运输则有公路运输、铁路运输、越野运输以及水路运输和空运。

试验场外运输通常采用分体水平运输方式，机动运输则采用整体水平或倾斜运输方式。对于在试验场发射的箭（弹），出厂运输一般采取分体水平运输方式。转场运输的运输方式则依箭（弹）的总装地点、总装方式（水平或垂直组装）的不同而异，目前有以下几种方式：①分体水平（有效载荷除外）运输；②整体（含有效载荷/整流罩组合体）水平运输；③整体垂直运输；④整体倾斜运输（箱式发射）。对于不同场合的运输和不同的运输方式，除了要满足通用要求外还要满足特定的要求。

运输过程会遇到各种各样的地理和气候环境，而且箭（弹）体积较大、长度较长，直径小则 1 m 左右，大则 10 m 以上；长度短则 10 m 以下，长则达 110 m 以上。因此，对于大型箭（弹）无论是铁路运输还是公路运输，都会遇到一个通过性的问题。海运和空运虽不存在通过性问题，但装卸前后需采用公路运输，也存在通过性问题。而且，海运和空运的运输工具需要有足够大的容纳空间，并需解决如何方便地装卸箭（弹）的问题。更主要的是，箭（弹）承受弯曲力矩和冲击载荷的能力一般较低，箭（弹）上的仪器设备、固体推进剂和火工品等对过载特别敏感，对环境要求严格。因此，运输过程中必须确保箭（弹）的安全，使之保持良好的质量状态。上述各种运输都是发射准备工艺流程中的重要环节，出现问题不仅会延误发射，甚至还可能酿成大的事故。

因此，为确保安全和顺利运输，对运输工具或设备的通用要求包括以下几点：

（1）具有良好的环境适应性，能在各种恶劣环境条件下正常工作，尤其是机动运输设备，应有全天候的适应能力。

（2）在规定的运输条件（道路和环境等）下有良好的性能。除满足使用要求外，导弹运输车辆的性能指标还应符合汽车车型发展规划和军用汽车发展规划中规定的指标。

（3）有环境保护措施，运输固体燃料箭（弹）、有效载荷和精密仪器等的船舱、机舱和厢式车应有防污染以及温湿度保障措施和防噪声措施。

（4）与箭（弹）的协调性好，包括与箭（弹）外形尺寸的协调、质量参数的协调、运输所产生动载荷的协调和固定、支撑的协调等。

（5）导弹运输工具和设备，尤其是机动运输设备应有防侦察和防核加固措施。

（6）便于维护和操作人员接近箭（弹），以对箭（弹）进行固定、检查和维护。

（7）便于装卸车、转载和对接。

2.2　出厂运输

2.2.1　铁路运输

铁路运输是箭（弹）体以及有效载荷、整流罩和装配型架、仪器设备等从生产厂运到试验场的一种常用的陆路长途运输方式。与公路长途运输相比，铁路运输运输速度更快、更顺利、更安全。铁路运输通常采用公用的铁路线，只有无公用铁路线的地方才采用专用铁路线。

受路轨弯道曲率半径的限制，一般的铁路车车厢长度只有 20 m 左右，而箭（弹）的外形尺寸一般较大，故除了单级且长度较短的箭（弹）采用整体（不含有效载荷和某些仪器仪表）水平状态运输外，较大型箭（弹）通常采用分级和水平状态运输。

运输对铁路车的要求是：①能在标准轨道的铁路上通行，超限车厢应符合铁路部门的有关规定；②能与客、货车厢联挂；③箭（弹）装卸和转载方便；④能通过曲率半径为 145 m（国内）的弯道；⑤车厢内有紧固装置；⑥便于检查；⑦运输中地板的各向动载荷应限制在箭（弹）允许范围内；⑧车厢密封；⑨厢内温度不超出允许范围。

铁路车型式选择原则有以下几种：①应适应多种规格箭（弹）的外形尺寸，具有较好的通用性；②尽量采用符合铁路限界要求的独立车厢式或组合式铁路车，只有当箭（弹）的外形尺寸超过一定限度时才采用超限铁路车；③应满足伪装要求，尽量采用民用铁路车改装，铁路车的外形尽量与普通铁路车相仿；④铁路车转向架的减振性能应满足箭（弹）及其仪器对过载的限制要求；⑤铁路车应便于箭（弹）的装卸；⑥当箭（弹）对环境条件和其他条件有特殊要求时，应选用能调温和具有防护措施的铁路车；⑦所选铁路车应能通过运输线路的最小曲率半径。

运输所用的装载车通常由普通的铁路车改装而成，运输时装载车与普通的铁路车联挂。在我国，箭（弹）运输所用的铁路装载车有以下几种：①通用铁路车；②车厢可拆卸的铁路车；③带起落托架的端装式铁路车；④经专门改装的铁路平板车和敞车；⑤车厢经专门改装的超限铁路车。

联挂的铁路车通过弯道时，装载车中部和端部的静偏移量分别为

$$W_n = (l^2 - s^2)/8R \tag{2-1}$$

$$W_e = (L^2 - l^2 - s^2)/8R \tag{2-2}$$

式中　W_n，W_e——分别为中部和端部的静偏移量，m；

　　　L，l，s，R——分别为车长、定距、转向架固定轴距和线路曲线半径，m。

为了合理利用铁路限界，应尽量满足以下条件：$W_n \approx W_e$，即 $L/l = \sqrt{2}$。若因端部的静偏移量过大，令挂钩超过允许的横向挂钩范围，即 $W_e \geq W_1$，使车钩与冲击座之间的间隙为零甚至小于零，将导致车钩撞击冲击座而发生脱钩的危险，故必须保证端部的静偏移量小于允许的横向挂钩范围，即令 $W_e < W_1$。而且，联挂的两节车厢端部不能相碰，要保持一定的距离。W_1 为允许的横向挂钩范围，单位为 m。

为了满足箭（弹）对运输环境的要求，铁路运输车必须采取相应的密封措施、绝热保温措施和减振措施等，以确保箭（弹）在运输过程中的安全。

车厢的密封性直接关系到灰尘和其他多余物是否会进入车厢及箭（弹）是否会被污染，关系到车厢内的温度。提高车厢密封性的根本办法是尽量将车厢设计成整体结构，尽量减少车厢接合部位的缝隙和装卸箭（弹）时的敞开面积。

除了采取密封措施外，车厢还要采取绝热保温措施。试验表明，炎热的夏天，在阳光照射下，非绝热车厢内的温度上升很快，最高温度可比外界环境温度高出 10 ℃ ~ 15 ℃。因此，如要求车厢内温度与外界温度保持一致，车厢的顶盖、侧壁和大门等就要采用绝热结构，车厢内、外壁之间应隔热，热桥长度应尽量长，材料的导热系数应尽量小。除此以外，必要时应采取自然通风措施。试验也表明，采取绝热和隔热措施后，在厢内原来温度低于外界环境温度的情况下，阳光照射 2 ~ 3 h 后厢内的温度才升高到与外界环境温度相平衡。

有些箭（弹）要求车厢内的温度保持在 20 ℃ 左右，当箭（弹）对车厢内的温度要求较严格时，通常要在车厢内采取空调措施。

铁路车运行时一般会在三个自由度方向产生振动，引起振动的原因是极其复杂的，既有线路方面的原因，也有车辆本身结构的原因。有些车辆试验结果表明，速度为

70 km/h 时振动最大，这是因为共振发生在速度为 60 ~ 80 km/h 时。某一形式的振动往往不是单独存在的，各种振动总是交织在一起的。为此，通常要采用减振性能好的转向架。

转向架的悬挂装置是决定减振性能的主要因素。箭（弹）铁路运输车转向架通常采用串联两系弹簧（中央弹簧和轴箱弹簧）悬挂装置，这种悬挂装置的挠度比分配较为合理，具有较大的静挠度。在中央弹簧减振系统中采用黏性阻尼 – 油压减振器，可使车体和转向架的自由振动大幅衰减，并可有效地限制两者强迫振动的振幅和加速度，防止产生共振现象。试验结果表明，采用上述悬挂装置后，从轴箱到构架再到摇枕，加速度幅值衰减很快，垂直振动经轴箱弹簧减振后，约 80% 的激振能量被吸收，经中央弹簧减振后传至车厢地板的激振能量仅剩 5% 左右。横向振动的激振能量也有大幅度衰减，传至车厢一位端转向架心盘位置的能量仅剩 3% 左右，满足箭（弹）对运输的要求。当运行速度不超过 100 km/h 时，车厢地板的动载荷系数见表 2 – 1。

表 2 – 1　车厢地板的动载荷系数

方向	动载荷系数
垂向	1.6 ~ 2.0
横向	1.0 ~ 1.6
纵向	1.0

通用铁路车通常由若干辆箭（弹）体装载车和一辆平板车组成，平板车联挂在两辆装载车之间。装载车通常用于装载有效载荷、箭（弹）体和其他仪器，也可装运单枚的单级导弹或多枚多级导弹以及弹头、仪器设备等。平板车则用于装卸和转载箭（弹）。装载车外形与普通客车车厢相似，两端设有折叠式的端大门，如图 2 – 1 所示。这种铁路车在箭（弹）的长途运输中用得较多。在我国，直径不大于 2 m 的箭（弹）一般采用通用铁路车运输，这种典型通用铁路车主要技术性能参数见表 2 – 2。

图 2 – 1　典型通用铁路车的装载车

表 2-2　典型通用铁路车主要技术性能参数

项　　目	装载车	平板车
全长（两端车钩钩舌侧面间的距离）/mm	24 660	20 930
底架长/mm	23 600	20 000
车辆定距（两转向架的中心销间的距离）/mm	16 750	14 000
车宽（车厢不含凸起部分的外宽，平板车底架宽）/mm	3 180	2 500
车厢内宽度/mm	2970	—
车高（对于平板车考虑 400 mm 侧墙）/mm	4 490	115 + 400
车钩高/mm	880	880
转向架型号	70 型	新转 8 型
转向架轴距/mm	2 340	1 750
车轮直径/mm	840	840
轨距/mm	1 435	1 435
车辆自身质量/t	39.3	18.8
通过的最小曲率半径/mm	145	145

　　为了装卸方便，通用铁路车的装载车和平板车地面上通常都设有导轨，装卸箭（弹）体时两车导轨之间用过渡轨连接，载有箭（弹）体的托架车沿导轨从平板车上推入装载车车厢内。托架车又称为铁轮支架车，按支撑位置分为前托架车和后托架车，分别如图 2-2 和图 2-3 所示。托架车上设有紧固器或连接装置及地板拉紧器，

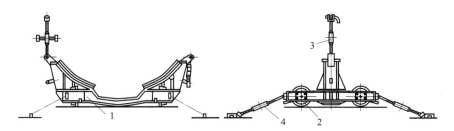

图 2-2　典型的前托架车

1—底架；2—车轮；3—紧固器；4—地板拉紧器

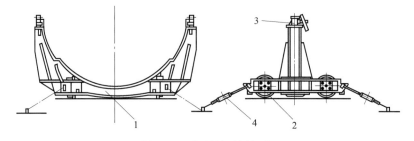

图 2-3　典型的后托架车

1—底架；2—车轮；3—连接装置；4—地板拉紧器

紧固器或连接装置用于将箭（弹）体紧固在车上，地板拉紧器则用于将载有箭（弹）体的托架车紧固在铁路车厢的地板上。

通用铁路车特点有以下几个：①无论平板车联挂在装载车的哪一端均能通过支架车进行装卸工作；②若干辆箭（弹）体装载车只要联挂一辆平板车便可连续完成若干辆箭（弹）体装载车的装卸工作，每次装卸的箭（弹）越多，相对的辅助操作时间也越短，适用于多枚、多级箭（弹）的运输；③无论箭（弹）的装载方向如何，均能在车厢内的不同位置固定；④通过更换支架车可以适应不同直径和长度的箭体、弹体和弹头的运输。

为了满足铁路限界（高度受隧道高度限制）的要求，国内的通用铁路车通常采用高度较低、二系减振的 70 型转向架，以降低车厢地板面和车钩中心的高度（通常为725 mm）。由于运输时要与普通的客、货车（车钩中心高度为 880 mm）联挂，而其车钩中心的高度比普通的客、货车和平板车的标准车钩高度低，故这种车厢的车钩通常为高低可调的专门车钩或所谓的"抬头钩"，典型的高低可调车钩如图 2－4 所示。联挂时，通过车钩上的螺旋式起重器使活动钩头调高，而装卸车时将车钩调低，以便在装载车和平板车之间搭上过渡轨。

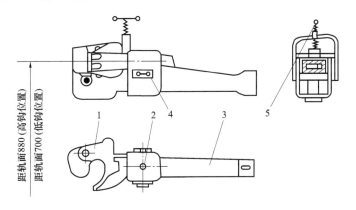

图 2－4　典型的高低可调车钩

1—活动钩头；2—圆销；3—调钩插板；4—螺旋式起重器；5—操作手柄

可拆卸车厢式铁路车分为简易可拆卸车厢式铁路车和专用可拆卸车厢式铁路车两种，主要技术性能参数见表 2－3。

表 2－3　典型可拆卸车厢式铁路车主要技术性能参数

项　　目	简易可拆卸车厢式铁路车	专用可拆卸车厢式铁路车
全长/mm	16 200	23 780
车宽/mm	3 070	3 050
车高/mm	4 120	4 300

续表

项　　目	简易可拆卸车厢式铁路车	专用可拆卸车厢式铁路车
底架长/mm	12 970 （4 轴 60 t 平板车）	23 600 （客 22 型车厢和底架）
转向架类型	货 PN9N 型转向架	客 301C 型转向架
定距/mm	9 270	16 750
自身质量/t	22	54.2
最大运行速度/（km·h⁻¹）	100	120
通过的最小曲率半径/mm	150	150

典型的简易可拆卸车厢式铁路车示意如图 2 - 5 所示，这种铁路车通常由标准的铁路平板车做底架，车厢一般由侧壁、端壁和顶盖等部分组成，每部分多为波纹钢板焊接结构。车厢内有支撑箭（弹）体的前、后托座，可装卸车厢的一端接出一段悬臂车厢，以满足不同长度箭（弹）体的运输要求。与其他铁路车联挂时悬臂车厢端要加挂游车。这种铁路车易于制造和修复，但车体强度较弱，车厢密封性较差，装卸箭（弹）体操作费时。装卸箭（弹）体时，先要将车厢的顶盖打开，或者把厢体完全拆开，然后用吊车及专用吊具将箭（弹）体/包装容器或集装箱组合体吊装在车厢平板上，或从车厢内吊装到地面上。

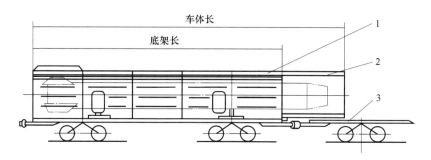

图 2 - 5　典型的简易可拆卸车厢式铁路车示意
1—简易车厢；2—悬臂端；3—游车

专用可拆卸车厢式铁路车通常用于运输未加注推进剂且对温度无特殊要求的小型箭（弹）。这种铁路车通常由标准铁路平板车改装而成，具有客车的外形，如图 2 - 6 所示。它由底架、转向架、厢体、装卸和固定导弹的设备等部分组成。国内所用转向架通常为 301C 型转向架，采用均衡梁二系弹簧减振装置，减振性能较好。厢体包括侧壁、端壁、顶盖、厢底板以及滑轨、中梁、纵梁和横梁等部分，由普通的车厢改装而成。为了保证足够的强度，厢体为全金属结构，密封性较好，可使箭（弹）免受大气侵蚀并保温。厢体通过专用紧固装置固定在平板车上。顶盖与侧壁之间采用快速连接装置连接，侧墙和端壁墙均固定在车厢底板上。顶盖是可以拆卸的，装卸箭（弹）时，用起重机将顶盖吊走，或者将车厢完全拆开。与简易可拆卸车厢式铁路车相同，这种铁路车的车体强度较弱，装卸箭（弹）体时操作费时。

这种铁路车车厢地板上设有专用固定支架，用于停放和固定箭（弹）。在铁路运输时，用专门的拉紧装置和设在地板两侧的制动器将框架紧固，防止箭（弹）做纵向和横向移动。为减少箭（弹）的轴向过载，拉紧器上设有橡胶－金属减震器。

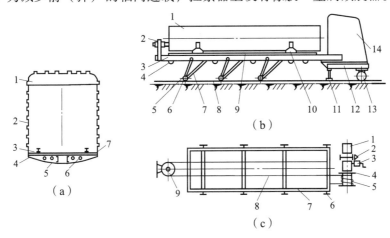

图 2－6　典型的专用可拆卸车厢式铁路车示意

（a）厢体

1—顶盖；2—侧壁；3—滑轨；4—纵梁；5—中梁；6—横梁；7—厢底板

（b）车厢专用设备

1—导弹容器；2—端架；3—活动框架；4—滚轮；5—可收放支架；6—滚轮；7—支撑杆；8—铁轨；
9—位置锁紧机构；10—支架车；11—千斤顶；12—厢内滑轨；13—行走机构；14—厢体

（c）活动框架的铰车

1—电动机；2—制动器；3—手动机构；4—变速箱；5—滚筒；
6—轮子；7—活动框架；8—钢丝绳；9—滑轮

带起落托架的端装式铁路车不带平板车，车厢为整体式结构，两端设有大门，外形类似于普通铁路车，伪装性较好。车厢内设有用于装卸和支撑箭（弹）的起落托架车，它由两个高度可调的支腿、两个固定轮组和梁架等部分组成，可沿地面上的导轨进出车厢。这种铁路车的主要技术性能参数见表 2－4，每辆车可装载一枚箭（弹）。

表 2－4　典型端装式铁路车的主要技术性能参数

项　　目	技术性能参数
全长/mm	23 600
车宽/mm	3 050
车高/mm	4 490

项　　目	技术性能参数
底架长/mm	12 970（客 22 型车厢及底架）
转向架类型	客 204 型 D 轴转向架
定距/mm	16 750
自身质量/t	43.2
最大运行速度/（km·h^{-1}）	120
通过的最小曲率半径/mm	145

　　对于小型的单级导弹，有时也采用经专门改装的铁路平板车和敞车运输，平板车和敞车上设有支架车，导弹就放置在支架车上。运输时导弹要用防护布护盖，平板车还要设置防护板。

　　铁路限界有机车限界、基本建筑限界和最大级超限货物限界，这些限界与轨距的大小有关。我国铁路的标准轨距为 1 435 mm，机车纵截面处的机车限界为 3 400 mm，基本建筑限界为 4 880 mm，最大级超限货物限界为 4 450 mm。因此，当箭（弹）直径大于 2.25 m 时必须采用超限铁路车运输，典型超限铁路车与其他铁路车联挂如图 2 - 7 所示。这种铁路车车厢装载车外部轮廓呈鼓形，车厢宽度比通用铁路车车厢宽出 540 mm，截面净空界线已超出铁道部门规定的净空限界及靠近建筑物的限界，使车辆与这两种限界之间的间隙小于规定的安全间隙。因此，使用前需向铁道部门提出申请，并要采取限制行驶速度、限制列车在复线上对开等措施。我国超限铁路车的主要技术性能参数见表 2 - 5，其装载车可装载的箭（弹）最大直径为 3.35 m。

图 2 - 7　典型超限铁路车与其他铁路车联挂

表 2-5　我国超限铁路车的主要技术性能参数

项　目	装载车	平板车	仪器押运车
全长（两端车钩钩舌侧面间的距离）/mm	26 050	26 050	24 540
底架长/mm	25 000	25 000	23 600
车辆定距（两个转向架中心销间的距离）/mm	17 800	17 800	17 000
车宽（车厢不含凸起部分的外宽，平板车底架宽）/mm	3 720	2 900	3 100
车厢内宽度/mm	3 610		2 890
车高（对于平板车考虑 400 mm 侧墙）/mm	4 800	1 061 + 400	4 290
车钩高/mm	870	870	880
转向架型号	导框焊接 RCO 型	导框焊接 PC 型	202 型
转向架轴距/mm	2 480	2 480	2 400
车轮直径/mm	760	760	915
轨距/mm	1 435	1 435	1 435
车辆自身质量/t	43	28	42
通过的最小曲率半径/mm	145	145	145

如图 2-7 所示，超限铁路车通常由两节箭（弹）体装载车、一辆平板车和仪器押运车组成，平板车通常联挂在两辆箭（弹）体装载车之间，以便于向车内或从车内向厂房内转载箭（弹）体。装载车车厢两端设有折叠式门扇的端大门，车内设有前、后托架车（图 2-2 和图 2-3），托架车可沿设在装载车和平板车地板上的导轨移动。装卸箭（弹）体前用过渡轨将装载车和平板车地板上的导轨连接起来。仪器押运车采用客车外形，用于装载随箭（弹）出厂的仪器、火工品等，并为乘员和押运人员提供生活保障。

如前所述，轨距不同，铁路限界也有所不同。国外采用的轨距有 1 676 mm 和 1 524 mm 等，俄罗斯的铁路轨距大多为 1 524 mm，可运输箭（弹）的最大直径为 4.5 m。

2.2.2　水路和空中运输

当箭（弹）直径大到一定程度时就只能采用水路运输或空运。在具有水路条件的情况下，通常优先采用水路运输。与铁路运输相比，水路运输时箭（弹）的质量和尺寸不受限制，运输过程中传递给箭（弹）的过载也较小，缺点是运输速度较慢，而且，从生产厂到码头和从码头到试验场还要采用公路运输，即存在一个通过性的问题。

水路运输工具包括普通的驳船、集装箱船和专用滚装船等。采用驳船运输时，通常是将装载有箭（弹）体的支架车停在甲板上并固定好。为了防雨、防水和防污染，驳船要带篷，箭（弹）要用包装筒保护。采用集装箱船运输时，由于运输车无法驶入船舱，装卸船时只能采用吊装的方式。为了便于吊装和保护箭（弹）体，事先要将箭（弹）体装入密封的集装箱内。采用专用滚装船运输时，通常是运输箭（弹）体/包装筒或包装箱/运输车组合体。若滚装船设有封闭和防水式船舱，运输时箭（弹）体就无须采用包装筒或包装箱保护。

美国运载火箭生产厂和试验场大都设在太平洋、大西洋和大河的沿岸，"土星Ⅰ""土星ⅠB"和"新星"等火箭的各级箭体曾用带雨篷的驳船通过水路进行长途运输，运输时，将各级箭（弹）体和地面设备一起安置在甲板上，箭（弹）体由支架车支撑。除此之外，美国"德尔它4""大力神2"和"大力神4"等火箭也是采用水路运输的。

"德尔它4"火箭采用专用滚装船运输。该火箭全长为63 m，芯一级直径为5.13 m，长度为36.6 m。二级有两种规格：一种直径为4.07 m，长度为12.2 m；另一种直径为5 m，长度为13.7 m。整流罩的规格有多种，直径分为4 m和5 m两种。该型号火箭主要生产和组装工作都在波音公司下属的迪凯特火箭制造厂进行。在完成对通用芯级、上面级等部件进行组装与测试后，用自行式公路运输车将其运到码头，然后用倒车的方法将整车装入水手号专用滚装船内，如图2-8所示。由于水手号滚装船具有全封闭的防水货物存放区域，故装在该区域的箭体无须采取另外的防护措施。

（a）

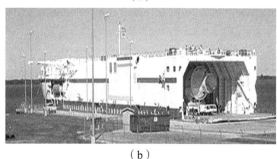

（b）

图2-8　"德尔它4"火箭海上运输

（a）在码头上装船；（b）装船后待起航

日本"H-2A"火箭和法国"AR5（阿里安 5）"火箭的生产厂与试验场均靠近海边，具有便利的水路、陆路运输条件，出厂运输也采用水路运输方式。"H-2A"火箭的一级箭体长为 37.2 m，二级为 9.2 m，直径为 4 m。在名古屋工厂完成测试后，分别将一级箭体和二级箭体装入专用的包装箱内。为了方便装卸，包装箱分上下两半，在厂房内先将箭体装入下半个包装箱，用运输车运到厂房外后再加盖上半个包装箱，然后运到码头，用吊车将箭体/包装箱组合体吊装到船舱内，如图 2-9 所示。"AR5"火箭在厂房内将低温芯级、仪器舱和上面级组装好后装入专用包装箱，然后搭乘海船，由欧洲出发，航行 12 天，穿过大西洋到达法属圭亚那库鲁航天发射场，如图 2-10 所示。

（a）　　　　　　　　　　　　　　（b）

图 2-9　往船舱内吊装"H-2A"火箭/包装箱组合体

（a）在码头上起吊；（b）装入槽式船舱内

（a）　　　　　　　　　　　　　　（b）

（c）　　　　　　　　　　　　　　（d）

图 2-10　"AR5"火箭的海上运输

（a）停靠在码头的运输船；（b），（c）加防护套后火箭由运输车运到船上；（d）起航

采用空运方式运输时，空运工具有飞机、直升机等。装机方式有几种：①水平装入机舱内，如图2-11（a）、（b）所示；②水平挂装在直升机下，如图2-11（c）所示。装入机舱内运输时，通常是先将箭（弹）放置在公路运输车、专用拖车或支架车上，然后通过尾舱口将载有箭（弹）的车辆推入机舱内。20世纪70年代，美国就采用了这种装机方式，用波音377飞机、C-133b型飞机和洛克希德C-141型飞机分别空运"土星Ⅰ"火箭的S-4级箭体和"民兵"系列导弹。空运还有两种方式：一种是先将箭（弹）装入一个钢制的流线型管状容器内，再将容器装在飞机的机翼上面，进行所谓的"背孩子"式的空中运输；另一种是将单级箭（弹）吊挂在机舱外面运输。

空运优点是速度快，时间短，箭（弹）受环境影响小，因而卫星和飞船等有效载荷与精密仪器经常采用空运方式。空运缺点是成本高，箭（弹）的质量和尺寸受到限制，运输较大型箭（弹）时机舱要进行大的改装，要有适用的起降跑道。对于直升机运输，要有适用的起降场地。同样，从生产厂到机场和从机场到试验场通常要采用公路运输。

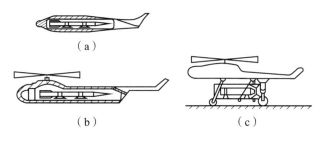

（a）

（b）   （c）

图2-11 箭（弹）的空中运输

（a）箭（弹）装在飞机内；（b）箭（弹）装在直升机内；（c）箭（弹）装在直升机下

2.3 转场运输

2.3.1 分体运输

1. 箭（弹）体分体水平运输

准备发射的箭（弹）通常是在试验场进行对接组装的。在初始发展阶段，对接组装都是在发射工位上完成的，而且是箭（弹）体一级一级地往上组装，然后再对接有效载荷。因此，转场时箭（弹）体采用分级水平运输方式，另外再运输有效载荷和整流罩。

仅从运输的角度分析，这样的分体运输运输长度相对较短，质量较小，运输的平稳性、安全性和通过性等问题较容易得到解决，但要配备多种公路运输车，运输次数多，运输前要多次转载。从工艺流程的角度分析，由于在发射工位组装，故技术区不需建造高大的技术厂房，厂房内也无须配备对接组装设备和太多的测试设备，但占用发射工位的时间长，对接组装和测试的环境条件差，遇到气候风险难以规避。对于地下井发射，露空时间较长。

为了尽量缩短在发射工位的时间或露空时间，方便对接组装，后来有些箭（弹）在试验场发射时，转场运输方式如下：①最上面一级的箭（弹）体与有效载荷/整流罩组合体对接组装后运输，其余各级箭（弹）体逐级运输；②分别运输对接组装成整体的箭（弹）体和有效载荷/整流罩组合体，其中箭（弹）体整体采用水平运输方式。

用于分体水平转运的运输车形式有三种：全挂式汽车列车、半挂式汽车列车和自行式运输车。全挂式汽车列车高度小、质心位置高度低、稳定性好，且其牵引车具有较好的通用性，直径较大和长度较长的单级箭（弹）或多级箭（弹）的某一级箭（弹）体通常采用这种列车运输。自行式运输车长度较小，行驶性能和机动性能较好，爬坡能力较强，但其高度高，质心位置高度高，通常只用于运输直径和长度不太大的单级箭（弹）或多级箭（弹）的某一级箭（弹）体。半挂式汽车列车的优缺点则介于上述两种车型之间。

全挂式公路运输车通常由牵引车、牵引臂和挂车组成，挂车又由车架、前轮组、后轮组、转向系统、制动系统、电气系统、悬架等部分组成。由于无驱动系统，车辆行驶完全靠牵引车牵引，结构相对简单，总体布局较容易，整车质量较小。缺点是不能倒车行驶，通过性和机动性较差。有关通过性等性能参见 2.6 节。

某典型箭（弹）体的全挂式公路运输车如图 2－12 所示，它是一种三轴全挂车，由牵引车、牵引臂、挂车车架、前轮组、后轮组、转向系统、制动系统、电气系统、油气悬挂装置和工具附件等部分组成。正向牵引时转弯半径为 22 m，通过宽度为 3.55 m，扫过宽度为 9 m，最小离地高度为 0.28 m，空载最大行驶速度（直道）为 40 km/h，满载最大行驶速度为 35 km/h，满载最小制动距离为 5 m。

图 2－12 某典型的箭（弹）体的全挂式公路运输车

水平运输尺寸较大而质量较小的箭（弹）体多采用桁架式车架，运输尺寸和质量较大的箭（弹）体多采用板式结构的组合式车架。桁架式车架结构简单，质量小，质心位置高度较低，整车刚度大，公路运输的行驶稳定性较好。组合式车架结构简单，质量较大，质心位置高度较低，承载能力大，采用全轮转向，这种全挂车的通过性较好。关于通过性和稳定性等内容详见 2.6 节。

桁架式车架两侧由空间三角桁架组成，两侧桁架之间通过前后托架、轮架和若干根横梁等部件连接。为避免运输时发生碰撞，箭（弹）体外形与车架杆件之间的最小间隙通常大于 50 mm，箭（弹）体前后端面与桁架前后端之间的间隙通常不小于 200 mm。采用桁架式车架的某典型挂车示意如图 2-13 所示，挂车总长（包括牵引臂）为 26 385 mm，总宽为 3 500 mm，满载总高为 4 600 mm，前轮轮距为 2 823 mm；中后轮轮距为 2 825 mm，空车质量为 12 200 kg，满载质量为 24 850 kg。

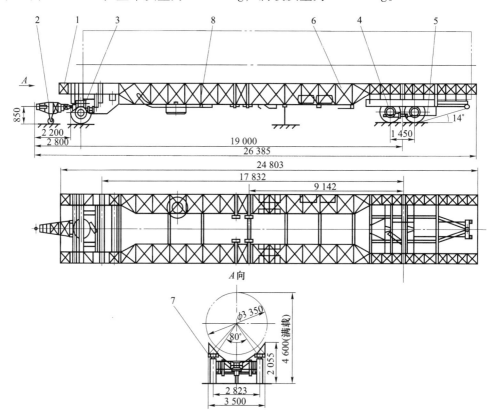

图 2-13　采用桁架式车架的某典型挂车示意

1—车架；2—牵引臂；3—前轮组；4—后轮组；5—转向系统；
6—制动系统；7—电气系统；8—工具附件

运输车的悬挂系统通常由弹性元件、导向机构和减振装置三部分组成。弹性元件的作用是传递垂直力，并缓和由不平坦路面引起的冲击与振动。弹性元件种类有钢板弹簧、螺旋弹簧、气体弹簧、油气弹簧、橡胶弹簧和扭杆弹簧，其中钢板弹簧、螺旋弹簧和油气弹簧用得较多。油气弹簧具有较理想的弹性特性，其刚度随载荷的变化而变化，改变弹簧内的气体压力和油液量还可以获得不同的弹性特性，特别适用于大吨位箭（弹）公路运输车。

油气弹簧有简单式和带补偿气室式两种结构，其中带补偿气室的油气弹簧在满载时刚度增大，使悬挂系统在空载和满载下的振动频率接近，因而被广泛采用。典型带补偿气室的油气弹簧结构示意如图 2 - 14 所示。

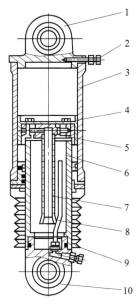

图 2 - 14　典型带补偿气室的油气弹簧结构示意
1—上盖；2—充气逆止阀；3—主缸；4—活塞；5—阻尼阀；
6—弹回缸；7—阻尼阀油管；8—充气管；9—防尘罩；10—下盖

由"SS - 4"导弹衍生的"宇宙 1 号"（俄罗斯）火箭由地下井发射。由于在技术厂房扣合整流罩及进行有效载荷/整流罩组合体与箭体的对接组装要比在井内条件好且方便，故在转场前，先在技术厂房内扣合整流罩，再将有效载荷/整流罩组合体水平对接在二级箭体的顶部。对接好后，用拖车将一级箭体水平地运到地下井井口位置，起竖后吊装到井底的发射台上，然后再用拖车转运装有整流罩的有效载荷/二级箭体组合体。

美国"德尔它 4"和"大力神 2""大力神 4"等火箭都采用了对接组装好的箭体与有效载荷/整流罩组合体分开运输的方式。在技术厂房内水平对接组装各级箭体并测试后，用升降平台运输车将组装好的整个箭体水平运至发射工位，如图 2 - 15 所示。发射工位的固定发射台上设有由液压缸控制的起竖装置，起竖装置平时缩回到发射台内。箭体运至发射工位后，操纵起竖装置将箭体由水平状态起竖成垂直状态，然后再用升降平台运输车将卫星从有效载荷处理厂房运至发射工位。

图 2 - 15 升降平台运输车运输火箭

升降平台运输车有 A、B 两种构型，A 型车为电力驱动车，用于在组装厂房内高精度地移动火箭。B 型车的动力源为柴油发动机，除了用于转场运输箭体和卫星外，还用于将箭体和卫星从生产厂运到船上及从船上卸下运至水平组装厂房和处理厂房。

2. 有效载荷运输

采用分体运输时，有效载荷运输有几种方式：①有效载荷与整流罩分开运输，其中整流罩分成两个半罩运输；②有效载荷扣合整流罩，形成有效载荷/整流罩组合体后运输；③有效载荷/整流罩组合体与最上面级箭（弹）体对接后运输。

卫星与整流罩分开运输时，为了保护有效载荷周围的环境，通常要将卫星封装在专门的密封容器内，并充入略高于大气压力的氮气，防止空气和水分进入。为了监测和控制卫星的周围环境，密封容器上有时需设有压力、温度、湿度、振动和噪声的监测装置。由于垂直状态下的卫星/密封容器组合体质心位置高度较高，为了保证运输的平稳性和安全性，通常要采用轮高较低的特种车或凹形车架的运输车，并使整车的质心位置高度降低到规定的范围内。

运输半个整流罩的运输车通常为带弧形鞍座的平板拖车，由汽车牵引车牵引。由于外形尺寸较大，壁厚又较薄，故刚度较差，容易因受力而变形。为避免整流罩局部受力，运输前先要将半个整流罩以水平状态倒扣在装配型架上，然后再将两者连接为一体，形成半罩/装配型架组合体，水平放置在平板拖车的鞍座上，拖车与装配型架之间用绳索连接与固定，如图 2 - 16 所示。

运输有效载荷/整流罩组合体通常采取垂直运输方式，如图 2 - 17 所示。为了尽量降低质心位置高度，保证行车的平稳性，运输时也要采用轮高较低的特种车或凹形车架的运输车，同时要控制行驶速度。为了维护有效载荷所需的环境，转运时通常要有专门的空调车跟随，通过连接空调车和整流罩的脐带随时对整流罩内的环境参数（主要是温度和湿度等）进行调节。

图 2 - 16　水平运输整流罩/装配型架组合体

图 2 - 17　垂直运输有效载荷/整流罩组合体

根据需要和试验场保障系统的配置，空调车应具备的功能也有所不同。当总装测试厂房和发射工位设有固定的空调系统时，空调车只需负责转运或转场过程中的空调。否则，空调车还要在总装测试厂房和发射工位为有效载荷提供空调服务。美国 41 号发射场发射"大力神 3"和"大力神 4"火箭使用的有效载荷空调 - 控制车是一种具有多种功能的典型空调车，如图 2 - 18 所示。该车为较大型的有轨车，停放时占地面积为 23.2 m² 。它不仅可在运输过程及在发射工位上为有效载荷提供空调、电源，为相关操作提供照明和环境保护，而且还能在总装测试厂房内进行总装测试时，为有效载荷和地面设备供电、供气和提供通信接口。

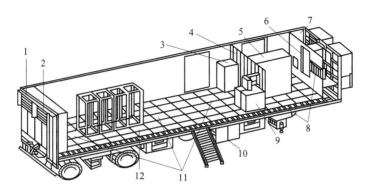

图 2-18 典型的空调-控制车示意

1—ECS脐带盘；2—有效载荷脐带盘；3—通信机柜有效载荷段；4—固定隔断墙；

5—ECS机柜；6—通信机械环境控制系统（ECS）段；7—空调通风口；8—配电盘；

9—稳压电源（20 kV·A）；10—输入电压器；11—设备区；12—地板

对于中小型导弹，在试验场技术准备区对接弹头后再将整枚导弹转运至发射工位。而对于大型导弹，通常要用专门的运输车将弹头转运至发射工位，然后再与弹体对接。

对弹头运输车的主要要求是：①应具有运输弹头和短时间内贮存弹头、与其他设备配合完成弹头转载或弹头与导弹的对接和分离等功能；②放置弹头的保温间应保温；③汽车底盘应有较好的减振性能，保证弹头支撑部位的动荷系数不大于要求值；④设有行驶碰地链和停车接地线。

典型的弹头公路运输车示意如图 2-19 所示，它由汽车底盘、车厢、小车、吊具箱和电气控制系统等组成。除了运输与短期贮存以外，运输车与其他设备配合可完成弹头的转载及与弹体的对接或分离。运输车上的小车有两种，即支架小车和对接小车（见 3.3.3 节），支架小车仅在运输时起支撑和固定弹头的作用，而对接小车不仅在运输时起支撑和固定弹头的作用，而且还能完成弹头与弹体的对接或分离。

运输车车厢内通常设有存放弹头的保温间、设置发电机组的电源间和设置控制台的控制间，其中保温间一般位于车厢的后部，电源间一般位于车厢的左前部，控制间一般位于车厢的右前部，各间均设有门窗和通风孔口，使电源间具有良好的通风散热条件、控制间具有良好的通风采光条件、保温间具有良好的保温性能。车厢有活动顶盖式车厢、天窗式车厢和后翻板式车厢三种类型。

活动顶盖式车厢示意如图 2-20 所示，其本体为骨架蒙皮式结构，外蒙皮材料为薄钢板，钢板内用木材镶衬，内蒙皮的材料一般为带塑料贴面的胶合板，内、外蒙皮间的空隙处填充聚苯板材或聚氨酯泡沫塑料等绝缘材料。通过传动装置，车厢保温间的顶盖和后端大门可全开。转载弹头时，先将保温间的顶盖全部打开，然后用吊车将弹头吊装到保温间内，运输时合上顶盖并密封。这种车厢的优点是弹头的转载及对接较为方便，且均可在车厢内操作，条件较安全和舒适；缺点是结构较复杂，车厢刚性较差。

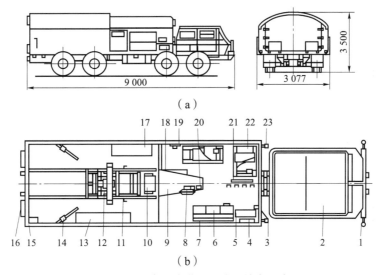

图 2-19　典型的弹头公路运输车示意

（a）外形图；（b）平面布置图

1—车宽指示器；2—汽车底盘；3—温度指示器；4—接线盒；5—三相干式变压器；

6—调温控制台；7—车厢总成；8—台扇；9—工具箱；10—电加热器；11—小车固定销；

12—小车；13—吊具箱；14—行车拉紧器；15—转接电缆箱；16—工作台；17—液压控制箱；

18—油机附件箱；19—排风扇；20，23—灭火机；21—接地站；22—发电机组

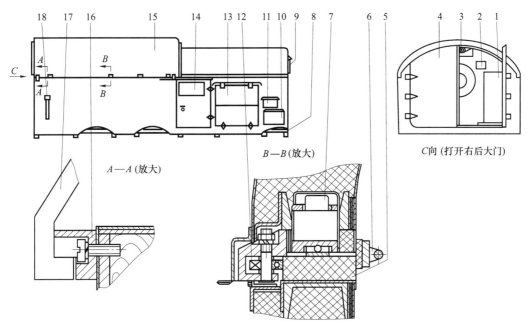

图 2-20　活动顶盖式车厢示意

1—中壁门；2—顶盖控制箱；3—顶盖活动装置；4—后大门；5—导轨；6—密封机构；

7—滚轮总成；8—骨架总成；9—前窗总成；10—接线盒门；11—方孔盖；12—滚动轴承；

13—翻板；14—侧门；15—活动顶盖；16—限位块；17—限位器；18—防风杆总成

天窗式车厢示意如图 2 – 21 所示，这种车厢为整体式结构，顶盖后端开有天窗，天窗向一侧打开。天窗的打开机构为蜗轮蜗杆传动的撑杆机构，可手动操作，也可由液压电动机驱动。转载弹头时，先将天窗全部打开，然后用吊车将弹头吊装到车厢内，运输时合上天窗并密封。这种车厢结构较简单，容易密封，强度和刚度均较好，缺点是侧向风力较大时天窗打开困难。

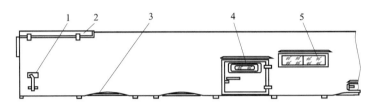

图 2 – 21　天窗式车厢示意

1—撑杆；2—天窗；3—底架；4—门；5—窗

后翻板式车厢后端设有大门，大门是通过打开机构打开或关闭锁紧的。大门内侧和车厢地板上均设有导轨，打开大门并使之向外翻转为水平状态，两者的导轨便衔接起来呈水平状态。这种车厢的侧壁与顶盖连为整体，其强度和刚度较好，车厢容易密封，转载弹头也较方便。缺点是翻板质量较大，大门的打开及关闭锁紧的传动机构比较复杂。转载弹头时先将小车从车厢内推出，沿轨道推至大门上，用吊车将弹头吊装到小车上，然后通过小车将弹头推入车厢，关闭大门并锁紧密封。为了满足弹头对温度的要求，车厢内存放弹头的保温间通常设有升、降温装置和温度监测装置，升温装置一般为电加热器，而降温装置通常为风扇。在运输过程中若环境温度低于 10 ℃，则需要启动升温装置对车厢进行升温，使车厢内外的温差不小于 20 ℃。在升、降温过程中，升温速率一般不得大于 6 K/h，降温速率一般不得大于 10 K/h。

2.3.2　整体运输

1. 整体水平运输

采用机动方式发射箭（弹）时，为了提高生存能力和机动性，要求箭（弹）预先水平测试和瞄准好，起竖后经简单的检查就可以发射。有些型号的火箭是从导弹型号演变过来的，即使在试验场发射也采用机动发射方式，即在技术厂房内完成水平组装和测试后，用运输 – 起竖发射车将整体（含有效载荷）水平转运至发射工位，起竖后经简单的检查和加注推进剂后便可以发射，或者在发射工位的固定发射台上设有起竖装置，用运输车将整枚箭（弹）水平运到发射工位，利用发射台上的起竖装置将其起竖为箭（弹）发射（垂直）状态。与整体垂直运输一样，采用这样的流程方案，可以大大缩短在发射工位上的停留时间。但是，由于测试时箭（弹）的状态（水平状态）

与发射时的状态（垂直状态）不一样，这就要求箭（弹）本身及其测试的可靠性要高。

根据箭（弹）的长度和路况的不同，整体水平运输的运输设备通常为驾驶室低于车架上平面的组合自行式车辆或半挂式列车、全挂车列车，运输方式有公路运输和轨道运输两种。

与分体水平运输相比，整体水平运输的特点是整车长度较长，载荷较大。由于公路和路轨的承压能力是有限度的，故运输通常要采用多轴、多轮对的车辆。这样的车辆适合于在直线公路或轨道上行驶，过弯道的通过性较差。

车辆转向系统几何设计的基本依据是，过弯道时所有轮子的运动均为纯滚动而无侧向滑移，滑摩功最小，即要满足下列关系：

$$\cot \delta_{\text{o}} - \cot \delta_{\text{i}} = B/L \tag{2-3}$$

式中　δ_{o}，δ_{i} ——分别为外、内前轮转角，（°）；

　　　B，L ——分别为轮距和轴距，mm。

对于多轮对的车辆，如果采用各轮对与车体直接连接的方式，则转向时不能满足上述关系，轮子会产生滑摩。对于轨道车辆，过弯道时相距最远的两轮对在弯道处构成的圆弧角小于弯道的圆弧角，外轨对前轮对外侧轮缘产生抵抗阻力，形成剧烈的接触摩擦，阻止车辆通过，擦伤车辆踏面和轨面。解决该问题的措施有：①轮对与车体之间采用活动连接；②加大轮缘外侧与钢轨内侧之间的游间；③采用转向架，使几个轮对组合在同一转向架内，用转向架的固定轴距代替车辆定距，并使固定轴距小于定距。对于轮胎式车辆，可采用液压驱动、多轮差速转向的方式。

整体水平运输要解决的另一个问题就是箭（弹）的支撑问题。整体水平运输时，运输长度较长，箭（弹）的刚性又较差，而且至少是有效载荷已加注推进剂，箭（弹）各段的质量不均衡。为了避免因支撑距太大，由于在自重和惯性力作用下箭（弹）产生挠度和变形，故通常要设三处支撑，其中一处为辅助支撑。

苏联/俄罗斯通常采用整体水平运输的转场方式，"N-1"火箭的转场运输如图2-22所示。该火箭全长110 m，远长于标准的铁路车车厢和平板车的长度。虽然后来该火箭工程被取消，但其运输方式仍在之后的"宇宙2号""宇宙3号""天顶号""质子号"等箭（弹）的运输中被采用。其中"天顶号2"为两级火箭，最大直径为3.9 m，长度为57 m，运输时的质量约为56 t。"质子-M"为三级火箭，最大直径为7.4 m，长度为59.5 m，运输时的质量约为77.9 t。这两种火箭的转场运输分别如图2-23和图2-24所示。由图2-23和图2-24可知，运输车为全挂式运输-起竖发射车，车架为纵梁式或板梁式。其中"天顶号2"火箭的运输-起竖车上设有三处支撑，其中一处支撑在火箭尾端，另一处支撑在整流罩圆柱段的根部，还有一处辅助支撑在整流罩圆柱段的上部。"质子-M"火箭的运输-起竖车上对应箭（弹）下段的部位设有弧形支撑，对应火箭上段的部位设有两个大型夹紧装置，用于支撑和固定箭（弹）。上段的支撑一直延伸到整流罩圆柱段，对整流罩起到辅助托架的作用。

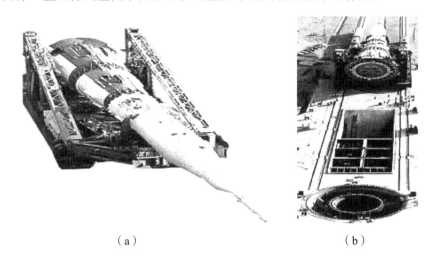

（a）   （b）

图 2 - 22   "N - 1" 火箭的转场运输

（a）设有起竖装置和托架的运输车；（b）沿轨道运往发射工位

图 2 - 23   水平整体转运 "天顶号 2" 火箭

图 2 - 24   水平整体转运 "质子 - M" 火箭

目前俄罗斯带起竖装置的运输车有三种，其中一种车上设有巨型起竖臂，运输时整枚箭（弹）（含有效载荷/整流罩组合体）水平地支撑在起竖（或折倒）臂上，运抵发射工位后，由起竖装置将箭（弹）由水平状态起竖成垂直状态，使之竖立在固定的发射台上。第二种为带起竖装置和发射筒的运输车，运输车将箭（弹）运至发射工位（平坦的混凝土地面）后，通过液压驱动支座，保证发射车的稳定与平衡，便可将箭（弹）/发射筒组合体起竖到垂直状态，如图 2 - 25 所示。第三种为不带起竖装置的运输车，起竖装置设在发射工位的固定发射台内，运输车将火箭水平运抵发射工位后，由固定发射台内的起竖装置将火箭起竖为垂直状态。最新型的带起竖装置的运输车是联盟号使用的重而坚固的大型运输车，该车对应箭（弹）下段的部位设有弧形支撑，对应火箭上段的部位设有两个大型夹紧装置，用于支撑和固定箭（弹）。上段的支撑一直延伸到整流罩圆柱段，对整流罩起到辅助托架的作用。

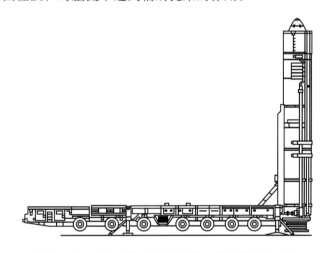

图 2 - 25 "白杨" 导弹的运输 - 起竖发射车示意

"天顶号 3SL" 火箭采用海上活动发射平台发射，该火箭的最大直径为 3.9 m，全长为 59.6 m，最大起飞质量为 473 t。该火箭的总装和测试在总装/指挥船的船舱内完成，该船停靠在基地港的码头上。总装和测试后将火箭转载到停靠在总装/指挥船旁边的活动发射平台的运输车上，运输车再将火箭运入平台的舱内。活动发射平台既是一个海上的发射工位（其上设有发射台、推进剂贮存和加注设备、供配气设备、测控设备和运输 - 起竖车），又是一艘运输船。发射前，发射平台载着火箭/运输车驶向太平洋的赤道区。运抵预定位置后，发射平台下潜到一定吃水深度并保持稳定后，运输车再把火箭转移到发射台位置，并将火箭起竖到发射台上，如图 2 - 26 所示。由基地港至发射海域的运输也是一种转场运输，而且距离较远，一般为 240 ~ 288 nmile[①]。运输

----

① 1 nmile（海里）= 1.852 km。

时活动发射平台的平均行驶速度为 10 节，即 10 nmile/h。

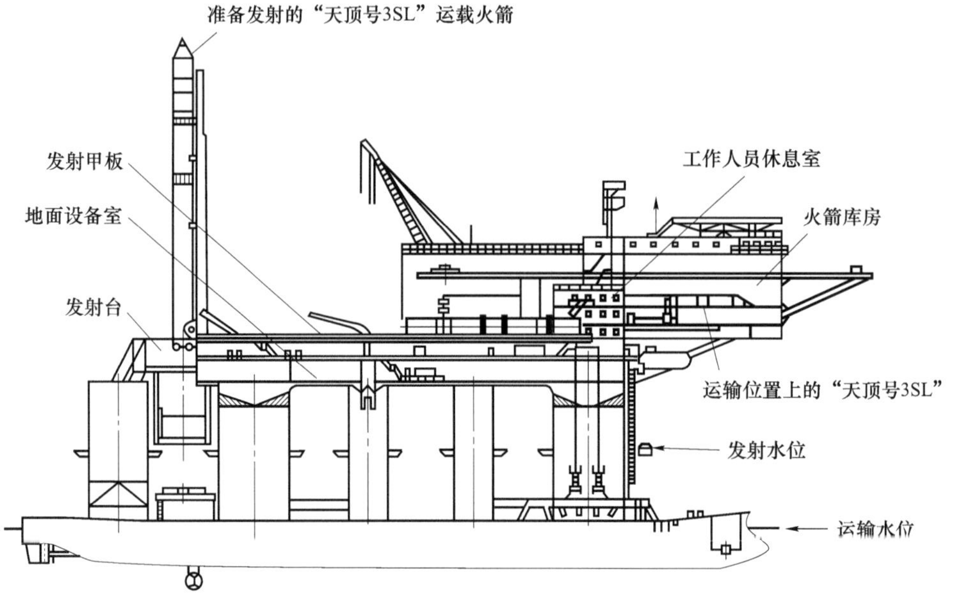

图 2 – 26 "天顶号 3SL" 火箭的海上发射平台示意

2. 整体垂直运输

如前所述，长期以来，箭（弹）的发射都是按传统的流程进行的，箭（弹）在技术厂房经过简单准备后，分体水平运到发射工位，然后在固定发射台上进行垂直组装、测试、推进剂加注和发射。由于大部分准备工作要在发射工位完成，故从第一级箭体进入发射工位直到发射，箭（弹）在发射工位停留的时间较长，工位的利用率较低。例如，发射一枚"雷神""德尔它"火箭要停留两个月左右，发射一枚"土星Ⅰ"和"土星ⅠB"火箭分别要停留 4 个月和 6 个月，而发射一枚"土星Ⅴ"火箭这样的特大型火箭可能要停留 9 个月。而且，发射工位的环境条件较差，不利于提高测试的可靠性。

为了缩短箭（弹）在发射工位的停留时间，提高发射工位的使用效率，并使组装和测试能在良好的环境下进行，提高测试的可靠性，"大力神 3"系列火箭、"土星Ⅴ"火箭、"阿里安"系列火箭和"H – 2"系列火箭的发射打破了传统模式，将火箭的垂直组装和测试工作从发射工位换成在技术厂房内进行。为了使组装和测试的火箭状态保持不变，到了发射工位后无须重复测试，转场运输采用整体垂直运输方式。采用整体垂直运输方式还另有一好处就是机动性好，一旦接到飓风预警，可以在规定时间内将火箭整体垂直地运回到技术厂房。

对于技术厂房内的垂直组装和测试以及整体转场运输，不同国家和不同型号的箭（弹）有不同的做法，因而状态保持的内容和程度以及在发射工位的停留时间也有所不同。迄今为止有三种做法：①"AR5""大力神 3""H‑2A"和"土星Ⅴ"等型号火箭在技术厂房内就使测试时的火箭状态与发射时的状态保持高度一致，测试时立在发射平台上的不仅是整枚火箭（含有效载荷/整流罩组合体），而且还有脐带塔和连接火箭与发射平台（经脐带塔）的液、气、电脐带（含连接器），这种状态下的整体垂直运输如图 2‑27 所示。采取这种做法能最大限度地减少在发射工位的测试，最大限度地缩短在发射工位的停留时间；②我国发射飞船时，火箭在技术厂房内完成整枚火箭（含有效载荷/整流罩组合体）的组装和测试，垂直运输时发射平台上无脐带塔，火箭也不带用于箭‑地连接的液、气、电脐带，因而在技术厂房内确立的状态只是部分地与发射状态一致；③"H‑2"火箭在技术厂房内只完成箭体的垂直组装和测试，到了发射工位后再对接有效载荷和扣合整流罩，垂直运输时为不带有效载荷的火箭/发射平台组合体，不包括与火箭连接的液、气、电脐带，图 2‑28 所示为垂直运输"H‑2"火箭示意。另外，美国发射航天飞机时，航天飞机和外贮箱的转场也采用垂直运输方式，运输时也不带脐带塔，如图 2‑29 所示。

（a）　　　　　　　　　　　（b）

（c）　　　　　　　　　　　（d）

图 2‑27　整体垂直运输

（a）垂直运输"AR5"火箭；（b）垂直运输"大力神 3"火箭；
（c）垂直运输"H‑2A"火箭；（d）垂直运输"土星Ⅴ"火箭

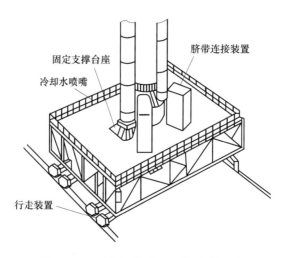

图 2 – 28 垂直运输 "H – 2" 火箭示意

图 2 – 29 垂直运输航天飞机

与整体水平运输相比，垂直运输的整车高度和质心高度高，质量大，抗倾覆稳定性不容易保证。与分体或整体水平运输一样，最容易发生倾翻的工况是在最大侧向风下上坡和过弯道时。在这两种工况下，要保证抗倾覆的稳定性，不发生纵向和侧向倾翻，必须使抵抗倾翻的复原力矩与倾翻力矩总和的比值不小于规定值，即

$$\eta = \left(M_{\mathrm{f}} / \sum M_{\mathrm{q}} \right) \geqslant 1.4 \qquad (2-4)$$

式中 η ——抗倾覆稳定性系数；

M_{f} ——抵抗侧向倾翻的复原力矩，N·m。对于路面运输过弯道：$M_{\mathrm{f}} = \left(\sum m \right) g l_{\mathrm{C}}$，

上坡：$M_{\mathrm{f}} = \left(\sum m \right) g l_{\mathrm{z}} \cos \alpha$；对于轨道运输过弯道：$M_{\mathrm{f}} = \left(\sum m \right) g \left(l_{\mathrm{C}} + \Delta h h_{\mathrm{g}} / 2 l_{\mathrm{C}} \right)$；

$\sum m$ ——整车质量，kg；

g ——重力加速度，$g = 9.81\ \text{m/s}^2$；

l_C，l_z ——分别为两侧车轮滚动圆与车辆轴线之间的水平距离和后轴与整车质心
之间的水平距离，m；

α ——坡角，（°）；

Δh ——外轨的标准超高，m；

h_g ——整车质心相对于路面或轨道踏面的高度，m；

$\sum M_q$ ——倾翻力矩之总和，N·m。

过弯道时，主要的倾翻力矩有离心力矩、风力矩和悬挂以上部分倾斜而由自重分力产生的力矩等。上坡时，主要的倾翻力矩有整车自重分力产生的力矩、风力矩、作用在前后轴的惯性力矩和轮子的滑动阻力矩等。其中离心力矩、风力矩和由于倾斜而由自重分力产生的力矩分别为

$$M_L = \sum mgv^2 h_g / (3.6^2 R) \qquad (2-5)$$

$$M_F = P_F S_F h_F \qquad (2-6)$$

$$M_W = \sum mgh_g / \cos \beta \qquad (2-7)$$

$$M_P = \sum mgl_z \cos \alpha \qquad (2-8)$$

式中　M_L，M_F，M_W，M_P ——分别为离心力矩、风力矩、歪斜和上坡而由自重分力产生
的倾翻力矩，N·m；

v ——车速，km/h；

R ——弯道曲线半径，m；

P_F ——最大风力时的平均风压，Pa；

S_F ——整车的迎风面积，m^2；

h_F ——风压作用中心相对于路面或轨道踏面的高度，m；

β ——悬挂以上部分相对于垂直线的歪斜角，（°）。

对于轨道运输，还要避免在过弯道时发生爬坡和脱轨；在直道上行驶要避免出现剧烈的蛇行运动，使轨距发生变化和道轨损坏。过弯道时若前后轮对在弯道上构成的圆弧角小于弯道的圆弧角，外侧前轮轮缘紧贴外轨，内侧后轮轮缘紧贴内轨，则外侧前轮就会对外轨产生很大的横向压力。当横向压力与轮载的比值（即脱轨系数）大于1.52 时，车辆就可能出现爬坡甚至脱轨，发生倾翻事故。脱轨系数为

$$\chi = F_H / F_L = (\tan \alpha \pm \mu) / (1 \pm \mu \tan \alpha) \qquad (2-9)$$

式中　χ ——脱轨系数；

F_H，F_L ——分别为横向压力和作用在减载一侧轮子上的载荷，N；

μ ——轮缘与钢轨的摩擦系数;

α ——轮缘角,(°)。

由式 (2-5) ~ 式 (2-9) 可知,在整车质心较高、道路有坡和有弯道的条件下,为保证抗倾覆稳定性,确保运输安全,通常要采取如下措施:①将左、右和前、后行走机构布置在车体或发射平台底部 4 个角的位置,使它们与整车质心之间的水平距离尽量大,以增大复原力矩;②运输设备具有自动调平功能,在经过不平坦路段和上坡时自动调整上装的垂直度,使之不超出允许的范围;③使运输设备具有垂直度锁定功能,一旦悬挂和转向等系统发生故障(如漏油等),上装也不会歪斜;④使加速、减速和刹车时产生的惯性力与冲击加速度尽量小(一般为 0.08 g);⑤各行走机构与车体或发射平台之间采用铰接方式,并能使各轮独立和差速转向;⑥严格控制行驶尤其是过弯道时的车速,以减小离心力和振动惯性力。即使在直道上行驶也要限制车速,以抑制蛇行运动。

目前,垂直运输设备类型有两种:一种为专门的运输车,运输车与发射平台可以分离,可用于其他场合的运输;另一种为设有行走机构的活动发射平台,行走机构与发射平台不能分离。专门的运输车通常为自行式,行走机构有履带式和轮胎式。设有行走机构的活动发射平台有自行式和挂车式两种,行走机构为铁轮式,轨道一般采用可行走的塔式起重机的轨道。

迄今为止,除了航天飞机的转场运输以外,"土星V"火箭的垂直运输是最大型的垂直运输,整车高度约为 122.1 m,质量超过 8 000 t。其中火箭直径为 10.06 m,高度为 110 m,净质量约为 180 t,加上飞船(已加满推进剂)的质量约为 300 t;发射平台的外形尺寸(长×宽×高)为 52 m×41.7 m×7.6 m,加上脐带塔的质量约为 5 090 t;脐带塔塔基外形尺寸为 18.3 m×33.5 m,高度为 116 m,见图 2-27(d)及图 2-30。(火箭 + 飞船)/发射平台/脐带塔组合体的总质量约为 5 400 t。运输车辆为自行式的巨型履带式运输车,设计装载质量为 5 442.5 t。转场运输使用专用公路,路程为 5.6 km,双车道,路宽为 39.65 m,道路设计载荷为 0.46 MPa。公路中有一处弯道和有一段纵向斜坡,弯道半径为 153 m,斜坡坡角为 5°,运输时允许的最大风速为 74.5 km/h。空载时,运输车的行驶速度为 3.2 km/h,带载时为 1.6 km/h,爬坡时为 0.8 km/h,转弯速度为 10°/min。试验表明,行驶速度很慢时,即使风速为 108 km/h 火箭也不会倾倒。

除了转场运输以外,运输车还用于在总装前将发射平台和脐带塔运到技术厂房的总装工位、在火箭转场后将活动勤务塔从其停放场(离发射工位约 2 130 m)运到发射工位、在发射前 7 h 将活动勤务塔撤回到停放场以及接到飓风警报后在 12 h 内将火箭/脐带塔/发射平台组合体运回总装测试厂房。

履带式运输车是依据成熟的履带车技术并参照当时正在建造、能承受 68.6 kN 载荷的露天煤铲的技术而研制的,1963 年开始建造,共建造两台,1966 年交付使用。运输车外形尺寸（长×宽×高）为 41.2 m×34.7 m×6.1 m，质量为 2 722.5 t。兼顾到航天飞机和重型运载火箭——"战神 Ares"火箭的需要，设计装载质量为 5 442.5 t。

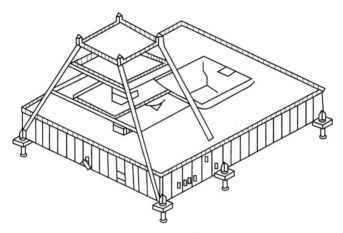

图 2 - 30   "土星 V"火箭的大型发射平台

运输车由车架和运行部分组成，运行部分为 4 辆巨型的双履带牵引车，如图 2 - 31 所示。车架为盒形钢结构，顶盖为一大型平板。车架能承受运输车的所有正常操作力和载荷，由推进和驾驶产生的应力与水平载荷均被车架吸收，不会传给所运输的物体。车架两侧都设有一个驾驶室，成对角线布置。驾驶室中设有监视仪器、操作控制设备、电子设备和其他装置。

为使火箭/脐带塔/发射平台组合体的质心与运输车的质心对中，避免出现较大的偏载，运输车四角位置设有可以伸缩、能自动定心的连接平台和定位系统（图 2 - 31），与此相对应，在发射平台底部也设有 4 个方形突出部（图 2 - 30），通过它们可实现发射平台与运输车之间的连接和精确定位，使运输车相对于发射平台的纵向和横向偏离不超过 50 mm。

4 辆双履带式牵引车设在运输车车架底部 4 个角的位置，前后车和两侧车之间的距离均为 27.5 m，距离大有利于增大抗倾覆的复原力矩，提高稳定性。负载作用在各车的中心位置，这样可使运输车车架挠曲变形最小。

运输车车架内设有动力装置，由 2 台功率为 2 021 kW 的矿用柴油发动机、2 台功率为 783 kW 的柴油发动机、4 台功率为 1 000 kW 的重型直流发电机、2 台功率为 750 kW 的交流发电机和 2 台功率为 150 kW 的柴油发电机组成，动力强劲。其中 2 台大功率矿用柴油发动机用于带动 4 台重型直流发电机，为设在履带牵引车上的 16 台密尔型驱动电动机供电，以驱动履带行走。2 台功率为 783 kW 的柴油发动机用于带动 2 台交流发电机，为调平、举起火箭/脐带塔/发射平台组合体和转向等提供动力用电。2 台柴油发电机则为发射平台上的计算机、监视、照明、空调系统以及风扇、泵和起重机等设备供电。

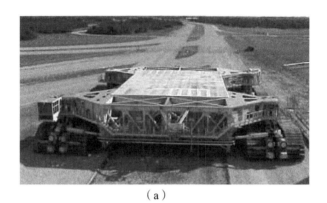

（a）

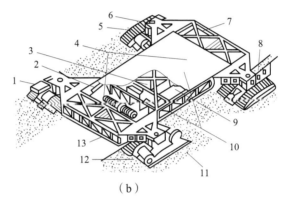

（b）

图 2-31　"土星 V"火箭的大型履带式运输车

（a）实物照片；（b）结构组成图

1—转动舱；2—排气风扇；3—液压油箱；4—200 kW 直流发电机；5—液（水）压缸；

6—导向管；7—水冷却器；8—操纵油缸；9—发动机控制室；

10—750 kW 发动机组；11—履带车公路；12—驱动电动机；13—燃料箱

　　运输车还设有自动水准系统，用于保证车架顶盖平面的水平度，即火箭/脐带塔/发射平台组合体的垂直度，防止因较大的偏斜（尤其是上坡时）而产生大的翻转力矩。自动水准系统由 16 个（每辆牵引车上有 4 个）用于校平的液压式作动筒、2 个水平误差传感器和伺服机构等组成。传感器将感受的误差信号传给伺服机构，操作液压式作动筒动作。有了这套系统，无论是在平地行驶还是爬坡，运输车车架上平面的水平度都能保持在 ±5′ 以内，上下活动范围不超过 5 cm，使火箭的垂直度不超过 ±10′，即火箭顶部偏离水平面垂直线的距离不大于 30 cm。水准校正速度为 12.7 mm/s。

　　双履带式牵引车示意如图 2-32 所示，它由车体和行走机构组成，车长为 12.6 m，车宽为 7.3 m。每辆车的中心位置均设有一个导向柱（管）组件（图 2-33），通过它实现与运输车车架的铰接连接，转向时牵引车绕导向柱回转。为了避免转向时产生侧滑和大的曲线阻力，减小振动，各车的每条履带分别由 2 台密尔型驱动电动机驱动，驱动电动机通过一对减速比为 168:1 的五级轮系传动系统，将动力传递到每条履带，实现差速转向。在早期的转向系统方案中，采用了单个单向的液压缸推动前面的牵引车，而通过连杆拉动后面的牵引车，后来进行了改进，设置了机械连杆系统和梯形补偿电子伺服系统，采用了两个双向的液压缸，且将连杆的推拉操作集成到设在运输车 4 个角的液压执行机构上，使牵引车能独立地转大弯，也能横行和原地转弯。为了使路面的摩擦力降至最小，减小转向时液压系统的压力，路面采用了摩擦系数最小的河边砂石铺设。为了控制速度和加速度，车上设有一套直流可调压的速度控制器，每个驱动电动机的转子轴上都装有一个圆盘形的制动装置，启动、刹车所产生的加速度和减速度都不大于 0.08 g（或 0.79 m/s^2）。每辆牵引车上方都设有一台液压千斤顶，最大行程为 1.83 m。当要驶入或驶离发射平台底部时，通过控制千斤顶使运输车高度降低。需要举起负载时，通过控制千斤顶使运输车高度升高。

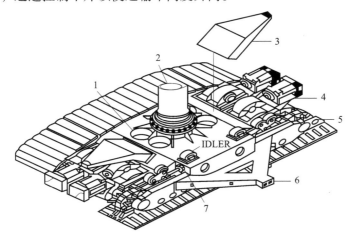

图 2－32 双履带式牵引车示意

1—油缸套管；2—导向柱；3—转向臂；4—驱动电动机；5—驱动轮；6—转向臂；7—调节器

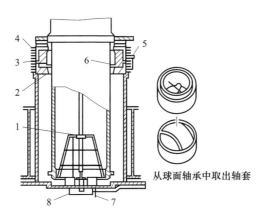

图 2－33 导向柱（管）组件示意

1—万向节；2—球面轴承；3—轴承承托；4—防尘罩；
5—弹簧支撑环；6—轴套；7—角度传感器；8—高度传感器

"H-2A"系列火箭也采用专门的运输车运输,运输对象也是火箭/脐带塔/发射平台组合体。"H-2A"火箭(增强型)芯级最大直径为 4 m,高度为 53 m,设有 4 个固体助推器,助推器直径为 2.25 m。由于火箭尺寸相对较小,故脐带塔和发射平台的尺寸与质量也相对较小。大型发射平台长度为 25.4 m,宽为 22 m,离地面高度约为 7 m。专门的运输车为 1 对自行式台车,每辆台车的外形尺寸(长×宽×高)为 25.4 m×3.3 m×(2.84~3.44)m,自身质量为 150 t,一对台车的承载质量为 1 265 t。

台车的行走部分设有 14 根轴和 56 个轮胎,轮胎材料为可承受重负载的聚氨酯人造橡胶,如图 2-34 所示。空载时,每辆台车可独立行驶,当运输平台及火箭时,两辆台车配合行驶,其中一辆台车为主控车,另一辆台车为辅助车。主控车对行走速度和方向偏差进行总体控制,辅助车则执行来自主控车的指令。台车的最大行驶速度为 2 km/h,可在 0.5 h 内运到发射工位。当最大风速达 22.4 m/s 时,台车仍能避免火箭倾倒。即便此时突然急刹车,由于刹车而加在火箭上的加速度也不大于 0.08 g。

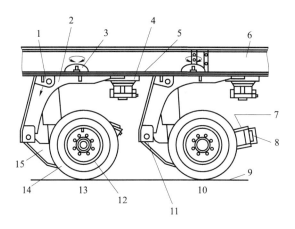

图 2-34 多轮式台车的结构

1—悬架;2—悬架的液压缸;3—转向传感器;4—减速机;5—转向用交流伺服电动机;
6—车架;7—行走用交流伺服电动机;8—车速传感器;9—路面;10—驱动轴;
11—车高传感器;12—鼓式制动器;13—制动轴;14—氨基甲酸乙酯实心轮胎;15—摆臂

台车设有多轮驱动系统、液压悬挂系统、速度控制系统、水平调节系统和精确的自动导向系统。多轮驱动系统可分别对每个车轮进行控制,两辆台车可前后行进、八字形行进、横行、原地回转和转弯行驶。手动控制时,台车可沿任何方向移动。悬挂系统可调节车辆的高度,调节范围为 600 mm。火箭转场前,将两辆台车的高度降低后驶入发射台板下部,然后调高台车的高度,将发射平台连同火箭一起抬高,然后转运到发射工位。速度控制系统由交流伺服电动机和柴油发电机组组成,在加速或减速时可将冲击减轻。即使路面不平整,通过水平调节系统也可使台车的水平度保持在±0.2°范围内。

"AR5"火箭采用设有行走机构的发射平台进行运输，行走机构为铁轮式，16 个双轴。运输设备为挂车式，运输时由 2 台专用机车牵引，沿 2 条平行的铁轨行走，最大行走速度为 4 km/h。"AR5"火箭的发射平台长为 25 m，宽为 21 m，自身质量约为 1 000 t。

"H-2"火箭也采用设有运行机构的发射平台进行运输，活动发射平台为自行式。发射平台长度为 18 m，宽为 22 m，离地面高度约为 7 m。由于运到发射工位后再对接有效载荷和整流罩，故负载不包括有效载荷/整流罩组合体和脐带塔，整车质量为 800 t。

运行机构为 4 辆台车，分别设在发射平台 4 个角的位置，如图 2-28 所示。行走机构由车轴、车轮和铰接梁等组成，每辆台车均为 4 轴和 4 轮，其中 2 个为驱动轮、2 个为从动轮。轨道为 CR100K 起重机的专用轨道，运输路程为 500 m，最大行走速度为 0.48 km/h，电力驱动。行走速度由变频器控制，启动、变速和刹车产生的加速和减速度不大于 0.02 g。

图 2-35 所示的带行走机构的典型发射平台与"H-2"火箭和"AR5"火箭的发射平台类似，该发射平台长 24.4 m，宽 22 m，高 8.4 m，运输时总长度为 38 m，本体结构总质量为 750 t，运输时总质量约为 800 t（带火箭和飞船）。发射平台 4 个角的位置分别设有一组运行机构，其行走机构为 4 根轴和 4 个铁轮。行走机构由电力驱动，行驶速度为 0~1.68 km/h。电力由驱动-控制车供给，变频电机共 8 台，其中 4 台工作，4 台备份。每台电机的功率为 22 kW，发电机组功率为 140 kW，额定电压 400/230 V。驱动-控制车长 11 m，宽 2.5 m，高为 3.35 m，质量为 15 t。

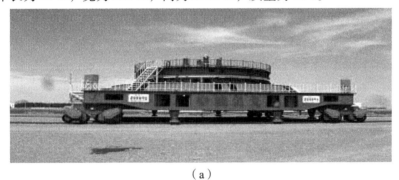

（a）

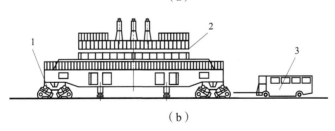

（b）

图 2-35　带行走机构的典型发射平台

（a）停放状态；（b）行走状态

1—行走装置；2—发射装置；3—驱动控制系统

2.4 其他场合的转运

出厂运输采用水路和空中运输时,运输前需将箭(弹)从生产厂运到机场或码头,运抵目的地机场或码头后需将箭(弹)转运到试验场的测试厂房或总装测试厂房。这种运输通常采取箭(弹)体分体或整体水平运输方式,运输设备有半挂车、全挂式汽车列车和支架车,半挂车和全挂式汽车列车分别如图2-36和图2-37所示。至于采用哪一种车辆,主要取决于箭(弹)的大小、道路状况、通用性和运输船的类型等。

图 2-36 从生产厂往码头转运"H-2A"火箭一级和二级箭体

图 2-37 从生产厂往码头转运"AR5"火箭

采用在技术准备区的厂房内组装测试箭(弹)的模式时,由于箭(弹)体通常是在运抵试验场后便直接运至总装测试厂房,因此,组装前的转运主要包括:①将有效载荷从其测试-处理厂房转运到箭(弹)的总装测试厂房;②将固体助推器的各节段由贮存间运往助推器的组装厂房;③将组装好的助推器整体运往箭(弹)的总装测试厂房。另外，对于筒式或箱式发射的箭（弹），总装测试后需将箭（弹）由总装测试厂房转运到装填厂房、场地或者基地港码头。

转运前有效载荷一般已加注推进剂。与所采用的箭（弹）的总装测试方式相对应，有效载荷的转运也有垂直运输和水平运输两种方式。转运时有效载荷的状态有两种：一种是已扣合整流罩，另一种是未扣合整流罩。转运所用的运输车有全挂式列车和自行式运输车两种。

当转运未扣合整流罩的有效载荷时，为了保护有效载荷周围的环境，运输时通常要将卫星封装在专门的密封容器内，并充入略高于大气压力的氮气，以防止空气和水分进入。当有效载荷为卫星时，为了监测和控制卫星的周围环境，密封容器上有时需设有监测压力、温度、湿度、振动和噪声的装置。

由于垂直状态下的卫星/密封容器组合体质心位置高度较高，容易造成运输的不平稳和不安全。为此，通常要采用轮高较低的特种全挂车或凹形车架的全挂车，以使整车的质心位置高度降低到规定的范围内，如图 2-38 所示。

图 2-38　垂直运输"AR5"火箭的卫星/密封容器组合体

同样，转运已扣合整流罩的有效载荷时也要采用轮高较低的特种车或凹形车架的运输车运输，如图 2-39~图 2-40 所示。典型凹形车架的双轴全挂车示意如图 2-41 所示。这样的运输车通常由牵引臂、前轮组、车架总成、后轮组、制动系统和电气系统等部分组成，另外还有工具和备附件。

该运输车的总长为 13 340 mm，总宽为 4 070 mm，最小离地高度为 450 mm，空车质量为 13 500 kg，最大载荷为 13 200 kg。列车空车最高行驶速度为 25 km/h；加载后最大行驶速度为 15 km/h，正向牵引时前轮转向。

图 2 – 39　垂直运输飞船/整流罩组合体

图 2 – 40　垂直运输 "H – 2A" 火箭的卫星/整流罩组合体

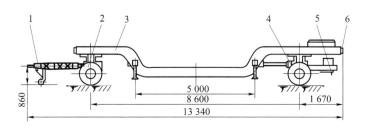

图 2 – 41　典型凹形车架双轴全挂车示意

1—牵引臂；2—前轮组；3—车架总成；4—后轮组；5—制动系统；6—电气系统

　　肯尼迪航天中心的固体助推器运输车和轨道飞行器（飞船和航天飞机）运输车分别如图 2 – 42 和图 2 – 43 所示。固体助推器运输车不仅用于将助推器的各节段运往贮存间存储（在支架上存储）和从贮存间运往助推器的垂直组装测试间，而且还用于生产厂内的运输、从生产厂到驳船码头的运输。轨道飞行器运输车则用于将各种轨道飞行器从其测试处理厂房运往垂直组装厂房。

图 2 - 42　运输固体助推器节段

图 2 - 43　用于运输轨道飞行器运输车

某固体助推器运输车为自行式车辆，由驱动、提升、转向（包括紧急转向）、制动、火灾报警、直流发电和控制、通信、气动、冷却系统以及柴油发动机、行走机构等部分组成，12 根轴，48 个轮胎，其中 6 根轴为制动轴，另外 6 根轴为传动轴。整车外形尺寸（长×宽×高）为 20 m×6.1 m×4 m，自身质量为 92.9 t，满载总质量为 280.8 t，外围回转半径约为 12.2 m，行驶速度为 10.3～16.1 km/h，提升行程为 1.43 m。

某轨道器运输车也是自行式车辆，外形尺寸（长×宽×高）为 32.5 m×（2.4～6.1）m×（1.6～2.2）m，自身质量为 75.8 t，满载总质量为 148.3 t，回转半径约为 20.1 m，负载时最大行驶速度为 8.1 km/h。

这两种车都具有行驶平稳、操作灵活、冲击和振动小、结构简单、质心位置高度低、机动性和通过性较好等特点。而且，由于车架的上平面为一个无凸起的大平台，且驾驶室设在车架之下，因此可以运输不同型号的助推器和轨道器，通用性强。

在总装/指挥船上组装"天顶号 3SL"火箭采取的是水平组装方式，为方便对接和组装，从陆地上的测试 - 处理厂房往船上转运有效载荷/整流罩组合体采取了水平转运方式，如图 2 - 44 所示。转运时，卫星/整流罩组合体通过运输车由设在岸上的厂房转运至码头，再通过总装/指挥船船尾的斜台将卫星/整流罩组合体运送到船上。

图 2 - 44　向船上运输卫星/整流罩组合体

对于铁路机动发射、舰艇机动发射和空射的箭（弹），总装测试后要由技术保障地点（或技术厂房）运到有关铁路站点、机场和军港码头，然后装填到铁路车、舰艇或飞机上。因此，这种转运通常都采用整体（含有效载荷）水平运输方式。图2-45所示为用轮胎式拖车将"波浪号"火箭从基地厂房运往基地港码头的情况。

图2-45　"波浪号"火箭正运往码头

2.5　机动运输

机动发射有陆地机动发射、海上机动发射和空中机动发射，其发射地点可以是有一定依托条件的待机阵地，也可以是任意地点、海域或空域。机动运输是指从基地到发射地点的游动性的运输。

陆上公路或越野机动运输通常是发射车载着箭（弹），箭（弹）装在发射车的发射筒、发射箱内或装在起竖托架上，分别如图2-46、图2-47和图2-48所示。出于对机动性和通过性等问题的考虑，这种运输通常采取水平运输方式。

图2-46　典型筒式发射装置的发射车

图 2 - 47　典型箱式发射装置的发射车

图 2 - 48　托架起竖发射的典型履带式发射车

　　若要准备多枚箭（弹），则除了发射车载有的箭（弹）以外，还要用专门的运输车运输箭（弹）。箭（弹）的公路和越野机动运输设备：轮式牵引车牵引的拖车、轮式鞍座牵引车牵引的半拖车、履带车牵引的拖车、自行轮式运输车和自行履带式运输车等，如图 2 - 49 所示。为了在机动中转载和装填箭（弹），通常还要有吊车和装填车跟随发射车机动。

　　对于大型导弹，通常是在待机发射之前才将弹头对接在导弹上。因此，机动运输导弹体时，同时也要用专门的运输车将弹头运到待机发射阵地。专门运输弹头的运输设备有自行式弹头运输 - 对接车和自行式弹头保温运输车等。

　　采用铁路机动发射时，导弹机动发射系统通常为一列车，列车通常由装载导弹和发射装置的车厢（即发射车厢）、装载发射控制设备和电源设备及通信设备的专用车厢、辅助车厢以及机车等部分组成，具有贮存、运输、发射和维护导弹的功能。机动

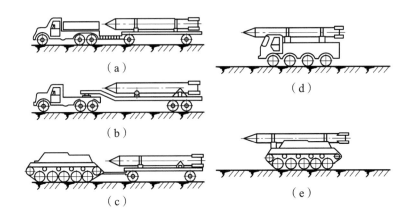

图 2 - 49　箭（弹）的公路和越野机动运输设备示意

（a）轮式牵引车牵引的拖车；（b）轮式鞍座牵引车牵引的半拖车；

（c）履带车牵引的拖车；（d）自行轮式运输车；（e）自行履带式运输车

前在补给基地将导弹整体转载到发射车厢内，然后机动到铁路线的任何位置待命发射。"SS - 24 - 2"导弹的铁路机动运输 - 发射列车如图 2 - 50 所示，它类似于普通的列车，具有较好的伪装性。

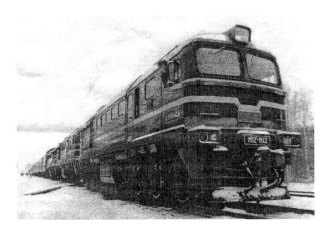

图 2 - 50　"SS - 24 - 2"导弹的铁路机动运输 - 发射列车

海上机动运输有垂直运输和水平运输两种方式，潜艇通常采用垂直运输方式，起航前箭（弹）由垂直方向装入潜艇的发射筒内。

俄罗斯"飞行号"火箭的最大直径为 3.2 m，全长为 32.5 m，起飞质量为 102 t，采用空射方式，载机为"安 - 124 - 100"飞机，如图 2 - 51 所示。该空射飞机可载着已加注推进剂的火箭在 10 ~ 11 km 的高度上飞行，飞行速度为 700 km/h，飞行距离为 4 000 km，可在该距离范围内的任何空域将箭（弹）发射出去。发射前，飞机俯仰一角度，使射向与水平方向之间成 76°倾角。

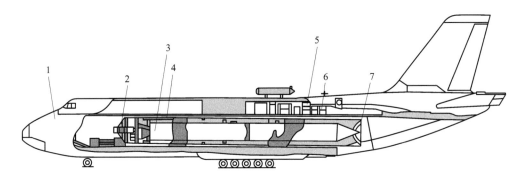

图 2 – 51　俄罗斯"飞行号"火箭的空射飞机示意

1—"安 – 124 – 100"飞机；2—燃气发生器；3—运载火箭；4—运输发射筒；

5— 飞行与射前维护控制设备；6—机载仪器设备；7—密封薄膜

2.6　公路和越野车应具有的性能

箭（弹）公路和越野运输（发射）车性能应主要包括：①良好的环境适应性；②在规定的运输条件（道路和环境等）下有足够的装载能力和行驶能力（动力性和通过性）；③良好的制动性；④良好的平顺性和稳定性；⑤可靠性高，使用寿命长；⑥逃逸速度快。对于不同运输场合的运输车，由于环境条件、道路、运输要求等有所不同，要求运输车的性能也有所侧重。

2.6.1　通过性

运输车的通过性包括路面通过性、空间通过性、质量通过性和动力通过性。导弹路面运输设备的通过性要求依据导弹类型和战斗环境条件的不同而异。例如，如果要将导弹系统布局在具有硬路面的战斗阵地内，运输设备就不需要有较高的通过性，但如果要布局在无道路的战斗阵地内，运输设备就必须有较高的通过性。

1. 路面通过性

与其他路面车辆一样，为了使箭（弹）运输车具有良好的路面通过性，使运输车在弯道行驶过程中车轮始终保持在地面上，其几何参数应满足下列条件：

$$l_s \leqslant L_s \tag{2 – 10}$$

其中　　$L_s = \sqrt{(R_o - B_a/2)^2 - (R_i + B_r/2)^2}$

式中　l_s ——列车的相当长度，m；

对于挂车不转向的全挂列车，$l_s = \sqrt{L_a^2 + L_r^2 + d^2 - C_a^2}$ ； $\tag{2 – 11}$

对于挂车不转向的半挂列车，$l_s = \sqrt{L_a^2 + L_r^2}$ ；

对于挂车转向的全挂列车，$l_s = \sqrt{L_a^2 + L_r^2 + d^2 - C_a^2 - 2L_r \times L_C}$ ； （2 - 12）

对于挂车后半轮转向的半挂列车，$l_s = \sqrt{L_a^2 + L_r^2 + 2L_r \times L_C}$ ； （2 - 13）

L_s ——等级公路路面允许的最大相当长度，m；

R_o ——等级公路路面外侧边缘平曲线半径，m，$R_o = R_r + B_f/2$ ；

R_r ——等级公路最小平均平曲线半径，m；

B_f ——等级公路路面宽度，m；

B_a ——牵引车轮距，m；

R_i ——等级公路路面内侧边缘平曲线半径，m，$R_i = R_r - B_f/2$ ；

B_r ——挂车轮距，m；

L_a ——牵引车前后桥轮距，m；

L_r ——挂车轮距（对于半挂车为牵引销至挂车后桥的距离），m；

d ——挂车牵引臂长度，m；

C_a ——牵引车后桥至牵引钩中心的距离，m；

L_C ——虚轴至后轴的距离，m。

除了满足上述条件外，决定路面通过性的其他几何参数还包括离地高度、接近角和离去角、纵向和横向通过半径、涉水深度、外廓尺寸、最小转弯半径、自行式运输车的轴距、轮式车辆所能克服的垂直障碍物高度、支撑牵引参数、牵引车与拖车在垂直平面和水平面上相对转动的可能性和相对横向倾斜的可能性以及最大侧倾角和滑移角等，如图 2 - 52 所示。这些几何参数也要符合有关规定。

离地高度 h 反映了车辆越过集聚障碍物的能力和在松软土路上行驶的能力。苏联规定，具有较好通过性的运输车，其离地高度应不小于 400 mm。

接近角 γ_1 和离去角 γ_2 或 γ_2' 反映车辆爬上和越下障碍物的能力。全挂车牵引臂上摆角一般应 <10°，全挂车和半挂车的离去角一般在 15° ~ 20°。苏联规定，接近角为 40° ~ 50°。

纵向通过半径 ρ_1（或 ρ_1' ）和横向通过半径 ρ_2（或 ρ_2' ）反映车辆能通过的障碍物的轮廓。

涉水深度 h_0（图中未标出）是地面至汽车发动机排烟管口的高度，它反映车辆的涉水能力。苏联规定，运输车的涉水深度应不小于 1 m。

车辆的外廓尺寸反映了车辆是否超出铁路（用铁路平板运输时）、桥梁、隧道和狭窄公路的限界。为了使车辆的外廓尺寸与公路、桥梁、涵洞相适应并符合铁路运输标准和保证运输安全，我国规定，要在公路上行驶的车辆，其总高应不高于 4 m，总宽（不含后视镜）应不大于 2.5 m，自行式车辆总长应不大于 12 m，半挂式汽车列车总长应不大于 16 m，全挂式汽车列车总长应不大于 20 m，导弹运输车一般要超出上述限界。

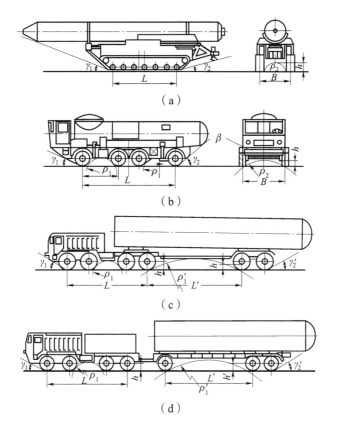

图 2 - 52　运输车的通过性参数示意

（a）自行履带式车辆通过性参数示意；（b）自行轮胎式车辆通过性参数示意；
（c）半挂式列车通过性参数示意；（d）全挂式列车通过性参数示意

B —轮距；L —自行式车辆或牵引车轴距；L' —挂车轴距；h —离地高度；
ρ_1 —自行式车辆或牵引车纵向通过半径；ρ_1' —挂车纵向通过半径；
ρ_2 —自行式车辆或牵引车横向通过半径；γ_1 —接近角；
γ_2 —自行式车辆离去角；γ_2' —半挂式或全挂式列车离去角

最小转弯半径 $R_{\min}$ 反映车辆在最小面积内的转向能力，即车辆在森林、交叉地形、十字路口、城市街道和发射地点的机动性。大型半挂车的最小转弯半径一般为 6.5 ~ 10 m，对于又长又大的汽车列车，最小转弯半径一般在 15 m 以内。列车最小转弯半径由式（2 - 14）确定：

$$R_{\min} = B_{a1} + 2\sqrt{L_a^2 + (L_r/\sin\beta_k)^2} \qquad (2-14)$$

式中　$R_{\min}$ ——列车最小转弯半径，m；

　　　B_{a1} ——牵引车前轴轮距，m；

　　　L_a ——牵引车轴距，m；

　　　L_r ——半挂车轴距，m；

β_k——牵引车相对于半挂车的限定转角，（°）。

自行式运输车的轴距 L 反映运输车能通过的壕沟、水渠或干渠等的宽度。对于机动性要求较高的牵引车，其轴距一般越小越好，而对于自行式运输车，轴距可大些。全挂车的轴距和半挂车牵引销至后轴的距离通常依据导弹的长度、质量及支撑位置距离而定，对于双后桥的运输车，其轴间距离一般为轮胎直径的 1.1 ~ 1.5 倍。

轮式车辆越过的障碍物高度 h_{II} 主要取决于车轮与地面间的附着系数。试验表明，轮式车辆在干柏油路上行驶时 $h_{\text{II}} = （0.75 ~ 1.0）r$，在干土路行驶时 $h_{\text{II}} = （0.5 ~ 0.75）r$，其中 r 为车轮半径。履带式车辆越过垂直障碍物的情况与通过斜坡时相似。

支撑牵引参数包括车辆作用在单位面积路面上的压力（即比压）和功率系数。其中比压的大小反映了车辆通过松软地段及积雪、沙漠和沼泽地的能力。苏联规定，对于履带式车辆，其作用在土路路面的最小平均比压应不大于 0.08 MPa。对于轮式车辆，作用在路面的平均比压应不大于 0.10 MPa。

功率系数（比功率）反映车辆的加速能力和克服道路障碍的能力，功率系数越高，加速所需的时间就越短，克服道路障碍的能力就越大。苏联规定，车辆的功率系数必须不小于 7.35 kW/t；各国军用中型越野车的比功率大都在 18 kW/t 以上。

全挂列车在垂直平面和水平面上相对转动的可能性和半挂列车相对横向倾斜的可能性，均反映了列车在不平坦道路上的行驶能力，而最大侧倾角和滑移角则反映车辆沿斜坡稳定行驶的能力。苏联规定，列车的纵向"灵活性"角应在 ±30° 以内，前后桥之间的"独立性"角应在 ±15° 以内，侧倾角应为 20° ~ 30°。同时规定，拖车前桥绕垂直轴转动的角度应小于 90°。

2. 空间通过性

箭（弹）运输车通常还要有良好的空间通过性，即运输车在弯道行驶过程中，其车体或箭（弹）外廓投影点能始终保持在路基上，即满足下列条件：

$$l'_s \leqslant L'_s \tag{2 – 15}$$

其中 $\quad l'_s = \sqrt{(D_o{}^2 - D_r{}^2)/2}$

$\qquad L'_s = \sqrt{(D_{\max}/2)^2 - (D_{\min}/2)^2}$

式中 $\quad l'_s$——汽车列车扫过空间宽度的相当长度，m；

$\qquad D_o$——箭（弹）体或车体外廓投影点（见图 2 – 53）的最大通道直径，m；

$\qquad D_r$——箭（弹）体或车体外廓投影点的最小通道直径（见图 2 – 53），m；

$\qquad D_{\max}$——路基（弯道）外侧排水沟中心线的直径，m；

$\qquad D_{\min}$——路基（弯道）内侧排水沟中心线的直径，m；

$\qquad L'_s$——等级公路路基允许的最大相当长度，m。

3. 质量通过性

良好的质量通过性就是运输车满载时能顺利通过规定的等级公路的桥梁。等级公

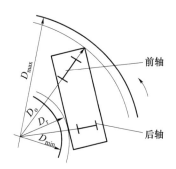

图 2 – 53　车辆拐弯时车体外轮廓投影点

路上桥梁的承载能力是以等代荷载的方式给定的，对于不同形式、不同跨径的桥梁均规定了等代荷载值。满载箭（弹）的运输车通过时，由桥梁产生的内力量值换成相应的等代荷载应小于桥梁规定值。

箭（弹）运输车的装载能力除了要满足装载箭（弹）的要求外，导弹运输车的装载能力通常还要按军民通用和符合国内军民用车辆系列发展的原则确定，其质量系数比一般重型货车的质量系数小，通常为 0.8 ~ 1.0。在装载质量一定的情况下，为了满足质量通过性要求，通常要合理地分配轴荷。

运输车的轴荷分配一般根据装载质量、质心位置、车辆的布置形式以及公路桥梁对载荷的限制确定，确定时一般按满载时使各轮胎负荷大致相等的原则。对于 8 × 8 驱动方式的车辆，一般使满载时两前轴负荷为总负荷的 40% ~ 50%，后轴负荷为总负荷的 50% ~ 60%。对于 6 × 6 驱动方式的车辆，一般使满载时前轴负荷为总负荷的 30% ~ 33%，对于半挂车，通常将后轴负荷适当增大，以提高所需的附着质量和牵引力；对于全挂车，作用在前轮组的轴荷一般应略低于后轮组的轴荷，每根轴的负荷一般不超过 100 kN。

自行式箭（弹）运输车通常由汽车底盘改装而成，其所用底盘和牵引车大多数属于中型和重型 O 系列产品。根据我国有关公路和桥梁所允许的载荷，单后轴负荷应不大于 130 kN，双后轴负荷应不大于 240 kN，故双轴公路运输车的总质量一般不超过 18 000 ~ 19 000 kg，超过 19 000 kg 时常采用三轴和四轴。这种车有较好的通过性和机动性，适用于机动发射方式及外形尺寸和质量均较小的箭（弹）运输。

4. 动力通过性

动力通过性由最高车速、加速能力和最大爬坡度三个指标评定。使用情况对导弹运输车尤其是机动发射的导弹运输车的动力通过性要求较高，不仅要求运输车在较高的海拔、雨后湿土路、冰冻路面和带坡度路面条件下具有较高的行驶速度，而且其逃逸速度也要满足要求。

我国轻型自行式运输车的最高车速为 85 ~ 120 km/h，中型为 75 ~ 110 km/h，重型

（>14 t）为 70 ~ 110 km/h，加速能力通常由速度为零开始加速到 60 km/h 所需的时间来衡量。对于半挂式汽车列车，满载时最高车速应不低于 45 km/h，最低稳定车速应不低于 3.5 km/h，空载时最高车速应不低于 60 km/h。满载时最大爬坡度应不小于 15%。满载时比功率应不小于 4.4 kW/t，附着质量比应不低于 40%。

目前各国军用中型越野车辆吨（比）功率大都在 13.5 ~ 18 kW/t，箭（弹）运输车动力因数、最高行驶速度、比功率和比转矩都有一定范围。

苏联规定：在各种公路条件下，导弹运输车必须保持高的行驶速度而不损伤导弹；在平坦的硬路面公路上，最高行驶速度要达到 50 ~ 80 km/h，平均速度要达到 30 ~ 50 km/h；对于满载运输，低挡行驶时必须能爬坡度为 20°~30° 的坡，行驶速度为 40 ~ 50 km/h 时必须能爬坡度为 4°~6° 的坡。

2.6.2 制动性

制动性的评价指标是制动距离和制动减速度，导弹运输车在有载重的情况下制动距离一般为 7~8 m，制动减速度一般不小于 0.5 g。影响制动性的主要因素是制动器的结构和尺寸、制动器摩擦副的材料、制动管内压力、轮胎与路面的附着性能等。为了充分发挥轮胎与地面间潜在的附着力，提高制动性能，我国已研制了多种自动防抱装置，在紧急制动时，这种装置能使车轮处于半抱半滚动状态，避免车轮被完全抱死。在这种状态下，轮胎与路面之间的纵向附着力最大，侧向附着力也较大，滑动率为 10% ~ 20%。这样，制动时不仅有优良的防后轴侧滑能力，而且保持了较好的转向能力。同时，由于轮胎与路面之间的纵向附着力达到最大值，故提高了制动减速度，缩短了制动距离，使制动效能得到了充分发挥。

2.6.3 平顺性和稳定性

行驶平顺性反映车辆在不平坦路面行驶时的减振能力，主要取决于车体的振动加速度、自由振动固有频率、振幅和箭（弹）与车辆振动系统的响应特性等参数。

对于箭（弹）的水平运输，通常要求箭（弹）运输车垂直方向的振动加速度不能超过 2 g。为满足箭（弹）运输对垂直方向振动加速度的要求，通常要采取下列措施：①尽量降低车体部分的固有频率；②降低车轮的刚度；③尽量减少非悬挂系统弹簧承载的车体质量；④使前、后悬架的固有频率尽量接近，或后悬架的固有频率稍高于前悬架，以减少出现共振的机会和纵向角振动。同时，车体部分的相对阻尼系数应稍大于由式（2-16）计算的数值，以减少车轮的离地倾向和弹簧的动行程。阻尼系数计算值为

$$\psi = \sqrt{(1+\mu)\gamma/\mu}/2 \qquad (2-16)$$

式中 ψ ——车体部分的相对阻尼系数；

μ ——弹簧所载质量与非弹簧所载质量之比；

γ ——轮胎刚度与弹簧刚度之比。

箭（弹）运输车常采用油-气弹簧悬挂系统，这种系统的特性是非线性的，保证运输过程中产生的加速度不大于箭（弹）的允许值。这种悬挂系统能使车辆在稍不平坦的路面高速行驶时也具有最好的平顺性。车辆在被破坏的路面行驶时，虽然车轮在垂直方向的位移大，但此种悬挂系统的刚性明显增加，因撞击限位器而造成悬挂系统失效的危险性减少。

行驶稳定性是指运输车按驾驶员规定的方向行驶且不致发生翻车和侧滑的能力。行驶稳定性包括纵向、侧向稳定性和抗侧向偏离的稳定性。

对于前轮转向、后轮驱动的运输车，避免发生纵向翻车和保持纵向行驶稳定性的条件是前后轮的法向反作用力不能为零，如前轮的法向反作用力为零，则前轮的偏转就不能确定车辆的行驶方向，操纵车辆的可能性就会丧失；如后轮的法向反作用力为零，则驱动力已不存在，车辆行驶的可能性也会丧失。这两种情况都会使车辆失去行驶的平稳性，并可能导致纵向翻车。前后轮的法向反作用力不为零的前提条件为

$$L_2/h_g > \varphi$$
$$L_1/h_g > \varphi$$

式中　L_1，L_2 ——分别为前后轴至车辆质心的水平距离，m；

　　　h_g ——质心高度，m；

　　　φ ——由路面的物理机械性质、表面状态和车轮结构、使用条件确定的附着系数，一般取平均值，见表 2-6。

表 2-6　平均附着系数

路面		轮胎		
类型	状态	高压轮胎	低压轮胎	越野轮胎
沥青或混凝土路面	干燥	0.50～0.70	0.70～0.80	0.70～0.80
	潮湿	0.35～0.45	0.45～0.55	0.50～0.60
	污染	0.25～0.45	0.25～0.40	0.25～0.45
卵石路面	干燥	0.40～0.45	0.50～0.55	0.60～0.70
碎石路面	干燥	0.50～0.60	0.60～0.70	0.60～0.70
	潮湿	0.30～0.40	0.40～0.50	0.40～0.50
土块路面	干燥	0.50～0.70	0.60～0.75	0.60～0.70
	潮湿	0.30～0.40	0.40～0.50	0.50～0.60
土路	干燥	0.40～0.50	0.50～0.60	0.50～0.60
	湿润	0.20～0.40	0.30～0.45	0.35～0.50
	泥泞	0.15～0.25	0.15～0.25	0.20～0.30

路　　面		轮　　胎		
类　型	状　态	高压轮胎	低压轮胎	越野轮胎
沙质荒地	干燥	0.20 ~ 0.30	0.22 ~ 0.40	0.20 ~ 0.30
	湿润	0.35 ~ 0.40	0.40 ~ 0.50	0.40 ~ 0.50
黏土荒地	干燥	0.40 ~ 0.50	0.45 ~ 0.55	0.40 ~ 0.50
	湿润	0.20 ~ 0.40	0.25 ~ 0.40	0.30 ~ 0.45
	稀湿	0.15 ~ 0.20	0.15 ~ 0.20	0.15 ~ 0.25
积雪荒地	松软	0.20 ~ 0.30	0.20 ~ 0.40	0.20 ~ 0.40
	压实	0.15 ~ 0.20	0.20 ~ 0.25	0.30 ~ 0.50
结冰荒地	零下气温	0.08 ~ 0.15	0.10 ~ 0.20	0.05 ~ 0.10

运输车还应有良好的横向稳定性，即在水平路面转向和在坡上拐弯时不会发生翻车的能力，运输车在行驶时常会遇到诸如重力、转向时的惯性力和空气阻力等侧向分力的作用（图 2 – 54），使车轮的法向反作用力发生变化。当车轮的法向反作用力与附着力平衡时车辆就会发生侧滑，如果一侧车轮的法向反作用力变为零就会发生翻车。为防止发生翻车，应尽量降低车辆的质心位置高度，控制转向速度。在无侧向风的情况下，在水平路面上转向和在侧向坡上沿圆周等速行驶而不发生翻车所允许的最高车速分别为

$$v_{1\max} = 3.6 \sqrt{gRB_a/(2h_g)} \tag{2 – 17}$$

$$v_{2\max} = 3.6 \sqrt{gRh_g\tan\beta/(h_g - B_a\tan\beta/2)} \tag{2 – 18}$$

式中　$v_{1\max}$，$v_{2\max}$——分别为在水平路面上转向和在侧向坡上沿圆周等速行驶而不发生翻车所允许的最高车速，km/h；

R——车辆转向圆周轨迹半径，m；

β——侧向坡的坡度，（°）；

g——重力加速度，$g = 9.81\ \text{m/s}^2$；

B_a——车辆轮距，m。

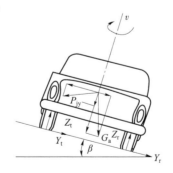

图 2 – 54　车辆在侧向坡上转向时的侧向力

2.6.4　使用寿命

运输设备的使用寿命通常以大修里程计算，一般，一、二级保养里程不少于 10 000 km，大修里程不少于 300 000 ~ 400 000 km。

2.6.5　逃逸速度

导弹运输车应具有所需的逃逸速度，以便在战备状态下自接到预警系统发现敌方来袭且导弹已起飞而下达转移命令开始，在来袭导弹到达之前转移到逃脱距离（即杀伤破坏半径）外的安全地区。所需的逃逸速度由式（2-19）确定：

$$v_T \geqslant L_{RY} \times 10^{-3}/(t_1 - t_2 - t_3) \tag{2-19}$$

式中　v_T——逃逸速度，km/h；

L_{RY}——逃逸距离，m；

t_1——来袭导弹起飞至落地爆炸的飞行时间，h；

t_2——预警系统发现情况至导弹部队接到转移命令的时间，h；

t_3——部队接到转移命令至车辆运送导弹离开原驻地的时间，h。

为了充分利用附着力和提高通过性，自行式越野导弹运输车通常都采用全轮驱动方式，其中轻型越野车一般采用 4×4 或 6×6 的驱动方式，而重型越野车常采用 8×8 以上的驱动方式。

与同等质量、采用 6×6 驱动方式的车辆相比，采用 8×8 驱动方式的车辆具有较高的越野机动能力，故已成为军用越野车的发展方向。8×8 驱动方式车辆优点：①采用 8×8 驱动方式可使轮轴数量增加，使轴荷降低 1/4，轮胎压力也随之降低，尤其是采用超低压宽断面轮胎时，轮胎的接地压力将接近履带式车辆；②采用 8×8 驱动方式后，车辆跨越壕沟的能力比 6×6 驱动方式车辆高 3 倍；③使车辆有较大的接近角和离去角，有较小的纵向通过半径，不易发生顶起失效和触头失效，对地形的适应性好于采用 6×6 驱动方式的车辆；④车辆受地面不平度干扰小，有较好的行驶平顺性，因而可提高越野车速；⑤可采用尺寸较小的轮胎，从而降低装载高度和质心高度，提高稳定性和通过性。

第3章 转载和对接组装技术

3.1 概 述

转载就是将箭（弹）从一种承载设备转移到另一种承载设备上，这些承载设备包括停放支架车、铁路运输车、船舶、运输机、公路运输车、发射车和装填车等。在从出厂开始的发射准备工艺流程中，许多程序之间的衔接和箭（弹）的流转都需要经过转载。

在试验场发射的箭（弹）通常要在试验场进行对接组装，包括有效载荷与整流罩的对接组装（扣罩或合罩）、助推器与各芯级以及有效载荷之间的对接组装。对接组装通常有两种方式，即垂直对接组装和水平对接组装。

转载、对接组装所用的地面设备包括各种起重机或吊车、专用吊具、专门的转载车、铰车、滑轮、滑车和千斤顶以及弹头对接车、整流罩装配型架等。常用的起重机有桥式起重机、自行式汽车起重机、汽车拖车式起重机、龙门式起重机、塔式起重机、伸缩式起重机和电动葫芦。其中桥式起重机多设于箭（弹）生产厂、试验场或发射地的转载间或总装测试厂房和导弹贮存库内，有时也设于地下井内，与伸缩式起重机配合完成箭（弹）的吊装。自行式汽车起重机和汽车拖车式起重机主要用于在野外转载箭（弹）、在发射场坪或地下井井口场坪上转载和吊装箭（弹）。龙门式起重机和塔式起重机主要用于将箭（弹）垂直地吊装到发射台上。电动葫芦多用于坑道内转载箭（弹）以及在地下井内提升或降下工作台。

起重设备一般从民用产品中选用或做部分改型设计，而用于地下井吊装、对接箭（弹）的起重机，由于其特殊的工作条件和使用要求，故必须专门设计。活动塔架的龙门式塔吊和固定塔架的塔吊通常也是专门设计的。

转载与对接组装对设备的主要技术要求包括：①起重设备工作幅度（或跨度）的变化范围、相应幅度下的安全起重量及起吊高度等应满足使用要求；②起重设备各机构动作平稳，最小升降速度不大于 1 m/min，最大升降速度不小于 10 m/min。全回转式起重机的最大回转速度不低于 1.5 r/min，最小回转速度不大于 0.6 r/min。单臂起重机不得有"溜臂"现象，从最大幅度到最小幅度的变幅时间不少于 40 s；③起重设备和吊具应有较大的动载荷系数和安全系数，动载荷系数应不小于 1.3，吊具钢丝绳及链条（对直拉式吊索）的安全系数一般应不小于 5，吊梁等金属结构件的安全系数一般应不小于 2；④汽车起重机能装车进行铁路运输，其自行的行驶条件为 IV 级公路；⑤在场坪上使用的起重机应能在规定的海拔、环境温度、湿度和风力条件下以及雪、雨、雾天和夜间正常工作；⑥在地下井和接触推进剂环境下使用的起重机应满足防爆要求；⑦弹头对接设备应具有多个自由度调整功能，并做到快速与精准对接。

3.2　转载方式和设备

箭（弹）出厂时的转载一般在生产厂内进行。采用通用铁路车或超限铁路车进行出厂运输，出厂时先将铁路装载车和平板车推入厂房的转载间，装载车和平板车的轨道之间用过渡轨对接，然后使用厂房内的桥式吊车和专用水平吊具将各级箭体吊装在平板车的铁轮支架车上，最后将载有箭（弹）体的支架车沿轨道推入铁路车车厢内，用拉紧器拉紧并固定在地板上。运抵试验场后的转载流程与上述流程相反，转载前将载有箭（弹）体的铁路装载车和平板车推入转载厂房内，装载车与平板车轨道之间用过渡轨对接，然后将箭体从装载车车厢内沿轨道推到平板车上，再用厂房内的桥式吊车和专用水平吊具将各级箭（弹）体呈水平状态吊装到厂房内的铁轮支架车上，最后将载有箭（弹）体的铁轮支架车沿轨道推入测试厂房或总装测试厂房。

在试验场发射箭（弹）时，如果在技术区采用垂直总装和测试方式，转场前就无须进行转载。如果在技术区采用水平对接组装和测试方式且箭（弹）采用筒式发射，转场前需将箭（弹）转载到装填车上，装填后再用运输 – 起竖车将之运至发射工位。如果在技术区采用分级水平测试方式，则转场前还需将各级箭（弹）体从支架车上转载到公路运输车上。转载时先将公路运输车推入测试厂房内，调整好运输车的支撑位置并在前后托座上垫好橡胶垫，然后用吊车和水平吊具将箭（弹）体吊装在运输车上。由于箭（弹）体存在一些凸起的部分，容易与运输车挂车的车架相干涉，因此，箭（弹）体落座到挂车时必须使它的前后支撑位置及象限与挂车的前后托座对中，避免出现轴向错位和箭（弹）体象限错位，保证落座后箭（弹）体的前后支撑位置在规定包角范围内，并与挂车的前后托座全面接触。

典型的箭体水平吊具示意如图 3 – 1 所示。水平吊具分为吊装时不产生轴向力和产生轴向力两种，不产生轴向力的水平吊具由端梁、U 形吊环、主梁、吊索和连接叉等组成。主梁上设有多个平衡孔，以适应不同情况下箭体质心位置的变化。主梁长度近似于箭体前后吊点之间的距离，故起吊时箭体不受轴向力的作用。为了保证起吊时箭体处于水平状态，起吊前要根据箭体的实际质心位置计算出 U 形吊环应处的位置，然后将吊环连接到相应的平衡孔上。转载时，吊索通过连接叉与箭体上的吊耳相连，并使吊具主梁纵轴线与箭体纵轴线在一个铅垂面内。产生轴向力的水平吊具由吊环、吊梁、吊索和连接叉等组成。吊索由钢丝绳和环形链条组成，通过调节环形链条的环数可调节吊索的长度，从而使起吊的箭体保持水平状态。在起吊时，这种吊具的吊梁与箭体的纵轴线垂直，吊梁长度近似于箭体左右吊耳间的距离。

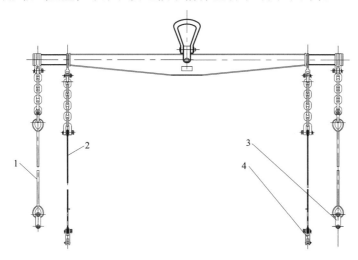

图 3 - 1　典型的箭体水平吊具示意

1—箭体前吊索；2—箭体后吊索；3—箭体前吊耳座；4—箭体后吊耳座

出厂时采用简易可拆卸车厢式铁路车或专用可拆卸车厢式铁路车（图 2 - 5 和图 2 - 6）运输箭（弹）时，装卸车时的转载通常也由起重机完成。装车时起重机先将车厢的顶盖吊走，然后将箭（弹）吊装到车厢内，再通过起重机将顶盖复原。运抵试验场技术区后，箭（弹）的卸车和转载方法与出厂装车时相同。

向专用可拆卸车厢式铁路车转载装有箭（弹）的容器时，先将活动框架移出车厢，通过支架及滑轮支撑并固定在路轨上。用公路运输车上的铰车和支架车将箭（弹）/包装容器组合体拉到活动框架的滑轨上并固定，然后再将活动框架连同箭（弹）/包装容器组合体推入车厢。

海射"天顶号3SL"火箭的试验场或发射场为一特定的海域，在总装测试期间，总装/指挥船和海上活动发射平台停靠在基地港内，转场（预定的海域）前的转载在总装/指挥船和海上活动发射平台间进行。经总装和测试后，总装/指挥船驶近海上发射平台，然后通过总装/指挥船上的起重机和吊装装置，将火箭水平地转载到发射平台舱内的运输 - 起竖车上，如图 3 - 2 所示。

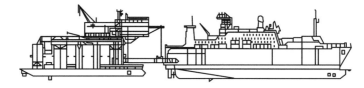

图 3 - 2　由总装/指挥船向海上发射平台转载"天顶号 3SL"火箭示意

对于机动发射的箭（弹），测试后的转载分为在测试厂房内转载和在野外转载两种情况，转载方法、流程和所用设备也依发射车发射装置的不同而异。在测试厂房内可利用厂房内的起重机和专用吊具进行转载，在野外转载则要依靠自行式起重机，或者是运输车上设有的专门的转载装置。

对于发射装置为托架式的发射车，可将箭（弹）从停放支架车或运输车上直接往发射车上转载，而对于发射装置为筒式或箱式的发射车，则先要将箭（弹）从停放支架车或运输车上转载到装填车上。

用自行式起重机将箭（弹）从公路运输车上转载到发射车上有三种方式，即回转式、平移式和车辆移动式，如图 3 - 3 所示。采用回转式时，载有箭（弹）的公路运输车与发射车平行停靠于起重机两侧，起重机从公路运输车上起吊箭（弹）后起重臂回转到发射车上方，对中后将箭（弹）落座在发射车上。采用平移式时，公路车和发射车平行停靠，起重机在两车的一侧垂直放置，将箭（弹）从公路运输车上吊起后平移到发射车上。车辆移动式则是起重机将箭（弹）从公路运输车上吊起后，公路运输车离开原位置，然后发射车跟进，对中后起重机将箭（弹）落座于发射车上。

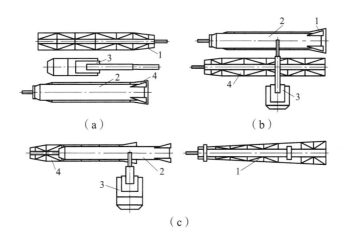

图 3 - 3　在野外转载箭（弹）方式示意
（a）回转式；（b）平移式；（c）车辆移动式
1—公路运输车；2—箭（弹）；3—起重机；4—发射车

对于质量达 40 ~ 50 t 甚至更大的大型箭（弹），解决野外转载的方法有两种：一是采用行驶速度快、越野性能好和展开时间较短的大型自行式起重机，二是运输车上自带转载装置。典型不带起重机的运输 - 转载车示意如图 3 - 4 所示，该车为半拖车，车架上设有导轨、铰车装置和钢丝绳，装有箭（弹）的容器通过支架车架在导轨上，通过铰车和钢丝绳可使箭（弹）/容器组合体沿导轨水平移动。转载前，先对接运输 - 转载车与发射车，并通过运输 - 转载车上的液压支撑和横向调整机构使两车高度齐平、横向对中，然后借助铰车和钢丝绳将导弹移动到发射车上。

采用这种车进行野外转载，不仅解决了机动性问题，而且比用起重机起吊安全，因为转载时不必将箭（弹）从车架上吊起和落下，减少了箭（弹）跌落和受到碰撞的可能性。

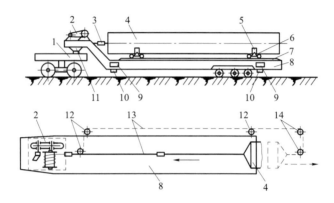

图 3-4　典型不带起重机的运输-转载车示意

1—牵引车；2—铰车；3—连接器；4—容器；5—容器支架；6—支撑车；7—导轨；

8—车架；9—横向调整机构；10—液压支撑；11—鞍式连接装置；

12—运输-转载车的滑轮组；13—钢丝绳；14—对接设备上的滑轮

3.3　对接组装

3.3.1　箭（弹）体的对接组装

箭（弹）的对接组装一般都在试验场完成，对接组装包括箭（弹）各级箭（弹）体之间的对接组装、箭（弹）体与有效载荷之间的对接组装、有效载荷扣合整流罩、有效载荷/整流罩组合体与箭（弹）体对接组装以及捆绑助推器等。对接组装分为水平对接组装和垂直对接组装两种方式，做法有以下几种：①在发射工位垂直对接组装，包括各级箭（弹）体的对接组装和有效载荷与箭（弹）体之间的对接组装，并扣合整流罩；②在技术准备区的技术厂房内水平对接组装箭（弹）体，有效载荷扣上整流罩，到发射工位再进行箭（弹）体与有效载荷/整流罩组合体之间的垂直对接组装；③在技术准备区的技术厂房内使有效载荷扣上整流罩，并将有效载荷/整流罩组合体水平对接在最上面一级的箭（弹）体，到发射工位再将有效载荷/整流罩/最上面一级箭（弹）体组合体垂直对接在其他子级的箭（弹）体上；④在技术准备区的技术厂房内水平对接组装整枚箭（弹）（含有效载荷）；⑤在技术准备区的技术厂房内垂直对接组装整枚箭（弹）（含有效载荷）。

　　水平对接组装一般都在技术厂房内进行。在船上对接和组装箭（弹）时，因受船舱净空的限制，通常也采取水平对接组装的方式。水平对接组装需采用起重设备以及专门的铁轮式架车或铁轮式运输 – 对接车，铁轮式车辆可避免因下沉而使高度发生变化，且铁轨导向可保证两对接物轴线平行和对中。同时，通过调节鞍座的高度，可以保证两对接物之间的齐平。典型的水平对接组装架车如图 3 – 5 所示。

图 3 – 5　典型的水平对接组装架车

　　在总装测试厂房内垂直对接组装箭（弹）时，通常是先将活动发射平台从平时停放的位置移动到厂房内的规定位置，然后利用厂房内的吊车和翻转吊具，先将一级箭（弹）体从运输车上水平吊起，至一定高度后翻转成垂直状态，运行到发射平台上方后缓慢落下，最终将一级箭（弹）体竖立在发射平台的支撑臂上，随后依次吊装助推器和其他级箭（弹）体，最后吊装有效载荷。"土星 V"火箭无助推器，组装时先将一级箭（弹）体吊装在发射平台上，再吊装二级和三级箭（弹）体，然后再吊装飞船。"土星 V"火箭一级质量为 131 t，吊装使用厂房内的 215 t 起重机。

　　助推器与一级箭（弹）体之间一般通过设在助推器前端和后端部位的连接机构进行连接与分离，其中前端连接与分离机构通常为球形接头和爆炸螺栓，它与设在一级箭（弹）体上的球形窝孔相连接。设在助推器后端部位的连接和分离机构通常为带有火工品的若干根支杆，它与设在一级箭（弹）体上的支耳连接。将助推器组装在一级箭（弹）体上后，助推器的重力通过上述连接机构传递到一级箭（弹）体，最后传递到发射平台。

　　对于设有助推器的较大型箭（弹），尤其是助推器采用固体推进剂的大型箭（弹）（如"AR5"火箭和"H – 2A"火箭等），为了保持箭（弹）立在发射平台上的稳定性，减小箭（弹）体或助推器的受力，通常使助推器支撑在发射平台上，支撑起整枚箭（弹），如图 3 – 6 所示。

图 3 - 6   助推器支撑在发射平台上的"AR5"火箭

"AR5"火箭捆绑了两个采用固体推进剂的助推器,每个组装好的助推器的质量为277.3 t。为了便于转载、运输、测试和存放,出厂时助推器分为若干节段,每节段的质量为 60~80 t,都在起重机允许的起重范围内。运到试验厂后将各节段存放在专门的库里,需要时再用活动支架推出来进行组装。出于安全和环境考虑,助推器本身的组装不在发射平台上进行,而是在另外厂房内的活动支架上进行。该火箭的对接组装流程如图 3 - 7 所示。

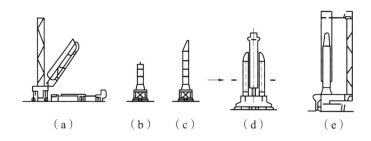

图 3 - 7   "AR5"火箭的对接组装流程

(a) 在火箭组装厂房内将一级箭体起竖成垂直状态,立在发射平台上方;
(b) 在另一厂房内,在活动支架上组装助推器;(c) 将组装好的助推器/活动支架移动到火箭组装厂房;
(d) 将助推器组装(捆绑)在一级箭体上;(e) 对接二级箭体后,垂直运往总装厂房对接有效载荷

组装前,将活动发射平台从平时停放的位置移动到火箭组装厂房内的规定位置,定位后将一级箭体水平运来,通过起竖装置将箭体起竖成垂直状态,立在发射平台中心的正上方。一级箭体采用液体推进剂,组装时质量为 12.2 t,本来可以用吊装方式组装,但从方便和安全方面考虑,组装时没有采用吊装方式而是采取了起竖方式。在组装助推器过程中,起竖机构的起竖臂支撑着箭体,在往一级箭体上组装(捆绑)助推器时,起竖臂对箭体起着辅助支撑的作用,组装好后撤收。与此同时,在另外的厂房内,通过吊装的方法将助推器的各节段(包括固体发动机)垂直对接和组装在一起,

边组装边测试。

由图 3 - 6 可知，发射平台上设有两条与平台中心截面平行的双轨道，支撑两个助推器乃至整枚火箭的两个支座分别架在两条双轨铁道上。组装助推器前，将支座沿铁轨移动到活动支架的铁轨上，然后在支座上进行组装。组装和测试好后，将活动支架/助推器/发射平台的支座组合体垂直移动到火箭组装厂房内，使活动支架上的轨道与发射平台的轨道对接后，将助推器/支座组合体从活动支架上推到发射平台上。移动到一级箭体的相关位置并使助推器与一级箭体之间的连接位置对中后，通过连接机构将助推器捆绑在一级箭体上，然后撤去辅助支撑，吊装二级箭体。火箭组装好后，通过活动发射平台将火箭垂直运往总装厂房对接有效载荷。

在发射工位的固定发射平台上垂直对接组装箭（弹）体时，通常是利用固定或活动勤务塔上的起重机（塔吊）进行吊装。转场时，公路运输车将箭（弹）体逐级水平地运到发射工位，然后利用起重机和专用翻转吊具将箭体从运输车上水平地吊起，至一定高度时翻转成垂直状态，将箭（弹）体由下而上地组装在发射台上，分别如图 3 - 8 和图 3 - 9 所示。为了适应箭（弹）运输车从不同方向进入吊装场地，用于箭（弹）起吊、垂直翻转和对接的起重机通常设有两套起升机构，每套起升机构都能单独完成箭（弹）起吊、垂直翻转和对接任务。为安全起见，用于吊装箭（弹）的起重机一般不采用快速下放吊钩的方式来提高效率。

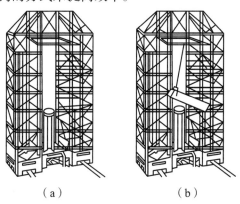

（a）　　　　　　　（b）

图 3 - 8　用活动塔架的龙门吊吊装箭体

（a）一级箭体坐落在发射平台上；（b）吊装二级箭体

对于一级箭（弹）体捆绑有助推器且采用液体推进剂的箭（弹），或者是中小型箭（弹），对接组装时通常先吊装一级箭（弹）体，使之竖立在发射台的支腿上，然后再吊装助推器，并将助推器组装（捆绑）在一级箭（弹）体上。

典型的箭体翻转吊具示意如图 3 - 10 所示，这种翻转吊具分为前后两组，即主吊具和副吊具，各由吊架、吊绳和止动销组成，其中吊架由吊环、连接耳、销轴和横杆组成。前后吊点的吊架相同，但吊索的长度有所不同。

（a）　　　　　　　　　　　　（b）

图 3 - 9　用固定塔架的塔吊吊装箭体

（a）从运输车上水平吊起箭体并翻转成垂直状态；（b）使箭体落在发射平台上

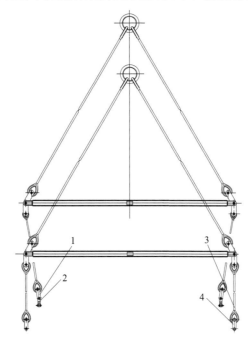

图 3 - 10　典型的箭体翻转吊具示意

1—连接耳；2—箭体后吊耳座；3—箭体前吊索；4—箭体前吊耳座

　　向采用井下发射方式的地下井内垂直对接组装箭（弹）体一般也采用起重吊装的方法。吊装有两种做法：一种是打开井盖，由井口向井内吊装；另一种是从井下吊装，无须打开井盖。

　　采用从井口向井底吊装方式时，为了减少对空暴露时间和便于伪装，井口场坪上一般不设固定的起重设施而采用轮式起重机吊装。吊装方法有三种，即双机单钩横向吊装、单机双钩横向吊装和单机双钩纵向吊装。采用双机单钩横向吊装时，载有箭

（弹）体的公路运输车和两台单钩的轮式起重机置于井口场坪上，且使运输车纵轴线垂直于起重机的吊臂。通过两台起重机吊钩的协调动作，将箭（弹）体由原来的水平状态翻转为垂直状态，然后垂直吊入井内。采用单机双钩横向吊装时，运输车纵轴线要垂直于起重机的吊臂，通过单台起重机主、副钩的协调动作，将箭（弹）体由原来的水平状态翻转为垂直状态，然后垂直吊入井内，如图 3 - 11 所示。采用单机双钩纵向吊装时，运输车纵轴线与起重机吊臂纵轴线呈直线。

图 3 - 11　从井口吊装箭（弹）体

采用轮式起重机进行井口吊装时，其动态起重稳定系数应不小于 1.15。动态起重稳定系数可由式（3 - 1）计算：

$$K_{\mathrm{d}} = \{M_{\mathrm{s}} - m_{\mathrm{b}}g(r-a) - (m_1 h_1 + m_2 h_2 + m_3 h_3 + m_{\mathrm{b}} h_{\mathrm{b}})g\sin\alpha -$$
$$(mg+qS)n^2 R(H+b)/[K-n^2(H+b-h)] - (mg+qS)v(R-a)/gt -$$
$$W_1 h_{\mathrm{w}} - W_2(H+b)\}/\{(mg+qS)[(R-a)+(H+b)\sin\alpha]\} \quad (3-1)$$

式中　K_{d} ——动态起重稳定系数；

M_{s} ——起重机自身重力引起的稳定力矩，N·m，$M_{\mathrm{s}} = m_3 g(l_3+a) + m_1 g(l_1+a) + m_2 ga + m_{\mathrm{b}}g(r-a)$；

$m_1, m_2, m_3, m_{\mathrm{b}}$ ——分别为回转台、底盘、配重和起重臂质量，kg；

l_1, l_3 ——分别为起重机回转中心至起重机回转台质心和起重机回转中心至配重质心的水平距离，m；

a ——起重机支腿横向距离的一半，m；

r ——吊臂质心至回转中心的水平距离，m；

$h_1, h_2, h_3, h_{\mathrm{b}}$ ——分别为回转台、底盘、配重和起重臂质心高度，m；

α ——起重机倾斜角度，一般取 $\alpha = 3°$；

m ——被起吊的箭（弹）的质量，kg；

g ——重力加速度，$g = 9.81$ m/s²；

q ——计算风压，Pa，$q = \rho_g v_s^2 / 2$；

ρ_g ——最低温度下的空气密度，kg/m³；

v_s ——计算风速，m/s，以在离空旷平坦地面高度为 10 m、10 min 内测定的平均风速为准，箭（弹）系统有要求时则以要求的风速为准；

S ——受风压作用的被吊物的投影面积，m；

n ——起重机的回转速度，m/s；

R ——吊钩的回转半径，m；

H ——起重提升高度，m；

b ——起重机支腿纵向距离的一半，m；

K ——常数，$K = 900$ m³/s²；

h ——起吊后箭（弹）的离地高度，m；

v ——提升速度，m/s；

t ——起重机起动时间，s；

W_1 ——作用在起重机上的风力合力，N，$W_1 = 1.3 C_t C_h C_z S_q$；

C_t，C_h，C_z ——分别为风载体型系数、风压高度变化系数和风振系数；

S_q ——起重机迎风面在风向垂直面上的投影面积，m²；

h_w ——作用在起重机上的风力合力作用点的高度，m；

W_2 ——箭（弹）呈垂直状态时作用在其上的风载荷，N，$W_2 = 1.3 \times C_q S_j$；

C_q ——风力系数，$C_q = C_1 + C_2$，一般取 $C_q = 0.6$；

C_1 ——箭（弹）迎风面的压力系数，一般取 $C_1 = 1.0$；

C_2 ——箭（弹）背风面的吸力系数，一般取 $C_2 = -0.4$；

S_j ——箭（弹）迎风面积，m²。

从井口向井底吊装或从井下起吊箭（弹）体时，吊装所需的钢丝绳长度取决于起重机吊臂、箭（弹）体、地下井及吊具等的尺寸（图 3 – 12）和起升滑轮组的倍率等因素，由式（3 – 2）确定：

$$L = (H + B)A + l_b + E \times l_c + \pi Z_0 (D + d) \tag{3 – 2}$$

式中　L ——吊装所需的钢丝绳长度，m；

H ——总的起升高度范围，m，$H = H_1 + H_2$；

H_1 ——起重机吊钩起升高度，m，$H_1 = l_1 + l_2 + \delta_1 + h_1'$；

l_1 ——吊具总长度，m；

l_2 ——箭（弹）体尾端到前吊点的距离，m；

δ_1——箭（弹）体被悬吊起后其尾端的离地间隙，m，地下井井口无高台时一般取 $\delta_1 = 1$，有高台时一般取 $\delta_1 = 2$；

h_1'——垂直吊装箭（弹）时无用的起升高度，m，其值取决于箭（弹）体直径；

H_2——吊钩下放深度，m，$H_2 = H' - h_2' - l_1 - l_2 + L_2$；

H'——地下井的深度，m；

h_2'——发射台的高度，m；

L_2——摘除吊具所需的松开钢丝绳的长度，m；

B——吊钩滑轮组与吊臂端部滑轮组间的最短距离，m，一般取 $B = 1 \sim 2$ m；

A——滑轮组倍率；

l_b——吊臂基本臂长度，m；

E——伸缩臂节数；

l_c——伸缩臂每节伸缩长度，m；

Z_0——附加的安全圈数，一般取 $Z_0 = 1.5 \sim 3.0$ 圈；

D——卷筒槽底直径，m；

d——钢丝绳直径，m。

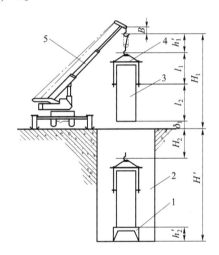

图 3 - 12　吊装用钢丝绳长度计算图

1—发射台；2—地下井；3—箭（弹）体；4—吊具；5—起重机

井下吊装通常由设在井下的桥式起重机和伸缩式起重机配合完成，如图 3 - 13 所示。吊装前将载有箭（弹）体的铁轮支架车从坑道推到主坑道与井筒连接处的吊装间，伸缩式起重机（图 3 - 14）的吊钩通过专用吊具与箭（弹）体的前吊点相连，固定桥式起重机的吊钩通过专用吊具与箭（弹）体的后吊点相连，借助于两吊钩的协调升降动作，将箭（弹）体水平地吊起并翻转成垂直状态，然后摘下后吊点的吊具，使伸缩式起重机的吊臂伸出，将箭（弹）起吊至井筒中央，然后下放到发射台上。

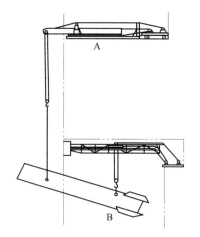

图 3 – 13　在井内吊装箭（弹）体示意

A—伸缩式起重机；B—桥式起重机

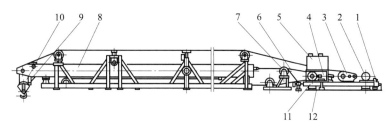

图 3 – 14　伸缩式起重机示意

1—压紧装置；2—泵和电动机总成；3—起升机构；4—移动机构；5—液压系统；
6—顶紧装置；7—导向轮；8—吊臂；9—电气系统；10—吊钩；11—平台；12—减震器

3.3.2　有效载荷与箭体的对接组装

有效载荷与箭（弹）的对接组装有两种做法：一种是将扣罩后形成的有效载荷/整流罩组合体对接组装在箭（弹）体上；另一种是将有效载荷先与箭（弹）对接组装，然后再扣上整流罩。

整流罩通常由帽形端头、前锥段、圆柱段和倒锥段等部分组成，外形呈蚌壳形且沿垂直截面分成两半，两半罩由无污染的爆炸螺栓连接。一般的整流罩底部直径为 2 m左右，大的达 5 m 以上，整流罩的高度为 1.2～15m，质量为 200～4 500 kg。由于整流罩尺寸大而壁厚小，在受力状态下容易发生变形，造成对接困难，运输和扣罩时需要用专门的装配型架支撑与定型。

某典型的飞船整流罩装配型架示意如图 3 – 15 所示，该装配型架由架体（两组）、导轨总成、小车（6 辆）和工具附件等组成。架体由 4 段桁架组成，质量为 1 149 kg。架体上设有两根吊轴和两个吊耳，用于起吊和翻转架体。架体两侧设有工作梯，供人员在扣罩和起吊型架时登高挂吊具使用。架体/整流罩组合体质量为 2 416 kg，架体/整流罩组合体水平支撑状态外形尺寸（长×宽×高）为（11 353 ~ 11 453）mm×4 480 mm×2 740 mm，垂直展开状态外形尺寸为 8 646 mm×5 220 mm×（12 368 ~ 12 468）mm。两个架体/半罩组合时由平台上的导轨导向，导轨总成由 2 段长导轨、2 段短导轨、4 根直连杆和 4 根斜连杆组成。小车由上、下车架，防倾倒架，轮组及止动器等部件组成。拉紧器用于合罩时推开或拉近两个架体/半罩组合体。在扣罩操作过程中或在地上垂直停放时，用拉紧器将两个架体/半罩组合体连接，可以增大垂直停放的安全性。

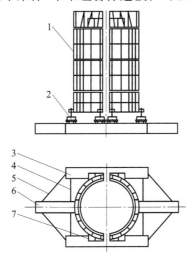

图 3 – 15　某典型的飞船整流罩装配型架示意

1—架体；2—小车；3—长导轨；4—直连杆；5—斜连杆；6—短导轨；7—工作梯

扣合整流罩如图 3 – 16 所示，扣罩前先将各半罩连接并固定在装配型架上，通过吊车将半罩/装配型架组合体吊起并翻转为垂直状态，装配型架下端的连接孔与设在导轨上的小车竖轴对中后，吊车将半罩/架体组合体下放。当两个半罩/架体组合体均已与小车固定好后，操纵拉紧器使两个半罩/架体组合体沿导轨向中心方向合拢，然后用爆炸螺栓将两个半罩组合为一体。

在发射工位的固定发射台上对接组装箭（弹）时，箭（弹）对接组装好后再对接有效载荷。往塔上吊装卫星/密封容器组合体的情况如图 3 – 17 所示，吊装和对接时，利用塔上的吊车和专用吊具（或吊篮）分别将卫星/密封容器组合体及整流罩/装配型架组合体吊装到与火箭顶部相对应的塔层，然后卸下密封容器并将卫星吊到火箭顶部与箭体对接，如图 3 – 18 所示。需要吊装有效载荷/整流罩组合体时，由于整流罩本身不能直接受力，其上不能设吊点，故通常要采用专门的吊篮。

俄罗斯"飞行号"火箭的卫星与整流罩的对接、各级箭体之间的对接采用了特殊的水平对接组装方式，即分别组装成卫星/整流罩组合体和箭体后，再将它们从水平方向装入各自的运输 – 发射筒内，最后对接带筒的卫星/整流罩组合体和箭体，其对接组装流程如图 3 – 19 所示。

图 3 – 16 扣合整流罩

图 3 – 17 往塔上吊装卫星/密封容器组合体

图 3 – 18 在塔上将有效载荷对接在火箭顶部

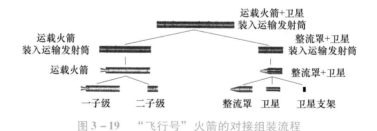

图 3 – 19 "飞行号"火箭的对接组装流程

3.3.3 弹头与弹体的对接组装

弹头与弹体的对接组装也有垂直对接组装和水平对接组装两种方式。对于地下井发射方式,弹头与弹体的对接通常采用垂直对接方式,对接方法有吊装对接和用对接车对接两种。用于垂直对接的典型对接车示意如图 3 – 20 所示,该车是一种带吊装装置的自行式车辆,吊装装置由吊架、垂直铰链、铰车、滑车、纵梁和横梁等部分组成。车体下部开有窗口,对接时窗口打开。对接前用吊带将弹头铰接地悬挂在吊架上,吊架则与连接器连接。吊架可使弹头绕自身的横轴旋转，而铰链可使弹头绕纵轴旋转。与吊装方法相比，用对接车对接具有一定的隐蔽性和伪装性。

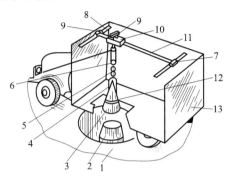

图 3 – 20　用于垂直对接的典型对接车示意

1—地下井发射设备间；2—弹体；3—弹头；4—吊架；5—垂直铰链；6—滑轮组；

7、10—滑车；8—横梁；9—铰车；11—纵梁；12—连接器；13—车厢

在厂房内或在待机发射阵地对接弹头通常采用水平对接方式，方法也有两种，即吊装对接和用对接车对接，后一种方法用得较多。

对于水平对接，仅靠起重机进行各自由度的调整是十分困难的，需同时使用可调整多个自由度的专用吊具。典型的弹头专用吊具示意如图 3 – 21 所示，该吊具由框架、带有拉紧螺栓的拉杆、钢丝绳、滑轮组成。使用时，吊具吊挂在吊车的吊钩上后具有 4 个自由度，其中 3 个为沿坐标轴的移动，另一个为绕吊钩止推轴承的垂直轴线旋转。对接时，通过拉紧螺栓改变拉杆长度，可使弹头绕横轴旋转。移动滑轮上的钢丝绳并通过框架与拉杆的铰接，可使弹头绕纵轴旋转。

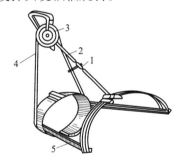

图 3 – 21　典型的弹头专用吊具示意

1—拉紧螺栓；2—拉杆；3—滑轮；4—钢丝绳；5—框架（侧梁及卡箍）

目前使用的对接车有机械式和液压式两种，分别如图 3 – 22 ~ 图 3 – 24 所示，前两种车在运输弹头时放置在弹头运输车上，起支撑和固定弹头的作用，运抵目的地后再落地对接弹头。后一种车在运输弹头时不放置在弹头运输车上，而是专门用于在厂房内对接弹头。

图 3-22 所示的机械式水平对接小车上除螺旋式升降千斤顶由电动机驱动外，其他 5 个自由度的调整均要由手动操作机械机构完成。图 3-23 所示的液压式水平对接小车则可通过液力驱动来控制 3 个方向的直线运动，通过手动操作可控制弹头绕 3 个轴线转动。

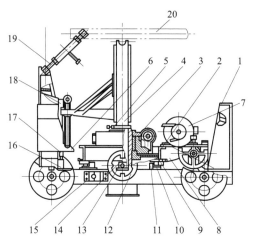

图 3-22　典型的机械式水平对接小车示意

1—车架；2—横移架；3—千斤顶；4—托架；5—制动机构；6—小车升降控制盒；7—电动机；
8—电动机机座；9—上导轨；10—滚子；11—下导轨；12—横移手轮；13—横移丝杆；14—横移螺母；
15—小车固定座；16—下行程开关；17—行程开关触头杆；18—上行程开关；19—拉紧器；20—吊具

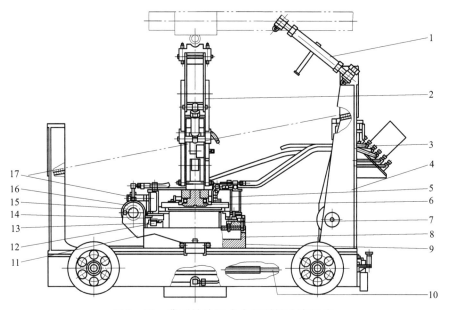

图 3-23　典型的液压式水平对接小车示意

1—拉紧器；2—托座；3—液压管路；4—车架总成；5—横移架；6—升降千斤顶；
7—滚子；8—纵向移动架；9—纵向移动导轨；10—横移丝杠；11—锁紧机构；
12—挡块；13—下导轨；14—上导轨；15—横移油缸；16—支座 A；17—支座 B

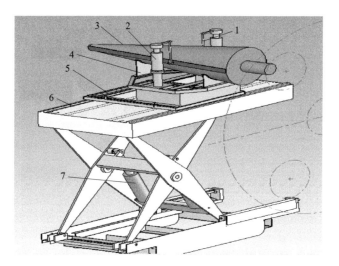

图 3 - 24   对接多弹头的液压式水平对接车

1—吊绳；2—微调油缸；3—弹头；4—支架总成；

5—过渡支架；6—液压升降台；7—液压系统

第4章 装填技术

4.1 概　述

装填就是将组装和测试好后的箭（弹）整体装入到发射筒、发射箱或地下井内。其中，在装填发射筒或发射箱和在装填后的运输、贮存、起竖、箭（弹）从筒内或箱内向外发射，以及从筒内或箱内退出箭（弹）时，箭（弹）均要由发射筒或发射箱定位、支撑和导向。为了既能起到定位、支撑和导向作用，又能避免箭（弹）与发射筒或发射箱内壁之间直接发生碰撞和摩擦，装填发射筒时箭（弹）与发射筒内壁之间通常要垫以适配器，而装填发射箱时箭（弹）底部要安装导向钮或适配器。

采取井下贮存、井口发射方式时，通常采用装填方式而不是对接组装方式。与装填发射筒或发射箱的情况不同，装填地下井时，箭（弹）无须径向支撑和由井筒导向。与对接组装不同的是，装填入地下井的是组装和测试好后的整枚箭（弹）。

装填发射筒和发射箱所用的地面设备包括装填车、抓箭（弹）机构、装填支架、起重设备、专用吊具和对接筒等，辅助设备包括适配器和支撑滑块等。装填地下井的装置和设备通常为设在井内的专用升降机。

对装填（或退出）及装填设备的要求一般包括：①装入的箭（弹）应与发射筒或发射箱对中并保证装填到位，到位后箭（弹）要在发射筒或发射箱内处于准确的方位并被锁定；②装填和退出箭（弹）要平稳、可靠，不能损坏箭（弹），装填和退出箭（弹）的速度要能控制；③在短途运输、装填和退出箭（弹）的过程中不能损坏箭（弹），装填设备作用在箭（弹）上的载荷不能超过允许值；④当要求用装填设备短途运输箭（弹）时，装填设备应能对箭（弹）起到保护和保温作用；⑤装填设备应适应各种气候和环境条件；⑥所设的适配器或滑块在装填和退出箭（弹）时不能脱出、移位或损坏，箭（弹）发射时方位锁定机构应能自动解锁，箭（弹）发射出筒或出箱后，安装在箭（弹）上的适配器或滑块应能自动与箭（弹）分离。

4.2　装填发射筒

许多发射装备或设备都以发射筒为发射装置，发射筒既是发射装置，又是箭（弹）的保护装置。对于不同的发射装备或设备，所采取的装填方式、方法和所使用的设备也有所不同。

潜艇上的发射筒通常是垂直安装在潜艇上的，装填通常采取垂直装填方式。垂直装填又分为直接装填和间接装填两种方式。直接装填就是将箭（弹）从垂直方向直接装入潜艇上的发射筒内，而间接装填则是先在厂房内将箭（弹）水平装入到装填筒内，然后再将箭（弹）垂直装填到潜艇上的发射筒内。

直接装填设备包括升降机、起重机、抓箭（弹）机构、控制台和安全保护装置等。采取这种方法装填时，适配器通常设在发射筒内壁上。装填时，先将箭（弹）水平运至基地港码头，然后通过起重机、吊具和抓箭（弹）机构，将箭（弹）"抓住"后水平吊起至一定高度，再翻转为垂直状态后吊入潜艇发射筒，如图 4 - 1 所示。箭（弹）受"抓"的部位通常为头部，这是因为头部一般为圆锥形，它与装填筒或发射筒之间的空间较大，便于抓箭（弹）机构在筒内的运动。装填到位后，抓箭（弹）机构松开，起重机将它吊离发射筒。

图 4 - 1　直接向潜艇的发射筒装填"波浪号"火箭

当采用间接装填方式时，常用的装填设备有升降机、起重机、抓箭（弹）机构、装填车、装填筒、架车、对接筒、控制台和安全保护装置等。

在厂房内水平装填装填筒前，先将装填筒水平放置在装填架车上，将设有抓箭（弹）机构的框对接在装填筒的一端，再将升降机对接在框的另一端，如图 4 - 2 所示。对接好后，使载有装填筒/抓箭（弹）框/升降机组合体的架车与载有箭（弹）的装填车对中并调平。装填时操纵升降机的绳索卷绕系统（图4-3），使抓箭（弹）机构"抓住"箭（弹），并将箭（弹）倒拉入装填筒内。

用运输车将箭（弹）/装填筒/抓箭（弹）机构/升降机组合体水平运到码头后，用起重机将组合体水平吊起，然后翻转成垂直状态，通过对接筒与潜艇的发射筒对接，如图4-4所示。对接好后，控制升降机使箭（弹）降落到发射筒内。抓箭（弹）机构松开箭（弹）并卸去升降机与装填筒之间的连接后，起重机将升降机吊离（退出）发射筒，最后卸下装填筒和对接筒。

图4-2 与升降机对接后的装填筒

图4-3 典型的升降机结构

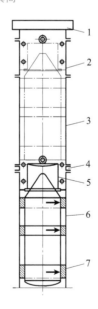

图4-4 通过对接筒与潜艇的发射筒对接

1—升降机；2—装填筒前筒体；3—装填筒后筒体；4—对接筒；
5—抓箭（弹）机构；6—发射筒；7—适配器

在垂直装填中，升降机要考虑的载荷包括箭（弹）、适配器、抓箭（弹）机构、升降机动滑轮组和钢丝绳的重量及适配器与装填筒或发射筒内壁之间的摩擦阻力。各种工况下作用在升降机上的最大载荷分别如下所述。

满载下降即装填箭（弹）时：

$$F_{mx\ max} = \varphi F_{mx} = \varphi(G_1 + G_2 + G_3 + G_4 + G_5 - \sum F_{mi}) \tag{4-1}$$

满载上升即退箭（弹）时：

$$F_{ms\ max} = \varphi F_{ms} = \varphi(G_1 + G_2 + G_3 + G_4 + G_5 + \sum F_{mi}) \tag{4-2}$$

空载下降即抓箭（弹）机构下降到能抓住箭（弹）的位置时：

$$F_{kx\ max} = \varphi F_{kx} = \varphi(G_3 + G_4 + G_5) \tag{4-3}$$

空载上升时：

$$F_{ks\ max} = \varphi F_{ks} = \varphi(G_3 + G_4 + G_5) \tag{4-4}$$

式中　$F_{mx\ max}$，$F_{ms\ max}$，$F_{kx\ max}$，$F_{ks\ max}$——分别为装填、退箭（弹）、空载下降和空载上升时作用在升降机上的最大载荷，N；

　　　F_{mx}，F_{ms}，F_{kx}，F_{ks}——分别为装填、退箭（弹）、空载下降和空载上升时，作用在升降机上的静载荷，N；

　　　φ——考虑到升降机在启动、变速和制动等工况中会产生惯性力和冲击而引入的动荷系数，通常取 $\varphi > 1.1$；

　　　G_1，G_2，G_3，G_4，G_5——分别为箭（弹）、适配器、抓箭（弹）机构、升降机滑轮组和钢丝绳的重量，N；

　　　$\sum F_{mi}$——各道适配器与装填筒或发射筒内壁之间的摩擦力总和，N。

由式（4-1）~式（4-4）可知，从发射筒或装填筒垂直向上退出箭（弹）时，箭（弹）所受到的拉力是最大的。为了保护箭（弹），该拉力不得超过箭（弹）强度和刚度所允许的范围，即应保证 $F_{ms\ max} / [\varphi(G_1 + G_2 + G_3 + G_4 + G_5)] \leq a$（通常 $a \approx 1.15$）。为此，在退出箭（弹）时，除了要用提升机提升外，通常还要向往箭（弹）底部与发射筒底部之间的空间内通入气体，通过"前拉"与"后推"的方法退出箭（弹）。此时箭（弹）承受的拉力为

$$F_{ms\ max} = \varphi(G_1 + G_2 + G_3 + G_4 + G_5 + \sum F_{mi}) - pS \tag{4-5}$$

式中　p——作用于箭（弹）底部的气体压力，Pa；

　　　S——发射筒或装填筒内腔截面积，m^2。

为了保护箭（弹）免受机械损伤以及使箭（弹）处于所需的温湿环境，有些地下井内也装设了发射筒。比如，20 世纪 80 年代末，为了部署 MX"和平卫士"洲际弹道导弹，美国空军将原"民兵"导弹的地下发射井进行了加固和改造，并装设了发射筒。又如美国"飞箭号"火箭也是由装有发射筒的地下井发射的，如图 4-5 所示。"飞箭

号"火箭利用的是"PC – 18（SS – 19）"洲际弹道导弹研制的两级小型运载火箭，可将质量为 2 000 kg 的小型卫星送入近地轨道或送到高层大气层。

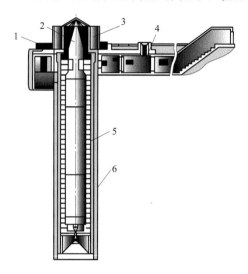

图 4 – 5　发射"飞箭号"火箭的地下井示意

1—防护盖；2—整流罩；3—工艺防护盖；4—仪器设备室；5—发射筒；6—发射井

除了潜艇和地下井以外，有些公路机动发射车、铁路机动发射车、空射飞机和固定场坪也采用了筒式发射装置，分别如图 2 – 46、图 4 – 6、图 2 – 51 和图 4 – 7 所示。发射筒既是发射装置，又是箭（弹）的保护装置以及起竖成垂直状态时支撑箭（弹）的装置。

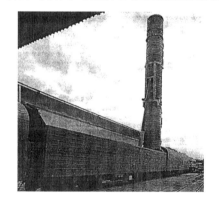

图 4 – 6　装有"SS – 24 – 2"导弹的发射筒在铁路车上起竖

装填这些设备或装备的发射筒通常采取水平装填方式，水平装填又分为"在线"装填和"下线"装填两种。这里所说的"在线"装填，指的是直接往发射设备或装备上的发射筒内装填箭（弹），而这里定义的"下线"装填，指的是将发射筒从发射设备或装备上拆卸下来，在地面或厂房内进行装填，装填好后再将组合体吊装到发射设备或装备上去。

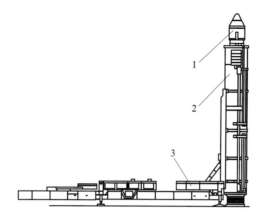

图 4 - 7 发射"起跑号 1"火箭的发射台和发射筒示意

1—头舱；2—运输发射筒；3—固定发射台

俄罗斯"起跑号 1"火箭采用固定场坪发射方式，发射装置为固定发射台/发射筒。火箭的装填采用了"下线"装填方式，即将发射筒运到厂房内进行水平装填，然后再将火箭/运输－发射筒组合体水平运至发射工位。"下线"装填时既可使用轮式装填车，也可采用装填支架。

采用空射飞机发射的"飞行号"火箭的装填也采用了"下线"装填方式，装填时先将火箭和卫星/整流罩组合体分别装入各自的运输－发射筒段内，然后带筒对接组装火箭和卫星/整流罩组合体。将组合体水平运到机场后，再将组合体从水平方向装入"安－124－100"载机机舱内，如图 4－8 所示。

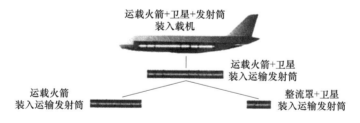

图 4－8 "飞行号"火箭装填流程

俄罗斯的"第聂伯"火箭与"PC－20B"导弹采用相同的、设有发射筒的地下井发射，采用冷发射方式。向发射筒装填箭（弹）采取了"下线"水平装填方式，装填好后再将箭（弹）/发射筒组合体垂直吊装到地下井，箭（弹）竖立在发射筒底部的底盘上，底盘下面装有燃气发生器。

"在线"水平装填同样可采用轮式装填车，也可采用装填支架。对于较大和较重的箭（弹），装填时通常要采用专门的铁轮式装填车，对接和装填时装填车支撑在铁轨上。这样的装填车通常由车体、对中与调平机构、抓箭（弹）机构、推进和退出机构、控制装置等部分组成，对中与调平机构通常需要有横移、升降、进退、俯仰、摆动等自由度的调整功能。推进和退出机构有机械式、液压式和机电式等几种。

用装填车装填通常要经过装填车与发射筒对中和调平、箭（弹）转载、装适配器、装填车的抓箭（弹）机构"抓住"箭（弹）、将箭（弹）推入发射筒内和抓箭（弹）机构退出等程序。

装填车与发射筒对中和调平是顺利进行装填的先决条件。对中与调平时，先使发射筒与装填车呈"一"字排列，然后通过装填车的横移、升降、进退、俯仰、摆动等自由度的调整，使发射筒与装填车轴线由不平行到平行，然后再由平行到精确对中与调平，如图4-9所示。

对中与调平后，用起重设备将箭（弹）从运输车上转载到装填车上。为了使箭（弹）转载到装填车后保持空载时已对中和调平的状态，要求装填车车体具有良好的刚度，即下沉量控制在一定范围内。

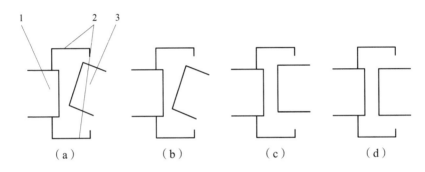

图4-9　发射筒与装填车的对中与调平

（a）初始位置；（b）粗同心；（c）平行；（d）精同心

1—装填车；2—径向位移传感器；3—发射筒

在装入、退出和发射过程中，箭（弹）均要依靠发射筒导向，为了避免箭（弹）与发射筒之间直接摩擦与碰撞，使箭（弹）既能被支撑在发射筒内壁上并与发射筒对中，又能做轴向移动，装填前需在箭（弹）的前后支撑部位安装适配器。典型的适配器如图4-10所示，适配器通常由具有弹性的非金属材料制造，其外形呈弧形，内圆弧半径与箭（弹）外半径相同，因而能较好地贴合在箭（弹）上。适配器的内表面上通常设有带弹簧的轴销，安装时将轴销插入箭（弹）的对应小孔内。为了在箭（弹）发射或弹射出发射筒时能自动与箭（弹）分离，适配器的一端通常为锥形结构，在箭（弹）发射或弹射出发射筒时，空气阻力作用在锥面上，在分力及轴销弹簧的作用下，适配器从箭（弹）上分离开来。

转载和安装适配器后控制抓箭（弹）机构"抓住"箭（弹），然后控制推进机构将箭（弹）推入发射筒内，到位后，抓箭（弹）机构从发射筒内退出。

在将箭（弹）转载到装填车上以及推入发射筒内时，箭（弹）圆周方向的方位与

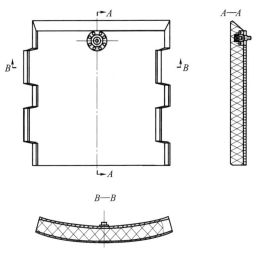

图 4 – 10　典型的适配器

规定的方位之间通常存在着较大的偏差，为了保证装填到位时箭（弹）圆周方向的方位符合规定的精度范围，通常要在箭（弹）尾端圆周上设置垂直于轴线的导向销及在发射筒内尾端筒壁上安装定位滑块，靠定位滑块的导向来减少或消除箭（弹）的方位与规定的方位之间的偏差，以保证装填到位时箭（弹）的圆周方向的方位偏差符合要求。

　　装填时导向销滑入定位滑块，如图 4 – 11 所示。定位滑块上开有导向槽，安装定位滑块时要使导向槽轴线的方位精度符合规定的精度范围。导向槽下端为直槽，而上端为 V 形槽。直槽的宽度尺寸与导向销公称直径相同，V 形槽的开口尺寸大于装入时箭（弹）方位的最大偏差，使装在箭（弹）上的导向销总能进入 V 形槽内。

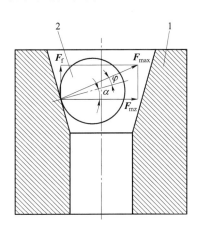

图 4 – 11　装填时导向销滑入定位滑块

1—定位滑块；2—导向销

当箭（弹）被推进至发射筒尾端位置并继续推进时，导向销先从定位滑块中的锥形开口中进入，然后由定位滑块的开口锥面导向而滑入定位滑块的直槽内。在这个过程中，箭（弹）除做轴向移动外还做圆周方向的滚动，因此，装填装置除要克服适配器与发射筒或装填筒之间的轴向摩擦阻力、导向销与定位滑块之间的轴向摩擦阻力外，还要克服因滚动而产生的附加阻力。因此，装填时所需的轴向总推力为

$$\boldsymbol{F}_{\max} = \boldsymbol{F}_{mz} + \boldsymbol{F}_f = \boldsymbol{F}_{mz}\left[1 + \tan(\alpha + \varphi)\right] \tag{4-6}$$

式中　$\boldsymbol{F}_{\max}$——装填时所需的轴向总推力，N；

　　　$\boldsymbol{F}_{mz}$——适配器与发射筒内壁之间和导向销与定位滑块之间的轴向摩擦力总和，N；

　　　$\boldsymbol{F}_f$——滚动摩擦力，N；

　　　α——定位滑块锥形槽单边倾斜角，（°）；

　　　φ——导向销与定位滑块之间的摩擦角，（°）。

典型的铁轮式装填车如图 4-12 所示，这种装填车可沿铁轨前、后移动。装填车上设有两个独立的液压系统，分别作为装填车与发射车对接及把导弹推入发射筒的执行机构和控制机构。

图 4-12　典型的铁轮式装填车

该装填车与发射车对接时，油源的高压油经减压阀减压后供给液压电动机。通过调节调速阀的开度可调节油的流量，从而调节电动机的转速。通过控制换向阀可控制电动机的转向，从而驱使装填车前进、后退或停止，最终达到装填筒与发射车对接的目的。该装填车的前后调整装置分别设有 2 个升降油缸和 1 个横移油缸，通过控制这些油缸的动作来完成全车各自由度的调整，从而使装填车垂直方向调平，横向调直对中。其中通过横移油缸可控制全车的左右偏向。通过升降油缸可控制装填车的高低和俯仰。在开始装填时，控制装填车的抓箭（弹）机构，使之"抓住"箭（弹），典型装填车的抓箭（弹）机构如图 4-13 所示。

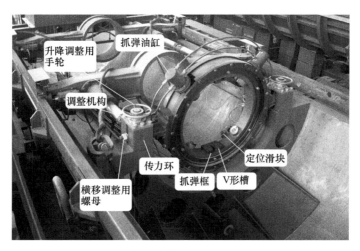

图 4 - 13　典型装填车的抓箭（弹）机构

4.3　装填发射箱

向箱式发射装置的发射车装填通常采取从车上拆下发射箱进行水平装填的方式，将箭（弹）装填入发射箱后，再将箭（弹）/发射箱组合体装到发射车上。

采用这种方式装填时，支撑和导向方式不同则装填方法与所用设备也不同。发射箱支撑箭（弹）和导向方式有以下几种：①箱内设发射梁，发射梁既能起支撑和导向作用，又能起减振作用。这种方式因结构复杂，目前已很少采用。②箱内设有导轨，在水平方向的两侧和箱内顶部设置可调的支撑系统。导轨的作用是在水平运输时支撑箭（弹）以及在水平装填、退出和倾斜发射时支撑箭（弹）并为箭（弹）导向。可调支撑系统的作用是在运输时使箭（弹）固定。导轨的设置方式有两种：一种是单导轨，箭（弹）出箱时其支点不能同时离轨，箭（弹）头部会发生下沉；另一种是平行的双导轨，两导轨的导向长度不同，箭（弹）出箱时其支点同时离轨，出箱后箭（弹）会整体下沉。导轨支撑和导向的方式较为可靠，缺点是箱内或箱外需设有减振装置。③采用适配器支撑箭（弹）和为箭（弹）导向，这种方式得到了越来越广泛的应用。④混合支撑和导向方式，即箱内一侧以适配器作支撑和导向，而另一侧以导轨作支撑和导向。⑤悬挂式。该种方式与上述第②种方式类似，即两侧箱壁上设有与发射箱曲轴线平行的凹型导轨，箱底一端的导轨设有定位装置。安装在箭（弹）上的滑块镶嵌在凹型导轨内。将箭（弹）推入发射箱时滑块在凹型导轨内滑动，至定位装置处停止。装填后，箭（弹）被悬挂在发射箱的箱壁上。

由于第②种方式技术比较成熟，可靠性高，迄今为止仍被广泛采用。采用单轨支撑和导向方式时，装填前对应箭（弹）下部前、后支承部位通常要安装支腿和滑块或定向钮。典型发射箱的导轨以及安装在箭（弹）底部的前后支腿和滑块分别如图4 - 14

和图 4 – 15 所示。

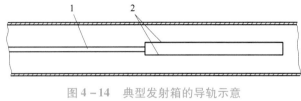

图 4 – 14　典型发射箱的导轨示意

1—发射箱主轨；2—发射箱后导轨

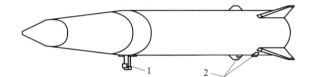

图 4 – 15　安装在箭（弹）底部的前后支腿和滑块示意

1—前滑块；2—后滑块

对于这种支撑和导向方式，装填所用设备通常包括发射箱支架、装填支架、辅助支架及辅助支撑等。装填支架上通常设有导轨，装填时发射箱支架需与发射箱支架对齐，并使其内的导轨与设在装填支架的导轨对接并处于同一水平面上，因此，通常要求发射箱支架具有横移、升降、进退、俯仰、摆动和滚转 6 个自由度调整的功能。典型的发射箱支架如图 4 – 16 所示，它由上支撑架、下支撑架、底架、横移机构、纵移驱动机构和支腿等部分组成，通过横移机构、纵移驱动机构和支腿，可以实现支架的横移、升降、进退、俯仰、摆动和左右滚转 6 个自由度的调整。其中通过调节 4 个支腿的高度，可实现升降、前后俯仰、左右滚转 3 个自由度的调节。

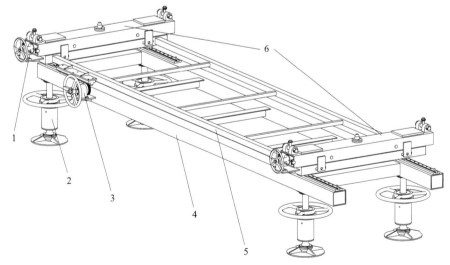

图 4 – 16　典型的发射箱支架

1—横移机构；2—支腿；3—纵移驱动机构；4—底架；5—下支撑架；6—上支撑架

典型的装填支架示意如图 4 - 17 所示，它由支撑架、抓箭（弹）机构、副导轨、调平支腿组、定力摇把和传动机构等部分组成，其中传动机构由链轮和链条等部分组成。装填支架通常具有支撑箭（弹）、"抓"箭（弹）、装填和退出箭（弹）功能。

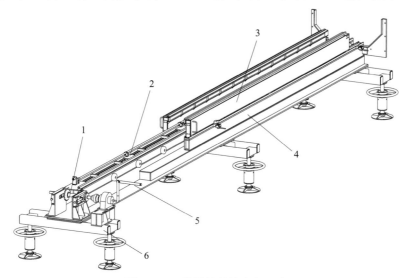

图 4 - 17　典型的装填支架示意

1—传动机构；2—抓箭（弹）机构；3—副导轨；4—支撑架；5—定力摇把；6—调平支腿组

装填箭（弹）前，先在平整的地面上将发射箱支架和装填支架一字排开，并使两者粗略对中和调平，然后用起重机从发射车上将发射箱吊装到发射箱支架上，使之呈水平状态放置且箱口对向装填支架，如图 4 - 18 所示。通过发射箱支架横移、升降、进退、俯仰、摆动和滚转 6 个自由度的调整，使发射箱支架与装填支架精确对中和调平后，再将发射箱连接在发射箱支架上使之固定。发射箱支架与装填支架对中和调平以后，要将装填支架上的副导轨向发射箱内推进到位，使之与发射箱内的导轨衔接和对中，然后用起重设备将箭（弹）转载到装填支架上，使装在箭（弹）上的前后滑块嵌入副导轨内，便可进行装填操作。

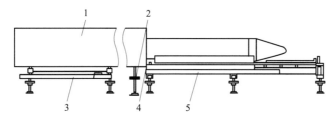

图 4 - 18　向发射箱内装填箭（弹）示意

1—发射箱；2—辅助支架；3—发射箱支架；4—辅助支撑；5—装填支架

操纵装填支架上的抓箭（弹）机构，使之"抓住"箭（弹），再通过人工驱动定力摇把，传动机构便会带动抓箭（弹）机构，使箭（弹）沿导轨进入发射箱内。在装入、退出和从箱内发射出去的过程中，装在箭（弹）下部的滑块支撑着箭（弹）并沿轨道滑动。装填到位后，设在发射箱内的机构会将滑块锁定，以避免箭（弹）在后面的吊装、运输和起竖箭（弹）/发射箱组合体时发生移位。完成装填后将发射箱与发射箱支架之间的连接解锁，用起重设备将箭（弹）/发射箱组合体吊装到发射车上，装填便告完成。

4.4　装填无发射筒的地下井

采用井下贮存、井口发射方式时，发射装置通常为发射台。为了装填箭（弹）和将箭（弹）从井下提升到井口发射，采用这种发射方式的地下井通常设有悬挂发射台与箭（弹）的吊架和升降机，升降机通过钢丝绳或液压装置与坐落在井底的吊架相连，发射台则坐落在吊架上。

装填前，通过升降机将吊架和发射台提升至井口位置，用置于井口场坪上的轮式起重机将箭（弹）从公路运输车上水平吊起，至一定高度后翻转成垂直状态，然后使箭（弹）落座在发射台上。装填时，升降机将箭（弹）/发射台/吊架整体下降到井底，落座于设在井底的支座上，装填便告完成。要从井内退出或准备发射箭（弹）时，升降机将箭（弹）升到井口位置，固定吊架后便可转载或发射。

通常采用的升降机有三种：缠绕卷扬式升降机、多绳摩擦式升降机和液压升降机。液压升降机又分为直顶式液压升降机、侧顶式液压升降机和卷扬式液压升降机。

1. 缠绕卷扬式升降机

缠绕卷扬式升降机主机的传动方式与大型起重绞车类似，都是通过卷筒使钢丝绳卷或扬，从而实现箭（弹）的下降或提升。如图4-19所示，吊架通过减振弹簧组件由4根钢丝绳悬挂，钢丝绳从下部兜着吊架。钢丝绳的一端通过液压调绳装置3的油缸与井壁相连，另一端通过各滑轮组后缠绕和固定在主机卷筒上。液压调绳装置的作用是使4根钢丝绳的张紧程度一致，并配合主机实现箭（弹）的缓慢落座，避免造成刚性冲击。

缠绕卷扬式升降机的主机设置在井底，这样可简化井壁结构，工程的抗振能力得到提高。这种升降机的主要优点是：主机所需的拖动力矩和制动力矩方向不变；电气控制系统比较简单；便于采用结构简单的减振装置，因而可减少工程费用。主要缺点是：主机所需的功率较大，约为同等级多绳摩擦式升降机的两倍；一旦电气系统出现故障，卷筒可能会发生超卷扬的危险；行程受井内空间的限制，一般不超出50 m。虽然采用多层卷绕可使行程增大至100 m以上，但需增大主机的拖动力矩和制动力矩，会带来主机体积更大、驱动电动机的选型困难等问题。

2. 多绳摩擦式升降机

多绳摩擦式升降机与高层建筑用的电梯相类似，如图4-20所示。与缠绕卷扬式升降机不同的是，它的钢丝绳不是由卷筒卷扬，而是由主机的摩擦轮驱动的，即钢丝

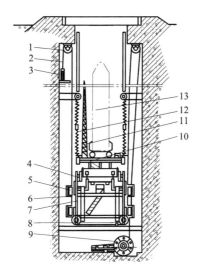

图 4 - 19   缠绕卷扬式升降机升降导弹示意
1—定滑轮组；2—钢丝绳；3—液压调绳装置；4—吊架；
5—活动导轨；6—导轮；7—导轨；8—井底支座；9—上机；
10—发射台；11—电缆杆；12—减振弹簧组件；13—导弹

绳的牵引力来自摩擦轮周边的摩擦力。钢丝绳左右对称地从下部兜着吊架，其数量通常为 8～12 根。钢丝绳的一端悬挂在液压调绳装置 4 的油缸下端，另一端绕过吊架 1 的滑轮组、主机 6 的摩擦轮、平衡装置 9 上的动滑轮组后，最终与螺旋调绳装置 8 相连。吊架上下部的 4 个角均设有导轮，井壁上对应设有 4 条垂向的导轨，吊架通过导轮可沿导轨上下竖直运动。平衡装置上设有滑鞍，滑鞍被夹持在井壁的两条导轨上，从而起到防止摆动的作用。

螺旋调绳装置 8 的作用是精确调整各钢丝绳的安装长度，而液压调绳装置 4 的作用与缠绕卷扬式升降机的相同，但其油缸的结构稍为复杂。平衡装置可平衡吊架、发射台、电缆杆及导弹的部分重力，从而显著地减少主机所需要的牵引力和驱动功率。平衡装置对应的坑底设有两个缓冲器，当吊架升到井口最高位置时，如果电气系统失灵，则平衡装置就会被缓冲器托住，避免发生超卷扬事故。

多绳摩擦式升降机的主机房通常设在井口靠近电气设备间的位置。为了安全防爆，主机房和电气设备间要求密闭且采取正压通风，这样，即使井内有易燃易爆气体产生，气体也不会逸入房间内。操作室通常设在井口附近，其视野要开阔，应既能监视主机的运转情况，又要便于与井内外联系。

多绳摩擦式升降机优点是：行程大，可达数百米；与其他升降机相比，在载荷和运行速度相同的前提下，主机所需的功率最小，故主机的体积和质量均较小；由于钢丝绳数量多，即使其中个别钢丝绳发生断裂现象，也不会导致载荷坠落，安全可靠。

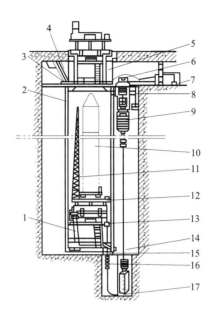

图 4 - 20　多绳摩擦式升降机升降导弹示意

1—吊架；2—钢丝绳；3—定滑轮组；4—液压调绳装置；5—吊架导轨；6—主机；

7—主机液压泵站；8—螺旋调绳装置；9—平衡装置；10—导弹；11—电缆杆；12—发射台；

13—导轮；14—平衡装置导轨；15—井底支座；16—平衡尾链；17—缓冲器

另外，由于钢丝绳与摩擦轮之间可相对滑动，即使电气系统出现问题而发生超卷扬故障也不会有危险。主要缺点是：由于设有平衡装置，要放松钢丝绳卸载就显得很困难；如要预防核爆地震波的影响，需要采用能容纳箭（弹）、发射台、升降机和电缆杆的大型减振吊篮，这将会使工程费用大大增加。另外，由于钢丝绳和平衡装置占据了井内的部分空间，给其他设备设施的布置尤其是对瞄准设备的布置带来不便。

3. 液压升降机

直顶式液压升降机通常由吊架、导轮、导轨、多级液压缸和过渡平台等组成，它是通过在竖直方向顶推吊架的底部来提升箭（弹）的，如图 4 - 21 所示。与上述两种升降机相比，这种升降机顶推力大，调速范围大，调速平稳。如果采用大容积的储压器供油，还可以以较小功率进行高速提升。另外，由于结构简单，故占用的空间较小，有利于其他设备设施（尤其是瞄准设备）的布置。缺点是：造价高；井深要加大，工程费用增加；总效率低，能耗和噪声大；多级多液压缸驱动的同步性较难控制；在升降中要维持各缸负载平衡较困难；可靠性差，维修困难。

侧顶式液压升降机通常由吊架、导轮、导轨、油缸导轨、钢丝绳、多级油缸、滑轮和调绳油缸等部分组成，如图 4 - 22 所示。与直顶式液压升降机不同，这种升降机的液压缸布置在吊架的一侧而不是布置在吊架的底部。钢索系统是升降机最重要的承载部分，所有与之直接相关的构件和预埋件必须保证安全可靠。为了减少断绳的危险，

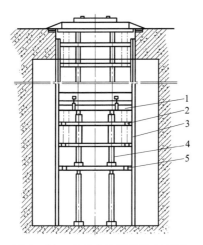

图 4 - 21　直顶式液压升降机示意

1—吊架；2—导轮；3—导轨；4—多级液压缸；5—过渡平台

升降机通常用 4 根钢丝绳从下部兜住吊架。吊架边的钢丝绳倍率为 2，液压缸两端滑轮处的钢丝绳倍率为 4，因此，只需并联两套（共两侧，每侧两缸并联）多级液压缸，便可达到直顶式液压升降机同样的升降行程，且工作效率是直顶式的两倍。

侧顶式液压升降机优点是：造价较低；由于布置在吊架的侧边，故无需增加井深；可采用简易型的减振装置来预防核爆地震波，工程费用较少；维修较容易；调速平稳，调速范围广；因只需两套多级液压缸，故其负载平衡和同步控制问题较易解决；可靠性较高。缺点是：因钢丝绳和多级液压缸要占用井内的部分空间，使其他设备设施尤其是瞄准设备的布置遇到困难；能耗较大，总效率低，噪声大；只适用于浅井。

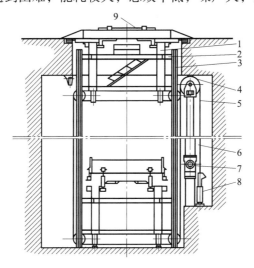

图 4 - 22　侧顶式液压升降机示意

1—吊架；2—导轮；3—导轨；4—油缸导轨；5—钢丝绳；

6—多级油缸；7—滑轮；8—调绳油缸；9—发射台支撑面

　　卷扬式液压升降机与多绳摩擦式升降机或缠绕卷扬式升降机的主要不同在于主机为液压电动机。与电力驱动的升降机相比，这种升降机调速范围广，启动和安放吊架平稳，主机的电控系统较简单，但其效率低，噪声大，可靠性低，造价较高，维修较麻烦。

第5章　地面瞄准技术

5.1　概　述

运载火箭和弹道导弹是由箭（弹）上的惯性制导系统控制射向的。该射向通常要在发射前通过瞄准来建立和装定到惯性制导系统中去。因为瞄准的是箭（弹）及惯性制导系统的方位，故这种瞄准也称为方位瞄准。

方位瞄准分为地面瞄准和箭（弹）惯性系统自主瞄准两种方式。地面瞄准就是在地面上（包括车上或舰艇上）完成的瞄准，需与箭（弹）惯性系统配合。箭（弹）惯性系统自主瞄准则是箭（弹）惯性系统自主独立完成的。与地面瞄准相比，自主瞄准不受外界干扰，但对惯性系统各项性能的要求较高。

地面瞄准分为有依托瞄准和无依托瞄准，所谓有依托和无依托，就是发射地点有无经过预先测定而在地面上标定的基准点。按方位信息的传递方向分，瞄准方法有斜瞄法、水平瞄法和垂直瞄法3种，并有光学对瞄法、光学准直法、光电准直法3种准直方法。由于箭（弹）上的瞄准基面通常为直角棱镜或类似仪器，且光电准直法的瞄准距离远（一般可达150 m左右），能远程传输信号，准直精度高，抗干扰能力强，故这种方法用得最多，只有当箭（弹）上的瞄准基面为陀螺基板时才采用光学对瞄法。对于有依托和无依托场合以及对于不同的发射方式，所采用的瞄准方法也有所不同。

箭（弹）对地面瞄准的要求随箭（弹）的战术技术指标、发射方式、制导系统和发射环境的不同而有所区别，通常的要求包括：①瞄准系统的总精度应满足箭（弹）发射精度误差分配的要求；②瞄准时间应满足发射准备时间分配的要求，一般要少于5 min。对于机动发射的瞄准，瞄准车应能快速完成对心、调平和瞄准，以减少对空暴露时间；③可根据需要临时和任意变换射向，变换范围要宽广。对于地面机动发射的瞄准，一般变换范围为0°～180°，对于运载火箭，一般为±2°；④适应全天候发射的要求，包括适应高低温、高湿度、高海拔、重雾、盐雾和风、霜、雨、雪等环境与气候；⑤适应各种发射方式；⑥发射大型运载火箭时，瞄准用的光电瞄准仪应满足跟踪风摆的要求；⑦瞄准设备使用可靠，性能稳定，工作寿命长。

美国和俄罗斯导弹的方位瞄准均经历了从有依托的光学瞄准到无依托定位定向瞄

准的过程，其发展趋势基本上代表了国外方位瞄准技术的发展趋势。

"民兵 - 1"型导弹及以前的陆基导弹均采用有依托光学瞄准，方法是通过瞄准仪将地下井的固定方位基准传递到弹上。"民兵 - 2"型导弹在惯性平台台体设置了一个专门用于定向的陀螺罗盘，在工程上实现了导弹自瞄，但其成为地面瞄准的冗余措施。在攻克了平台自对准的关键技术——扰动自瞄准技术以后，"民兵 - 3"型导弹取消了定向陀螺罗盘，简化了瞄准系统，极大地提高了自瞄精度，导弹的命中精度达到182.88 km（射程为 13 000 km）。

20 世纪 60 年代末，美国研制了"潘兴1A"型中程机动发射的弹道导弹，与"民兵 - 1"型导弹相比，导弹和发射车上分别增设了自动定位系统与连续发射转换装置，使导弹可自动确定发射车的方位，可从事先无准备的阵地上发射。自动定位系统与连续发射转换装置配合使用，使指挥员从单一发射车上就可测试和连续发射 3 枚导弹，而无须在发射每枚导弹后收放电缆。

20 世纪 80 年代初，美国为"民兵"导弹的铁路机动发射研制了自动瞄准系统，该系统由陀螺罗盘、陀螺罗盘稳定平台、偏振同步机构、自动准直测角仪及其稳定平台和控制装置等部分组成。

"SS - 20"导弹是机动发射的远程导弹，这种导弹可以在履带式发射车和轮式发射车上发射，也可在铁路平板车上发射，机动范围很宽广。瞄准采用陀螺罗盘全自动瞄准方案，导弹进入发射阵地前先测定发射点位置、瞄准点位置和基准方位线，导弹进入阵地数分钟便可完成方位瞄准，最大瞄准误差为 30″。从陀螺罗盘落地到调平、寻北、方位引出、垂直传递直至水平近距离瞄准，整个过程均自动进行。

后来，出现了将原有的方位瞄准技术与 GPS（全球定位系统）、惯性制导加星光修正、陀螺罗盘定向等多项技术融合在一起的趋向，使瞄准技术得到进一步发展。

进一步提高瞄准对各种发射方式和环境条件的适应性，提高瞄准精度和自主瞄准的自动化程度，缩短反应时间，这些已成为瞄准技术的发展方向。综观国内外瞄准技术发展特点，有以下几个：①机动发射采取无依托的瞄准方式，并要进一步提高精度和对各种环境的适应能力，缩短反应时间，提高自动化程度；②地下井的地面瞄准方式将逐渐被自瞄方式所取代；③与多种制导方式相结合，实现地面快速瞄准；④弹上惯性平台自瞄方式与地面陀螺罗盘寻北、光电瞄准仪瞄准方式并存；⑤导弹垂直状态瞄准方式与水平状态瞄准方式并存。

5.2　瞄准原理

地面瞄准就是将从地面确定的射向基准，通过发射光束的方法传递到箭（弹）上的瞄准基准面，以跟踪箭（弹）和其上惯性系统的方位调整，直至达到规定的要求。

该要求就是惯性制导系统的稳定基面和箭（弹）体的对称基面与射向平面达到精确平行（或保持已知角度）并垂直于水平面。依据光学和光电原理，当由瞄准仪发射出去的平行光束被瞄准基准面反射回来时，如果瞄准仪接收到的光信号或光电信号满足要求，则表明箭（弹）上惯性制导系统的稳定基面和箭（弹）体的对称基面与射向平面已达到精确平行（或保持已知角度），射向就被装定到了惯性系统中。

　　射向平面、箭（弹）体的对称基面和惯性制导系统的稳定基面如图 5 - 1 ~ 图 5 - 4 所示。发射坐标系发射点为坐标原点，以发射方向线为横坐标轴，纵坐标轴则为垂直于水平面的垂线。由于射向平面为通过横坐标轴和纵坐标轴的平面，故它垂直于水平面，箭（弹）的飞行轨道或弹道均落在该平面内。该坐标系需确定射向后才能建立，射向通常是依据大地真北方向或基准方向由瞄准仪确定的，它与真北方向或基准方向之间成一个已知角度（有依托和无依托发射时射向的确定见 5.5 节）。

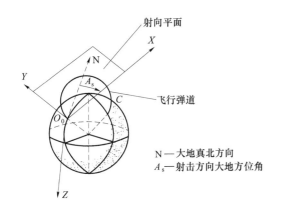

图 5 - 1　发射坐标系

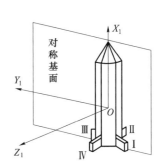

图 5 - 2　箭（弹）体的坐标系

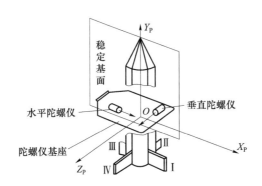

图 5 - 3　惯性（位置捷联式）坐标系

　　箭（弹）体坐标系以箭（弹）体的质心为坐标原点，以箭（弹）体的纵轴线为纵坐标轴，坐标轴 Y_1 和 Z_1 的方向取决于箭（弹）体姿态控制系统所属操作部件的位置，如部件为舵机，则坐标轴 Y_1 与舵机 I—III 平行，坐标轴 Z_1 与舵机 II—IV 平行，通过纵

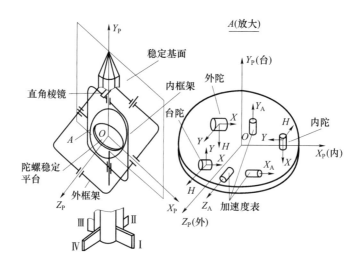

图 5 - 4　惯性（陀螺稳定平台式）坐标系

X—输出轴；Y—输入轴；II—转子轴

坐标轴和坐标轴 Y_1 的平面为对称基面。箭（弹）发射前和在飞行中，对称基面均应垂直于水平面。

位置捷联式惯性系统的稳定基面通过箭（弹）体的纵轴线，垂直于垂直陀螺仪的转子轴，而转子轴平行于水平面。陀螺稳定平台式惯性系统的稳定基面通过箭（弹）体的纵轴线和平台的转轴，与平台的内框架面重合，平台的转轴则垂直于箭（弹）体的纵轴线。

因此，只要稳定基面和对称基面与射向平面平行（或保持一已知角度），发射出去的箭（弹）便会按规定的姿态和射向飞行，平行（或已知角度）精度越高，射向精度也越高。

使竖立在发射台或起竖后的箭（弹）体的对称基面垂直于水平面，是使其与射向平面平行的前提条件，也是瞄准的前提条件。因此，瞄准前需经过垂直度调整，直至满足要求。

达到和确认稳定基面和对称基面与射向平面平行（或保持一已知角度）的方法有以下几种：

（1）使发射台回转，带动箭（弹）及其上的陀螺稳定平台或陀螺仪基座绕箭（弹）体的纵轴转动，在这过程中进行瞄准跟踪，直至稳定基面与射向平面平行。

（2）在往箭（弹）上安装陀螺稳定平台或陀螺基座时，方位转动平台或基座使其稳定基面与对称基面大致平行。然后陀螺稳定平台开机自动调平，使图 5 - 3 和图 5 - 4 中的 OY_P 轴与图 5 - 1 中的 O_0Y 轴平行。

（3）先使发射台回转，调整对称基面的方位，跟踪瞄准（粗瞄），直至对称基面与射向平面大致平行。然后驱动陀螺稳定平台台体，调整稳定基面的方位，跟踪瞄准（精瞄），直至稳定基面与射向平面精确平行。

（4）发射台不回转，只驱动陀螺稳定平台的台体，跟踪瞄准，直至稳定基面与射向平面保持一已知角度。将该角度值输入箭（弹）上的计算机后，箭（弹）起飞后自动纠偏。

当箭（弹）上的惯性系统为位置捷联式系统时，箭（弹）上的瞄准基准为陀螺仪基座板上的基准面，它垂直于水平面和稳定基面，如图 5 - 5（a）和图 5 - 3 所示。当惯性系统为陀螺稳定平台式系统时，箭（弹）上的瞄准基面为直角棱镜的主截面，它与稳定基面平行，如图 5 - 5（b）和图 5 - 4 所示。

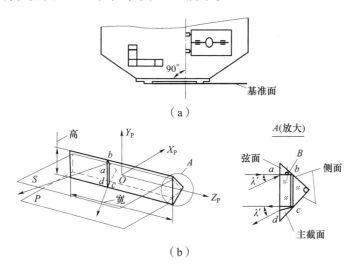

图 5 - 5　箭（弹）上的瞄准基面
（a）陀螺仪基座；（b）直角棱镜的主截面

瞄准方法不同，瞄准原理和各基面与射向平面平行的判据或信号也是不同的。光学对瞄法的瞄准原理如图 5 - 6 所示，瞄准时要在陀螺基板上悬挂经过规整的平行光管，然后用瞄准仪与之对瞄。根据平行光原理，只要光电瞄准仪的分划板与平行光管分划板上的文字相同或数字的刻线重合，就表明陀螺基板的视轴和瞄准仪望远镜的视轴同在一个水平面上且相互平行。由于预先规整的平行光管视轴在水平面上的投影线与陀螺基板的基准面垂直，故两视轴相互平行就说明稳定基面与射向平面平行。

光学准直法的瞄准原理如图 5 - 7 所示。如果向直角棱镜发射的平行光束按原路反射回来，在分划板 3 上呈现该分划板的像且十字线重合，则表明直角棱镜主截面与自准直望远镜的自准直轴和射向平面平行。由于直角棱镜主截面与稳定基面平行，故稳定基面平行也与射向平面平行。

光电准直法的瞄准原理如图 5 - 8 所示，瞄准信号传递和显示原理如图 5 - 9 所示。

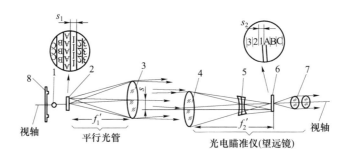

图 5 – 6　光学对瞄法的瞄准原理

1—光源；2、6—分划板；3、4—物镜；5—调焦镜；

7—目镜；8—箭（弹）上的陀螺基板

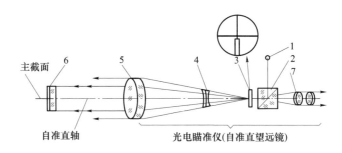

图 5 – 7　光学准直法的瞄准原理

1—光源；2—分光棱镜；3—分划板；4—调焦镜；

5—物镜；6—箭（弹）上的直角棱镜；7—目镜

如果反射回来的平行光束穿过发射光路，瞄准仪表的指示为零，同时光电转换器收到返回信号，敏感区指示灯亮并发出音响，就表明直角棱镜主截面与光电准直管的光电轴平行。由于在确定射向时已使射向平面通过光电轴并垂直于水平面，因此，直角棱镜主截面与光电准直管光电轴平行就表明稳定基面与射向平面平行。

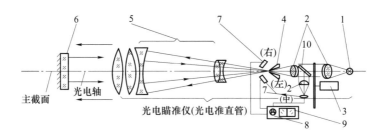

图 5 – 8　光电准直法的瞄准原理

1—光源；2—聚光镜；3—斩光调制器；4—刀口狭缝；5—准直物镜；

6—箭（弹）上的直角棱镜；7—光电转换器（左、中、右）；

8—瞄准放大器；9—瞄准仪表；10—半透半反镜

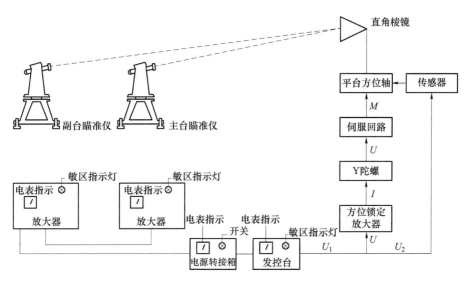

图 5 – 9　瞄准信号传递和显示原理框图

5.3　地面瞄准设备

地面瞄准设备包括方位瞄准设备、基准标定设备、射向变换设备、风摆跟踪装置、寻北设备、水平检查设备和检测训练设备等。

5.3.1　方位瞄准设备

方位瞄准设备通常由瞄准仪、导轨、基座、CCD 图像显示仪、方位角数字显示仪、瞄准信号控制仪和导轨电机调速仪等部分组成，如图 5 – 10 所示。

瞄准仪是方位瞄准设备中最重要的仪器，典型的光电瞄准仪和典型的激光瞄准仪组成示意分别如图 5 – 11 和图 5 – 12 所示。光电瞄准仪通常以小型白炽灯或球形反卤钨灯为光源，而激光瞄准仪则以氦氖激光器或半导体激光器为光源。氦氖激光器或半导体激光器具有极高的光源亮度，其亮度甚至比太阳表面的发光亮度还要高 10^{10} 倍。这种光还具有较好的方向性，其光束散角比探照光束散角小好几千倍，而且具有较高的单色性。

光电瞄准仪通常由光机和电路两大部分组成，主要功能是将射向或与射向保持已知角的方向赋予箭（弹）上的瞄准基准。光机部分包括自准直望远镜、光电准直管、光学对心镜、平面垂直轴系、方位测角装置、微动装置、调平装置、照明装置和基座等，主要功能是对箭（弹）上的直角棱镜进行探测、监视其准直状态和测定其准直偏差角。电路部分包括准直瞄准信号电路、方位测角电路、风摆跟踪电路、自检电路和

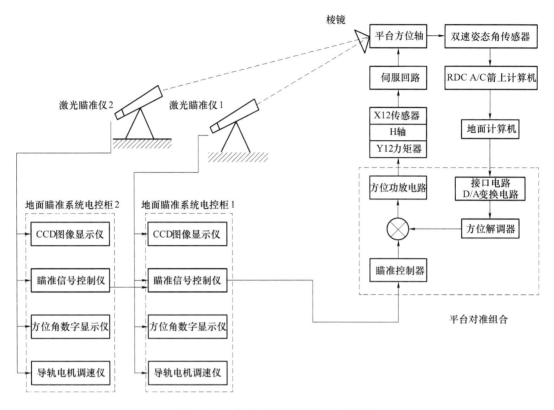

图 5 – 10　典型方位瞄准设备组成框图

图 5 – 11　典型的光电瞄准仪

电源电路等，其主要功能是将光电瞄准仪主机的准直光信号转换为电信号，处理后由指示仪表显示出直角棱镜偏离射向（与射向成已知角度值的方向）的大小和方向。

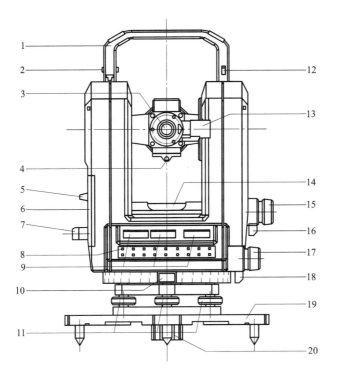

图 5 – 12 典型的激光瞄准仪组成示意

1—提手；2—锁紧螺钉；3—望远镜组件；4—粗瞄器；5—电池锁钮；

6—电池；7—对心镜组件；8—键盘；9—显示器；10—度盘指示镜；11—脚螺；

12—锁紧块；13—激光装置；14—长水准器；15—垂直微动；16—垂直制动；

17—方位微动；18—方位制动；19—底座；20—连接螺钉

　　自准直望远镜是望远镜与自准直平行光管的组合，通常由物镜、调焦镜、分划板、分光镜（或分光棱镜）、目镜和光源组成，其作用是观察标杆仪标杆和箭（弹）上的直角棱镜，用光学准直法进行瞄准，检测光电瞄准仪的某些误差。自准直望远镜的类型有高斯型、阿贝型和分划板型三种。

　　光电准直管有多种类型，包括设有分光元件的光电准直管、设有振动狭缝的光电准直管等，其中设有分光元件的光电准直管又分为具有单光源、双光电转换器类和具有双光源、单光电转换器两种。与自准直望远镜一样，光电准直管的作用是检测箭（弹）上直角棱镜的微小偏角，不同的是光电准直管的检测更准确，瞄准距离可更大。因为是用电信号而不是用人的眼睛检测和监视准直状态，故可远距离传输准直信号。方位角信号和瞄准信号均通过电路分别传递到方位角数字显示仪和瞄准信号控制仪，典型的方位角数字显示仪和瞄准信号控制仪原理分别如图 5 – 13 和图 5 – 14 所示。

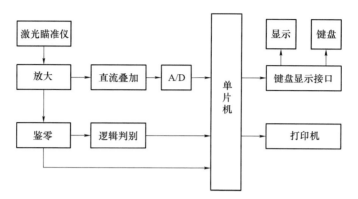

图 5-13　典型的方位角数字显示仪原理框图

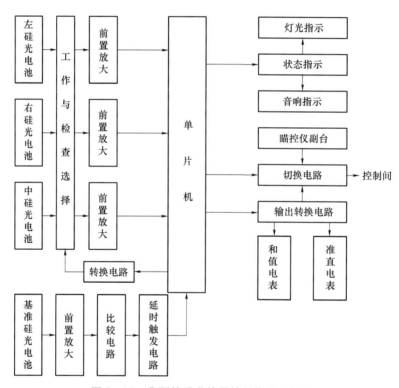

图 5-14　典型的瞄准信号控制仪原理框图

对光电瞄准仪的主要要求包括：①为使瞄准仪准确对中地面瞄准点的十字标志，瞄准仪应设有可调平、纵横移动的导轨和可调焦的光学对心镜等机构，瞄准仪与地面瞄准点十字标志的对心误差应为 0.5~1.0 mm，对心调焦为 0.8~2.5 m；②自准直望远镜应为内调焦和正像式，在 30 m 至无穷远的距离内调焦误差应不大于 6″，对准误差应不大于 3″，视度调节范围为 ±5 折光度；③方位测角装置应能在任意位置归零，一次水平测角极限误差不大于 8″，且可用电信号传输方位角值；④导轨的平移误差应不大于 10″，高低偏差应不大于 10″；⑤应具有远距离传输、分辨真假准直零位和产生过零脉冲的功能，自准直望远镜视轴与光电准直管光电轴的平行误差应不大于 5″，准直误差应不大于 6″；⑥风摆跟踪装置的跟踪误差应不大于 20 mm；⑦为适应雾天瞄准能见度差（30 m）的情况，应设有贮存和释放光能与电能的装置，所贮备的能量应不小于正常情况下所需能量的 10 倍；⑧应能适应各种环境，运输时具有抗振动和抗干扰（杂光和电磁波等）能力；⑨可靠性要高。

　　平面垂直轴系是光电瞄准仪关键的精密部件之一，它直接关系到瞄准精度。轴按结构形式分有锥形轴、标准型柱形轴、半运动式柱形轴和平面轴等，其中平面轴用得较广泛。典型的平面垂直轴系如图 5 - 15 所示，这种轴系主要由一个大平面滚珠轴承和一个径向滚柱轴系组成。大平面滚珠轴承由转盘、轴承圈、滚珠和滚道组成，转盘上设有环形滚道，滚道表面经过硬化处理，滚珠均匀地分布在滚道内。平面垂直轴系承载能力大，对温度影响不敏感，而且，由于滚珠和滚道的精度较高，滚珠轴承的分布直径较大，故这种轴系的晃动量远比一般的轴系小得多。

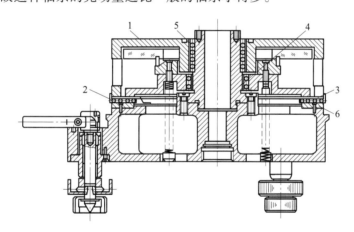

图 5 - 15　典型的平面垂直轴系

1—转盘；2—轴承圈；3、5—滚珠；4—垂直轴；6—平面滚道

　　较为先进的地面瞄准仪是用于"土星"火箭的 AALT - SV - M2 型高精度自动瞄准经纬仪，该经纬仪的光机部分由自准直仪组件、基座和参考棱镜等部分组成。电子分系统则由六通道、电源面板和显示面板等部分组成，六通道包括：①同步棱镜误差通道；②同步棱镜探测通道；③惯性棱镜误差通道；④惯性棱镜探测通道；⑤摇摆误差通道；⑥自动增益控制通道。显示面板上装有信号处理电路、两块方位误差指示表、探测信号指示灯、各种控制开关。瞄准可现场操作，也可远程控制。

　　该瞄准仪能探测箭上棱镜的方位转动和跟踪火箭的摆动，箭上棱镜反射回来的光经过棱镜的二向色涂层和自准直仪的滤光器进行分离后，产生一种与箭上棱镜的方位转角大小和方向成正比的修正信号，从瞄准仪送至平台的伺服元件，使箭上棱镜再转到所需的方位。该瞄准仪的瞄准距离（至火箭底部）为 232 m，瞄准误差为 ± 2″。

5.3.2 基准标定设备

基准标定设备的类型有标杆仪、平面镜装置和基准直角棱镜装置（图 5 – 16），其中标杆仪用于地面发射场地的基准方向标定，瞄准时标杆仪配置在基准点（或检查点）上以代替基准点（或检查点）。平面镜装置的镜面法线和基准直角棱镜装置的主截面可用于地下井的基准方向标定，通常将它们装在井壁上以贮存基准方向。

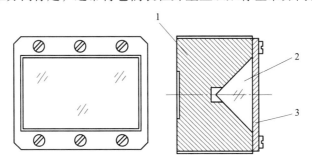

图 5 – 16　典型的基准直角棱镜装置示意

1—棱镜底座；2—直角棱镜；3—棱镜压块

5.3.3 射向变换设备

常用的射向变换设备有角度变换仪（图 5 – 17）和自准直仪。角度变换仪一般装在导弹尾端面的中心，为射向变换提供传递基准。自准直仪设在地面，用于监视角度变换仪上的基准直角棱镜，与基准直角棱镜配合完成导弹射向的变换。

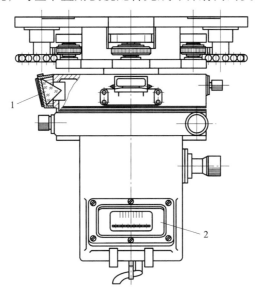

图 5 – 17　典型的角度变换仪示意

1—基准直角棱镜；2—读数投影窗

5.3.4　风摆跟踪装置

为满足大风下瞄准的特殊需要，通常设有风摆跟踪装置，使瞄准仪能自动随火箭的摆动而同步摆动，自动搜索和跟踪箭上的瞄准基准。

风摆跟踪装置通常由光电准直管、风摆跟踪电路和执行机构组成，如图 5 – 18 所示。风摆跟踪和方位瞄准共用一个光电准直管，风摆跟踪时调制方式改变，并要增设基准信号转换器。当光电准直管向箭上棱镜发出的扫描调制平行光束被反射回来后，瞄准仪接收返回的光信号，获得瞄准信息。同时，风摆跟踪装置也获得箭上棱镜平移的信息，其光电信号经过光电转换器进行光电转换并经过放大处理后控制电动机转动，然后带动丝杠螺母，驱动光电瞄准仪主机沿导轨横向移动，使之始终对准摆动中的箭（弹）上的直角棱镜。当箭（弹）上直角棱镜的最大摆幅为 200 mm、摆动频率为 0.3 ~ 1.0 Hz 时，通常的风摆跟踪装置的跟踪误差为 10 ~ 20 mm。

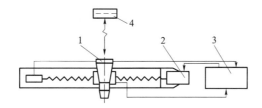

图 5 – 18　风摆跟踪装置的组成示意

1—光电准直管；2—风摆跟踪电路；3—执行机构；4—箭（弹）上的直角棱镜

在"土星V"火箭的地面瞄准设备中，风摆跟踪装置与自动瞄准经纬仪结合在一起，经纬仪内设有五棱镜组件和电子设备。瞄准时，经纬仪除了自动搜索和跟踪设在箭上仪器舱内的两个波罗棱镜外，同时还跟踪设在仪器舱表面、靠近上述两棱镜位置处的摇摆反射棱镜，该棱镜的二向色涂层和自准直仪的滤光器分别将发射出去的光与反射回来的光进行光谱分离，产生一种与火箭摆动方向相同、与摆动大小成正比的电信号，经经纬仪的电子设备处理后，使五棱镜组件自动随火箭同步摆动，自准直仪的小孔始终对准稳定平台的波罗棱镜。在摆动频率为 0.2 Hz 时，跟踪误差为 ±2 cm。

5.3.5　寻北设备

寻北设备用于发射时寻找天文真北，寻找真北的目的是确定射向。主要的寻北和定向设备是陀螺经纬仪，如图 5 – 19 所示。陀螺经纬仪由陀螺和经纬仪两部分组成，其结构形式有 3 种：一种是将陀螺部分安装在经纬仪的下方，另一种是将陀螺安装在经纬仪的上方，还有一种为悬带（悬丝）摆式陀螺罗盘。

当地球以恒定的角速度绕自身自转轴自转时，地球上某纬度上某点的地球自转角速度可分解为水平分量和垂直分量，寻北仪就是通过测量该点的地球自转角速度水平分量来寻到真北方向的。

悬带（悬丝）摆式陀螺罗盘是一种能精确测定地面上任意点真子午线位置的仪器，故在瞄准中广泛用于寻北。它通过给陀螺施加力矩，补偿因地球自转引起的地理坐标系相对于惯性空间产生的运动（角速度一定），使陀螺转子的角动量矢量与当地测点的真子午线方向始终保持一致，从而实现寻北。某些摆式陀螺寻北仪的性能指标见表 5－1。

图 5－19　典型的陀螺经纬仪

1—经纬仪；2—三脚架；3—陀螺寻北仪；4—电源

表 5－1　某些摆式陀螺寻北仪的性能指标

型号和名称	研制单位	精度／（″）	反应时间／min
高精度自动瞄准经纬仪	美国潘金－埃尔默公司	2	—
MARCS 悬带式陀螺寻北仪	美国利尔辛格宇航设备公司	3	12
GYROMAT－2000 悬带式陀螺寻北仪	德国 WBK 矿山测量研究所	3	9.5
MK12－4 悬带式陀螺寻北仪	德国 BGT 公司	60	3
MOMGI－B21 悬带式陀螺寻北仪	匈牙利 MOM 光学厂	5	30
rT－3 磁悬浮式陀螺寻北仪	乌克兰中央设计局	3	35
rT－30 磁悬浮式陀螺寻北仪	乌克兰中央设计局	30	8
GS908 气浮式陀螺寻北仪	英国飞机公司	180	4
GG1 悬带式陀螺寻北仪	瑞士 WILD 公司	60	3
TJ－707 悬带式陀螺寻北仪	中国天津航海仪器研究所	40	6
TXC－1 悬带式陀螺寻北仪	北京航天发射技术研究所等	40～20	8～5
TDJ－83 悬带式陀螺寻北仪	北京航天发射技术研究所	10	20

5.3.6　水平检查设备

水平检查设备有磁性水准器（图 5 - 20）和水平检测仪两种。磁性水准器上设有磁铁，通过磁铁吸附在箭（弹）尾端的水平基面上。这种水准器是靠其气泡位置来显示水平度的，故只能概略地显示出箭（弹）的垂直度。

水平检测仪通过电缆与箭（弹）上的液体摆相连，它通过仪表指针或数字显示箭（弹）的垂直度，精度高于磁性水准器。

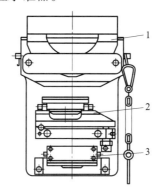

图 5 - 20　典型的磁性水准器示意

1—磁铁；2—30″水准器；3—6′概略水准器

5.3.7　检测训练设备

常用的检测训练设备有直角棱镜装置、测微平行光管和标准正多面体装置等，分别如图 5 - 21 ~ 图 5 - 23 所示。直角棱镜装置用于模拟箭（弹）上的瞄准基面，平时配合光电瞄准仪进行瞄准训练，正式瞄准时配合光电瞄准仪完成功能检查。测微平行光管和标准正多面体装置配合可测定光电瞄准仪的一次水平测角极限误差。

图 5 - 21　直角棱镜装置

1—直角棱镜；2—微动转位机构；3—调平机构

图 5 – 22　典型的测微平行光管

1—对零表；2—测微平行光管；3—标准正多面体；4—瞄准仪；5—导轨

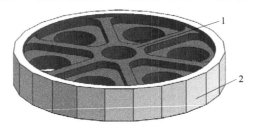

图 5 – 23　典型的标准二十三面体

1—固定孔；2—标准面

5.4　瞄准误差及环境影响检测

5.4.1　方位瞄准总误差检测

方位瞄准总误差指的是箭（弹）上的稳定基面与射向平面之间的角度误差，瞄准误差或瞄准精度对火箭的飞行和导弹的命中精度有直接影响。瞄准精度对导弹命中精度的影响可由式（5 – 1）估算：

$$\sin \frac{\Delta \alpha}{2} = \sin b \times \sin \frac{\Delta a}{2} \qquad (5 - 1)$$

式中　$\Delta \alpha$ ——导弹弹着点相对于规定目标点的球面弧长偏差，km；

　　　b ——导弹的球面射程，km；

　　　Δa ——方位瞄准总误差，（′）。

按式（5 – 1）估算，若导弹射程为 10 000 km，瞄准总误差为 1′，则弹头落点的横向偏差达 1.85 km。

瞄准精度通常分为高、中、低三挡。误差小于 20″为高精度，误差在 20″~40″为中等精度，误差在 40″~60″为低精度。为了使瞄准精度符合箭（弹）提出的要求，瞄准前须检测瞄准系统的精度（误差）。

方位瞄准总误差主要由光电瞄准仪的误差、定位定向误差、射向变换误差构成，其中光电瞄准仪的误差主要由瞄准仪的制造误差和瞄准方法带来的误差构成，包括调平误差、对心误差、高低误差、调焦误差、导轨平移误差、准直误差、两轴平行误差、一次水平测角极限误差、大风跟踪误差等。采用陀螺经纬仪定向时，定位定向误差主要由基准方向的天文方位角平均值误差和对于某一基准方向的天文方位角的一次定向中误差构成，后者又包括基准方向陀螺方位角的一次测定中误差、仪表常数平均值误差和与陀螺特性有关的一次定向中误差。射向变换误差主要由自准直仪对角度变换仪基准直角棱镜的准直误差、角度变换仪一次水平测角极限误差、角度变换仪基准直角棱镜不水平引起的方位误差、自准直仪高低偏差和其他误差构成。上述各项误差分别属于光电瞄准仪误差、定位定向误差、射向变换误差的单项误差，检测出各单项误差后，方位瞄准总误差可由式（5-2）计算：

$$\Delta a_z = \pm K_t \sqrt{\Delta a_x^2 + \Delta a_y^2 + \Delta a_b^2} \tag{5-2}$$

式中　Δa_x——定向误差，（″）；

　　　K_t——环境温度修正系数，一般取 $K_t = 1.2 \sim 1.5$；

　　　Δa_y——瞄准仪误差，（″）；

　　　Δa_b——射向变换误差，（″）。

另一种确定瞄准仪总误差的方法是直接检测法，具体做法是在环境条件大致相同的前提下，同一组操作人员用同一套瞄准设备进行检测，连续检测 n 次，取各次检测结果的算术平均值进行计算，即得瞄准总误差。计算如式（5-3）所示：

$$\Delta a_z = \pm (|\overline{\Delta \alpha}| + 3\sigma) K_t \tag{5-3}$$

式中　$|\overline{\Delta \alpha}|$——各次测量误差的算术平均值，（″）；

　　　σ——检测偏差，$\sigma = \sqrt{\sum_{i=1}^{n} (\Delta a_i - \overline{\Delta \alpha})^2 / (n-1)}$；

　　　Δa_i——各次测量误差。

5.4.2　环境影响检测

投入使用前，需测定气候和环境对瞄准的影响，测试瞄准仪对气候和环境的适应性。

1. 穿雾性能检测

雾对光有极强的吸收作用，并会造成光的散射。瞄准光束从瞄准仪射向箭（弹）上的直角棱镜，再从直角棱镜反射回来，其光程为瞄准距离的两倍。因此，由于雾吸收以及造成散射所引起的光能损失是很大的，有时可达98%。

瞄准仪穿雾性能为

$$C_w = L / R_L \tag{5-4}$$

式中　C_w——瞄准仪的穿雾性能；

L——最大瞄准距离（工作距离），m，$L = R_{\rm L}\ln K/7.824 + L_{\rm g}$；

K——剩余能量倍数；

$R_{\rm L}$——能见度，m；

$L_{\rm g}$——仪器工作距离，m。

由式（5-4）可知，要测定瞄准仪的穿雾能力，首先需测定雾天时的能见度和剩余能量倍数。测定能见度的方法有能见度仪测定法、雾滴谱法和目视法。用能见度仪和雾滴谱法测定时，能见度分别为

$$R_{\rm Ly} = 3.912l/\ln(I_0/I) \qquad (5-5)$$

$$R_{\rm Ld} = Ck\bar{r}/\omega \qquad (5-6)$$

式中 $R_{\rm Ly}$——用能见度仪测定的能见度，m；

$R_{\rm Ld}$——用雾滴谱法测定的能见度，m；

l——能见度仪发光部分与接收部分之间的工作距离，m；

I_0——无雾时能见度仪接收部分得到的光电流，A；

I——有雾时能见度仪接收部分得到的光电流，A；

C——系数，g/（μm·m²），一般取 $C = 2.6$ g/（μm·m²）；

ω——由取样计算而得的大气含水量，g/m³；

k——系数，一般取 $k = 1 \sim 1.5$；

$\bar{r}$——由取样计算而得的雾滴平均半径，μm。

用目视法测定时，从距瞄准仪 30 m 的位置开始，每隔 5 m 距离设一块能见度标牌，标牌之间向同一方向错开。开始观察不到的那块标牌至瞄准仪的距离就是能见度。

检测穿雾性能的场地应是避开风口和建筑群物的开阔地。检测时应将瞄准仪架设在工作间内，直角棱镜装置架设在简易棚。所需架设的直角棱镜装置数目和工作距离取决于检测地点雾天的能见度与预估的瞄准仪光束的穿雾性能。架设时，使每个直角棱镜装置法线在方位上错开 2°，并在同一个高低角上。

典型激光瞄准仪光束穿雾性能的检测结果见表 5-2，该瞄准仪以 4 mW 的氦氖激光器作为准直光源，物镜出射照度为 24 lx，直角棱镜面积为 50 mm × 30 mm，电气放大倍数为 21 000 倍，预估的穿雾性能理论值为 1.337。

表 5-2 典型激光瞄准仪光束穿雾性能的检测结果

次序	目视能见度/m	仪器工作距离/m	仪器剩余能量倍数	剩余能量用尽后仪器最大工作距离/m	穿雾性能值
1	45	50	3.5	57.2	1.271
2	50	50	20	69.1	1.382
3	55	50	6	72.6	1.320

续表

次序	目视能 见度/m	仪器工作 距离/m	仪器剩余 能量倍数	剩余能量用尽后仪器 最大工作距离/m	穿雾性能值
4	50	50	12.7	66.2	1.364
5	50	50	16.9	68.1	1.362
6	50	50	16.9	68.1	1.362
7	50	50	1.7	63.4	1.268
8	50	60	2.6	66.1	1.322

2. 雨天使用性能检测

雨天使用性能测定主要包括如下内容：

1）测定雨对光能、瞄准信号输出幅度和真零点附近灵敏度的影响；

2）检查雨对箭（弹）上窗口平板玻璃和瞄准操作间瞄准窗口平板玻璃光穿透率的影响；

3）检查雨对瞄准电缆绝缘的影响，降雨强度一般取 8～16 mm/h。

测定表明，光束穿过雨后造成的光能损失比穿过雾后造成的损失小，通常为 30% 左右。同时，当箭（弹）上窗口平板玻璃和瞄准操作间瞄准窗口的平板玻璃被雨水淋湿或者结露，光束穿过时其穿透率也会受到影响。为此，通常要在平板玻璃上镀上憎水层，或采用导电玻璃。

5.5　各种发射方式下的地面瞄准

5.5.1　固定场坪发射的瞄准

固定场坪发射的瞄准分为有依托瞄准和无依托瞄准两种，所谓有依托就是场地标有瞄准的地理基准点，这些基准点包括发射点 F、瞄准点 M、基准点 G、检测点 J 和真北方向 N，如图 5-24 所示。

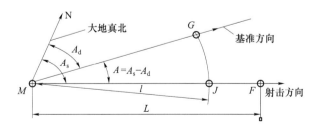

图 5-24　射向与真北方向和基准方向的关系

这种有依托瞄准通常采用光电准直的斜瞄。先进行粗瞄，然后再进行精瞄，即先通过发射台回转，使对称基面与射向平面大致平行，然后再驱动陀螺稳定平台台体，直至稳定基面与射向平面精确平行。精瞄要一直跟踪至箭（弹）点火起飞。

瞄准所用设备包括瞄准仪、基座、导轨、CCD 图像显示仪、方位角数字显示仪、瞄准信号放大器、瞄准信号显示仪、标杆、电源转接箱和导轨调速箱等。

瞄准仪架设在瞄准点 M 上。为稳妥可靠，通常都采用双机同时瞄准，瞄准操作间内一般标有两个固定瞄准点，在瞄准点上分别架设主、副机两台瞄准仪，两台瞄准仪同时进行瞄准，互为备份。

为减少大气流抖动对瞄准光束的影响，瞄准操作间的位置一般高出发射场坪4～5 m。为了提高瞄准精度和防止发射时燃气流对瞄准设备造成影响，瞄准操作间与箭（弹）之间的水平距离一般为 100～150 m。

1. 定向与变向

定向前将瞄准仪架设在瞄准点上并对中，再将标杆仪分别架设在基准点和检测点上，如图 5 – 25 所示。

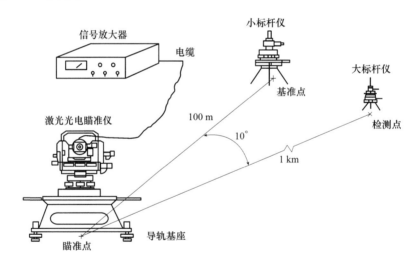

图 5 – 25　典型光电瞄准设备的架设方式示意

架设并检查后使瞄准仪的自准直望远镜对准架设在基准点上的标杆仪，此时自准直望远镜的视轴即为基准方向。基准方向与射向之间的夹角 A 是预先精确给定的，瞄准仪的方位测角装置将该射向方位角装定后，自准直望远镜的视轴便位于射击（向）平面上。如瞄准仪不带方位测角装置，则瞄准仪可直接对准架在检测点上的标杆仪，直接建立射向或射击方向。

采取有依托的固定场坪发射方式时，有时也需要临时改变原先确定的射向，但变换角度通常不会太大，一般小于 2°。变向通常采用多点法和平移法，采用多点法变向时，要预先设置若干个射向的瞄准点（即瞄准仪架设点），根据不同的射向要求，将光电瞄准仪架设在相应的瞄准点上进行瞄准。采用平移法变向时，如果射向要变换某一角度，则需将光电瞄准仪平移对应的一段距离。如图 5 – 26 所示，设变换前光电瞄准仪架设在点 M，标定的射向角为 α_{s1}。要变换射向时，将光电瞄准仪转动一个角度，使之与架设在点 B 上的自准直仪对瞄，然后将光电瞄准仪平移到 M_d 点，使之再次与自准直仪对瞄，最后光电瞄准仪沿顺时针方向装定一个 $(\beta - \Delta\alpha)$ 角，使光电轴对准新的射向。M 点至 M_d 的距离 a 由式（5 – 7）确定：

$$a = L \cdot \tan \Delta\alpha \tag{5 – 7}$$

式中　L ——瞄准点到发射点的水平距离，m；

　　　$\Delta\alpha$ ——射向变换角，（°）。

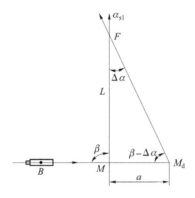

图 5 – 26　射向平移变换法图解

2. 方位瞄准

为了提高瞄准精度和防止发射时燃气流危及瞄准设备，有依托固定场坪发射的瞄准通常采用远距离半自动光电瞄准方案，用光电准直法进行瞄准。瞄准仪通常采用激光等亮度高、方向性好的准直点光源。

粗瞄通常在箭（弹）完成垂直度调整后进行。粗瞄时令发射台回转，同时使瞄准仪光源发出的平行光束射向箭（弹）上的直角棱镜。从瞄准仪目镜观察自准直光束光点的位置，如果光点基本位于自准直望远镜十字线中心，放大器敏区指示灯亮，电表指针指示一定数值（图 5 – 9），表明箭（弹）的对称基面与射向平面已大致平行。瞄准时用仪表、灯光和音响分别指示瞄准情况，并将瞄准信号远距离传递到发射控制台。

精瞄通常在射前 8 h 和射前 20 min 时进行，其中射前 20 min 精瞄后要一直跟踪到箭（弹）点火起飞。进行精瞄时，给箭（弹）上的陀螺稳定平台加电，使平台的台体转动，瞄准仪光源发出的平行光束射向箭（弹）上的直角棱镜。当返回的光束在分光板上呈现出影像并与十字线重合时，瞄准仪的放大器敏区指示灯亮，电表指针指示为零或放大器电表指针在零位左右基本对称偏摆，表明直角棱镜的主截面平行于自准直望远镜的自准直轴，陀螺稳定平台惯性坐标系的稳定基面已与射向平面精确平行。

在大风环境下，竖立在发射台上的大型箭（弹）将会出现较大的摆动。为了使光电瞄准仪的光束能跟踪和对准摆动着的箭（弹）上的直角棱镜，通常要设置光电瞄准仪的风摆跟踪装置，将瞄准仪架在它的上面进行瞄准。另外，考虑到箭（弹）在大风下产生的最大摆动量以及日照引起的最大变形量，光电瞄准仪导轨允许的平移量通常为 ±120 mm。

"土星"火箭采用固定场坪发射方式，但场坪为无依托场坪，故采用瞄准经纬仪进行瞄准，瞄准仪架设在地下室内，距火箭底部约232 m。

5.5.2 地下井发射的瞄准

1. 定向与变向

地下井发射或地下井贮存、井口发射箭（弹）时均采用井下瞄准的方式，这样可以缩短箭（弹）在发射前的露空时间。

井下瞄准通常为无依托的地面瞄准，因为要做到有依托，就要采用大地测量标定法在井口场坪上预先标定固定的基准点，而瞄准时就要将地面上的基准点传递到井下，这样就会带来传递次数多、瞄准误差大的问题，也会增加发射前的露空时间。

井下瞄准定向方法有天文测定方法和陀螺寻北方法。天文测定方法就是通过观测太阳或北极星时角，或者通过观测太阳高度来测定方位，为此就要从井下的瞄准间至地面开通一条能观测天文或观测北极星的圆锥形（其椭圆长轴长度至少为2 m）光束通道，从而降低了地下井抵抗核爆地震波的能力。另外，天文测定方法还会受到气候条件的制约，不能做到全天候发射。因此，井下瞄准多采用陀螺寻北方法，而较少采用天文测定方法。陀螺寻北的原理是用快速陀螺罗盘感应出地球自转角速度矢量，以此作为地理方位基准。

井下瞄准时，瞄准仪架设在井下的瞄准操作间内，瞄准距离约为3 m。瞄准操作间设有瞄准窗口，其位置与箭（弹）上直角棱镜的位置相对应，两者基本等高，如图5-27所示。瞄准窗口的数量和大小通常根据射向范围而定，不宜过多和过大，否则会降低井的强度和抗核爆地震波的能力。在确定瞄准窗口的数量和大小时一般要考虑箭（弹）、发射台纵轴线的制造与安装偏差以及井的施工偏差，考虑光电瞄准仪通光口径的影响。若射向变换角为30°，只需开设1个瞄准窗口，使其对井中心的张角为35°，就能满足不连续射面4×45°的射向变换。若要求射向变换±180°，则要开设3个瞄准窗口，每个窗口的张角为35°，相邻窗口之间的夹角为60°，以免出现瞄准盲区。

瞄准前还要在瞄准操作间的地面上画定一条以地下井中心为原点的圆弧线，并标出相应的角度，如图5-28所示。同时，要在井壁上与瞄准窗口对应的位置设置3个基准直角棱镜装置，供互检时使用。例如，陀螺定向经纬仪架设在点3处，就可标定和

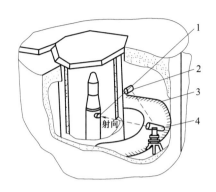

图 5 - 27　地下井的瞄准设备架设

1—直角棱镜；2—基准直角棱镜装置；3—圆弧线；4—光电瞄准仪

检验基准直角棱镜装置 b 和 c；同理，如陀螺定向经纬仪架设在点 2 处，则可标定与检验基准直角棱镜装置 a 和 b，架设在点 1 处，可标定与检验基准直角棱镜装置 a 和 c。

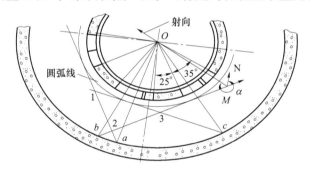

图 5 - 28　地下井发射的射向变换

定向前，将陀螺定向经纬仪与瞄准仪分别架设在 T 点和 M 点，如图 5 - 29 所示。定向时，先用陀螺寻北仪测定天文方位角 α_d，并将它传递给固定在井壁上的基准直角棱镜装置。定向时将陀螺定向经纬仪架设在 T 点，对基准直角棱镜装置进行校验，然后与架设在 M 点的光电瞄准仪对瞄，将方位信号传递给瞄准仪。光电瞄准仪也可直接从基准直角棱镜装置获得方位信号。光电瞄准仪装定 γ 角后即可得到射向，其中 $\gamma = \alpha_s - \alpha_d - \beta + 180°$。

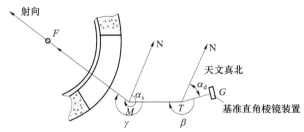

图 5 - 29　地下井发射的定向

如前所述，为适应变换射向的需求，井内瞄准间设有多个瞄准窗口，井壁上设有多个基准直角棱镜装置。同时，在陀螺稳定平台台体轴的 4 个象限位置各装有 4 块直角棱镜，各直角棱镜相互垂直。

2. 方位瞄准

地下井的方位瞄准通常采用近距离半自动瞄准方案，先进行粗瞄再进行精瞄。粗瞄时转动发射台，瞄准仪光源发出的平行光束射向箭（弹）上的直角棱镜，从瞄准仪目镜观察自准直光束光点的位置，如果光点基本位于自准直望远镜十字线中心，放大器敏区指示灯亮，电表指针指示一定数值，表明箭（弹）的对称基面与射向平面已大致平行。

精瞄通常在射前 8 h 和射前 20 min 时进行，其中射前 20 min 精瞄后要一直跟踪到箭（弹）射前 2 min。精瞄时箭（弹）上的陀螺稳定平台加电，使其台体转动，瞄准仪光源发出的平行光束射向箭（弹）上的直角棱镜。当返回的光束在分划板上呈现出影像并与十字线中心重合，放大器敏区指示灯亮，电表指针指示为零，或放大器电表指针在零位左右基本对称偏摆，表明直角棱镜的主截面平行于自准直望远镜的自准直轴，陀螺稳定平台惯性坐标系的稳定基面已与射向平面精确平行。

为了防止发射时燃气流危及瞄准设备，瞄准窗应能由发射控制台远控关闭。另外，考虑到井的施工偏差、箭（弹）的制造和安装偏差（偏心与倾斜），瞄准仪在导轨上的允许平移量通常为 ±50 mm。

5.5.3　地面机动发射的瞄准

陆地机动发射分为有依托机动（即有限机动）和无依托机动（即随机机动）两种，对于有依托机动方式，其瞄准方法与有依托场坪发射时的瞄准类似，只是定向精度偏低。

无依托机动发射中是否能做到快速定向和快速对准（瞄准），决定着武器系统的机动性、快速反应能力、生存能力和作战效能。在无依托条件下，外部基准的引入需利用天文测定方位或利用快速陀螺罗盘感应出地球自转角速度矢量。天文测定方法就是通过观测太阳或北极星时角或者通过观测太阳高度来测定方位，这种方法精度高，但受天气条件及观测的影响较大，不能满足全天候发射要求，不适用于箭（弹）的机动发射。国内外普遍采用第二种方法，即利用快速陀螺罗盘感应出地球自转角速度矢量作为地理方位基准，再通过光电瞄准设备将该基准装定到箭（弹）的惯性系统中。

美国"潘兴 1A"导弹为中程机动发射弹道式导弹，与"民兵-1"导弹系统相比，最重大的改进就是增加了陀螺罗盘自动定向系统和连续发射转换装置，使得其发射时可自动确定发射车的方位，可以在事先无准备的地点发射。苏联在部署"SS-20"机动弹道式导弹时，其导弹系统也采用了陀螺罗盘自动定向的全自动瞄准方案，陀螺罗盘的落地、调平、寻北、方位引出、垂直传递以及水平近距离瞄准等过程均自动进行。

20 世纪 80 年代末，陀螺罗盘定向方位瞄准技术与 GPS 技术、惯性制导加星光修正技术相结合，使机动发射导弹的瞄准技术得到进一步提高。我国在无依托方位瞄准技术的研究方面已取得了长足的进步，有关技术已应用到机动发射的箭（弹）系统中。

地面无依托机动发射通常采用瞄准车瞄准，瞄准车上的瞄准设备一般包括光电瞄准仪、角度变换仪、自准直仪、标杆仪、磁性水准器和水平检测仪等。用瞄准车既可缩短发射准备时间，又给操作提供了良好环境。

1. 定向与变向

对于无依托机动发射的瞄准，首先要寻北标定射向和定位发射点。如图 5 – 30 和图 5 – 31 所示，在发射阵地任意点 T 上架设陀螺定向经纬仪，测定天文真北后装定已知的 σ_r 角，所得方向即为射向。在距 T 点不远的任意点 M 上架设光电瞄准仪，使之与设在 T 点的陀螺定向经纬仪对瞄，用陀螺定向经纬仪测定角度 β，然后由光电瞄准仪装定（$180° - \beta$）角得出射向，从 M 点量出距离 L 得到 F 点，F 点为发射车对中点，即发射点。

由于发射阵地的场坪一般较小，适于采用中距离半自动或自动瞄准方案，距离 L 通常为 20 ~ 40 m。

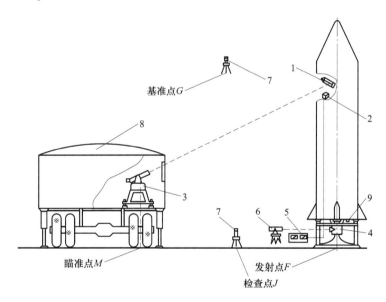

图 5 – 30　瞄准设备在阵地上的布置示意

1—箭（弹）上的直角棱镜；2—箭（弹）上的液体摆；3—光电瞄准仪；4—角度变换仪；
5—水平检测仪；6—自准直仪；7—标杆仪；8—瞄准车；9—磁性水准器

由于受到发射阵地地形的限制，常用的变向方法有两种。第一种方法是在箭（弹）尾端面中心安装一个角度变换仪，变向前使地面上的自准直仪与角度变换仪上的基准直角棱镜准直。根据变向要求，基准直角棱镜准直装定变换角 $\Delta\alpha$，然后转动发射台，

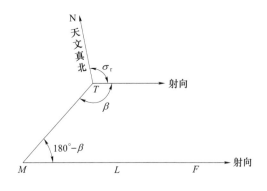

图 5 – 31　射向标定法图解

使代表新射向的基准直角棱镜与地面上的自准直仪准直，如图 5 – 32 所示。这种方法可在 ±180° 内变向，但变换时间较长。第二种方法是用箭（弹）上的计算机装定射向变换角，箭（弹）起飞后自行滚动变向。

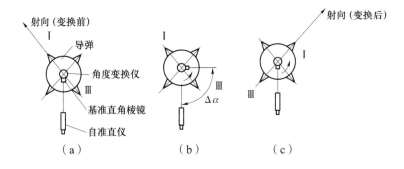

图 5 – 32　地面机动发射的射向变换图解

（a）变射向前；（b）通过角度变换仪装定射向变换角 $\Delta\alpha$；（c）变射向后

2. 方位瞄准

由于发射阵地的场坪一般较小，故这种无依托的方位瞄准通常采用中距离半自动瞄准方式，其瞄准方法与其他场合下的地面瞄准相仿，即通过转动发射台完成方位瞄准。瞄准时由仪器仪表显示瞄准情况，并将瞄准信息传递到发射控制台上。

机动发射车将箭（弹）起竖后，箭（弹）纵轴线的投影点通常会偏离发射点。为此，光电瞄准仪导轨的平移量通常取为 ±80 mm。

使用对瞄准车的要求是：①光学瞄准仪应小型化，既能在车上瞄准，又能在地上瞄准，其光学对心镜应具有调焦机构，满足瞄准车对质心高度的要求；②车厢侧壁应设有可上下、左右调节的瞄准窗，瞄准窗上应设光学平板玻璃；③为提高光电瞄准仪在车内工作的稳定性，使其保持水平状态，瞄准车前、后应设 4 个或 8 个可调液压千斤顶，或者设置瞄准仪器升降工作台；④车上应设有快速收放电缆的电缆盘以及空调、排风、照明和供暖等设备。

第6章 地面供配电技术

6.1 概　述

在箭（弹）测试和发射的各个阶段，包括箭（弹）的吊装、转载、起竖、弹头加温、装填和提升、瞄准、测试、推进剂加注、供气、箭（弹）上的电池充电、发射控制、通信和跟踪等均需要用电。地面供配电系统的任务就是为箭（弹）及各地面发射支持系统、试验场（或发射场）和发射地的所有设备设施供应与配送不同要求的电能。

试验场和发射阵地的供电方式有三种，即集中式供电、分散式供电和混合式供电。

集中式供电又分辐射形供电和环形供电两种。集中式供电即在试验场或发射阵地的适当位置设置一个或几个电站，几个电站并联运行，统一由电站向各用电单元和设备供电。对于铁路机动发射、舰艇或海上平台机动发射和空射，通常采取辐射形供电方式。辐射形供电可靠性较高，较为经济。环形供电虽然对每个负荷采用双回路供电，线路的可靠性比辐射形供电线路高，但因输电线路长度较长，芯线截面积较大，故很少采用。

分散式供电即在试验场或发射阵地的不同位置分别设置电站，各电站独立运行，分别向各用电单元和设备供电。公路或越野机动发射通常采用分散式供电方式，如发射车、发射控制车、瞄准车等机动发射设备上均设一个独立的电站，或者将其中的几辆车划为一个单元，由设有电站的车辆供电。这种供电方式所需的输电电缆少，可缩短发射准备时间和撤收时间。分散式供电的可靠性和经济性要低于集中式供电。

当有些用电单元和设备对电能品质要求特别高，集中式供电难以满足其要求时，需采用集中与分散相结合的混合式供电方式，即对一些用电单元采取集中供电，而对另一些用电单元由精密电源单独供电。固定场坪发射和地下井发射时通常采取这种供电方式。

6.2 用电单元和用电要求

试验场技术区的用电设施和场所通常有总装测试厂房、测试站、转载间、测试和发射控制楼、整流罩总装测试厂房、有效载荷处理和推进剂加注厂房、逃逸塔总装测试厂房（发射载人飞船时）、火工品测试间等，其用电单元主要集中在这些设施和场所的地面设备中，包括转载、吊装、装填、测试、有效载荷和姿控发动机贮箱的推进剂加注、供配气设备等。

与技术区相比，发射区的用电单元较多而分散，且所需供电容量大，要求的供电时间长，供电品质和可靠性要求更高。发射区的用电单元主要包括以下几种：

（1）发射工位：塔架或地下井、发射台或发射平台、尾端供气设备、通风设备、照明设备、消防设备、通信设备、起重机、升降机等；

（2）瞄准操作间：瞄准设备、照明设备、通信设备、瞄准窗口控制等；

（3）各种推进剂的加注场地：加注泵、配气台、阀门、测试传感器、消防设备、维修保养和测试设备等；

（4）各种推进剂库：加注泵、配气台、阀门、测试传感器、控制设备、通风设备、照明设备、通信设备、加温设备、浓度监测设备和废气废液处理设备等；

（5）塔架或地下井各层：供气设备、加注设备、监测与控制设备等；

（6）测试、控制和指挥中心：地面动力测控设备、地面测试发射－控制设备、遥测系统设备、外测系统设备、推进剂利用系统设备、通信设备、时统系统设备、照明设备、安全防护系统设备（包括通风、空调、消防、浓度监测与报警和废液废气处理等）等；

（7）箭（弹）：惯性平台温控电路、箭（弹）上的控制系统、稳定系统的各种仪器、数控装置和程配装置、平台系统的电动机、平台系统回路、平台随动回路、各级的伺服机构、点火电路和紧急关机电路等；

（8）气瓶库：配气台、压缩机车、照明设备、通信设备等；

（9）地面保障系统（含特种气体制备以及加工、维修保养和试验等）和生活、工作设施；

（10）箭（弹）上各系统的电池。

对于公路机动和越野机动发射，供电单元大部分集中在发射车、瞄准设备或瞄准车和箭（弹）上。对于铁路机动发射、舰艇和海上平台发射与空射，由于主要地面设备都设在铁路车、舰艇、总装测试船和海上平台与飞机上，故用电单元较少且较为集中，供电线路短，供电容量相对较小。

上述用电单元分为三类。Ⅰ类用电单元包括控制系统的测试设备、发射控制设备和遥测遥控设备等。这些设备多为电子设备，对发射的成败有直接影响，故对供电品质和供电的可靠性要求高。Ⅱ类用电单元主要为动力设备，要求电源能承受较大的过载冲击，而对供电品质的要求不高。Ⅲ类用电单元主要是维护修理和生活用电设施等。

各用电单元对供电的要求包括电的种类（交流或直流）、电压、电流、频率、稳压范围、电压稳压度、负载稳定度、过流过压保护值、相数以及控制要求等。同时，要求供电具有高稳定性和高可靠性，尤其是对箭（弹）上的仪器仪表供电，不能由于电源故障而贻误正常测试与点火发射，更不能因为电源故障而损坏箭（弹）上的仪器设备。典型箭（弹）系统对供电品质的要求见表 6 - 1。

表 6 - 1 典型箭（弹）系统对供电品质的要求

品质参数	工频交流	中频交流	直　流
额定电压/V	380/220	208/120	28
额定频率/Hz	50	500	—
静态电压调整率/%	± 3	± 3	± 1
动态电压调整率/%	±（15～20）	±（15～20）	±（20～25）
静态频率调整率/%	± 3	± 3	—
动态频率调整率/%	±（5～7）	±（5～7）	—
波纹正弦畸变率/%	5	5	—
波纹系数（峰 - 峰）/%	—	—	1～2

6.3 供电系统组成及其特点

地面供电系统通常由一次电源、配电设备、输电设备、变电设备、充放电设备和二次电源等部分组成。典型的地面供配电系统示意如图 6 - 1 所示。

对于固定场坪发射、地下井井下和井口发射，地面供配电系统的一次电源通常为工业网络电和发电机组；对于无工业网络电的导弹发射阵地，一次电源则为电站。为提高供电的可靠性，供电系统通常设有备份电站和备份电源。

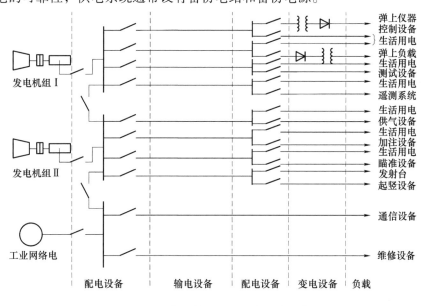

图 6 - 1 典型的地面供配电系统示意

配电设备通常由断路器、接触器和继电器等部分组成，其任务是按要求将电能合理地分配给各用电单元或设备。根据不同的情况，配电设备有时独立设置，有时则附属在发电设备或变电设备上。输电设备通常为电缆或电线和接插件等。

箭（弹）和地面发射支持系统的各用电单元对电压、频率和电能品质、稳定性和可靠性的要求是不同的，有些单元要求较高，需要通过变电设备改变一次电源的电压、频率、电流性质和电能品质，提高稳定性和可靠性，以满足不同单元对用电的要求。

变电设备通常亦称二次电源，常用的二次电源有变压器、变频机组、电源变换器。电源变换器包含整流设备、开关电源（AC/DC、DC/DC）、逆变电源（AC/AC、DC/AC）。在这些变电设备中，变压器用于改变电压（有时仅仅是为了隔离干扰而设置），变频机组用于改变频率，电源变换器（整流设备、开关电源、逆变器）用于改变电流性质。二次电源应满足用电设备对电能品质的要求。

用于对箭（弹）供电的直流稳压电源和中频交流电源通常配置在地面测试－发射控制系统中，典型的地面测试－发射控制系统框图如图 6－2 所示。该系统配置了三种不同功率的直流稳压电源和两种不同功率的中频交流电源，各种电源均采用双机冗余，具有自动切换和限压、过压保护和过流保护功能。其中直流电源的额定电流分别为60 A、250 A 和40 A，主要为箭上的惯性平台温控电路、控制系统电路、稳定系统各仪器仪表、数控装置和程配、平台系统的电动机、平台系统的回路、火工品电路、电池充电电路和平台随动回路等单元供电。中频交流电源由发电机组、供电控制柜和控制屏组成，电频率为 500 Hz，主要为一、三级伺服机构供电。典型的中频交流电源组合和连接如图 6－3 所示。其中 8C95－3A 为中频控制屏，8C96－3A 为伺服机构供电控制柜。

在该系统中，交流、直流电源与配转机柜相连，而配转机柜又分别与箭上的各用电单元和地面的发控台相连。发控台可对电源进行遥控和调整，并可进行电压测量和CAMAC 测试。这些电源还带动一系列的继电器，当箭上的各用电单元供电良好时，发控台上的指示灯就会发出供电良好的信号。

在箭（弹）的地面测试和发射过程中，除了在传输和分配中损耗少部分电能以外，一次电源所发出的电能大部分供给了用电单元和设备。这些单元和设备所消耗的功率一般随系统电压和频率的变化而变化，这种特性称为负荷的电压和频率特性。由于地面测试与发射均按规定的时间和程序进行，故负荷随时间的变化通常是有规律的，具有间断性供电的特点。

箭（弹）的地面供配电系统特点如下：①要求对环境的适应性强，尤其是机动发射导弹，地面供电系统和设备要适应高海拔、高温、低温和风、霜、雨、雪、雾、盐雾等气候与环境条件，并能承受运输引起的振动与冲击；②因系统受负荷的干扰较大，

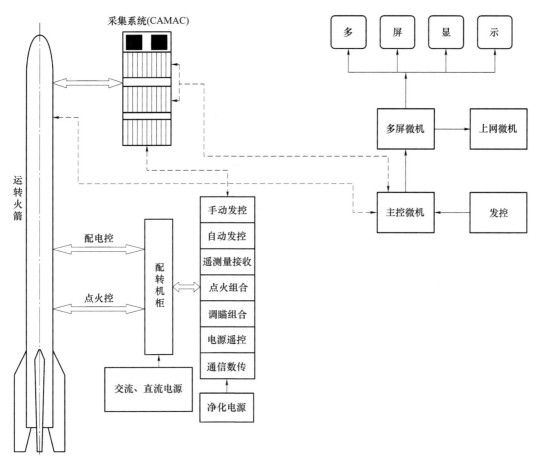

图 6-2 典型的地面测试-发射控制系统框图

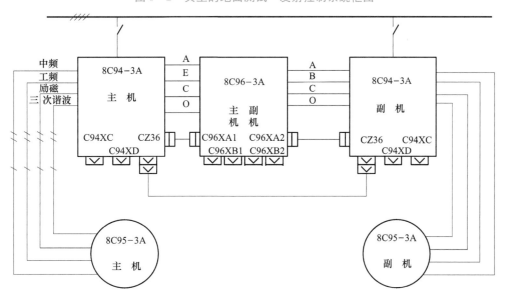

图 6-3 典型的中频交流电源组合和连接

供电品质易受影响，故要求系统有较好的运行稳定性，在受到大负荷干扰时不会发生失稳，并有较好的电磁兼容性；③传输线路较长，线路的压降较大，尤其是直流电传输，线路的最大压降可达额定值的30%，故直流电源往往需要采取负载端稳压措施；④需要的电压、电流和频率等种类较多，电压的等级较低，供电品种有工频交流电、中频交流电和直流电等；⑤用电单元对电的品质要求高，尤其是箭（弹）上的仪器仪表和地面测试－发射控制系统，对电压、频率和波形等的要求都十分严格；⑥可靠性要求高，不能出现供电中断的现象，也不能因为系统故障而损坏箭（弹）上的仪器仪表，通常要求供电的可靠度为0.98以上。

6.4　地面电源

6.4.1　固定式电站和移动式电站

电站是地面电源中的一次电源。在地面供配电系统中，电站大多用于对各发射支持系统和设备设施供电。对于有工业网络电的场合，电站是工业网络电的备份电源。对于无工业网络电的场合，电站是唯一的一次电源。为了保证供电的可靠性，通常要设置备份电站。对电站使用要求主要包括以下几点。

1）应适应各种环境条件，包括高低温、高海拔以及风、霜、雨、雾、盐雾等。海拔一般为2 000～4 000 m，环境温度一般为－30 ℃～40 ℃。

2）电气性能要求：

（1）能以额定方式连续运行12 h，其中包括在过载10%情况下运行1 h。在连续运行超过12 h时，其输出功率不应超过原动机额定功率的90%。

（2）允许三相之间有25%的不平衡负载，且此时线电压的最大（或最小）值与三相线电压平均值之差应不超过三相线电压的平均值的5%。

（3）供电电压和频率指标不低于表6－2中的Ⅱ、Ⅲ类要求。

（4）空载电压整定范围为额定电压值的95%～105%。

（5）空载运行时，额定线电压波形正弦性畸变应不大于10%。

（6）如需要设置两个同型号、同规格的电站并联运行，则应能在额定功率因数和额定总功率的20%～100%稳定运行，其有功功率和无功功率的分配差均不大于±10%，并能平稳转移有功功率和无功功率。

表 6 – 2 对各类电站电压和频率指标的要求

类别与原动机种类		电 压				频 率			
		稳态调整率/%	瞬态调整率/%	稳定时间/s	波动率/%	稳态调整率/%	瞬态调整率/%	稳定时间/s	波动率/%
I	柴油机	±1	±15	0.5	0.5	0.5	±3	2	0.25
	汽油机					1	±5		0.5
II	柴油机	±1	±20	0.5	0.5	1	±5	3	0.5
	汽油机					2	±10		0.75
III	柴油机	±3	±20	1	0.5	3	±7	5	0.5
	汽油机					4	±15		1

注：1. 空载至额定负载的 25% 时，电压与频率波动率允许比表中指标大 0.5%。
　　2. 计算稳定电压和频率调整率时，不包括由冷态到热态的变化。所谓冷态是指电站运行前各部分的温度与环境温度差不超过 3 ℃ 的状态，热态是指电站在额定方式下连续运行各部分的温升速度不超过 1 ℃/h 的状态。
　　3. 电站以额定方式运行时，由冷态到热态的电压变化应不超过额定电压的 ±2%。

3）可靠性指标不低于要求值。电站属于指数寿命型产品，箭（弹）地面供电系统分配给电站的可靠性指标一般为 0.995。

4）安全性要求应满足下列条件：

（1）对可能发生的超速、欠压、过压、欠频、过载、短路、油和水的温度过高以及油压过低等应有必要的保护措施。

（2）各独立电气回路对地或回路间应能承受表 6 – 3 规定的试验电压值。绝缘介电强度试验时，电频率为 50 Hz，波形为实际正弦波，历时 1 min 应无击穿或闪络现象。

（3）绝缘电阻不应低于表 6 – 4 的规定值。

表 6 – 3 耐压试验要求　　　　　　　　　　　　　　　　　　　　V

回路额定电压	试验电压
$U \leqslant 60$	500
$60 < U \leqslant 125$	1 000
$125 < U \leqslant 500$	1 000 + 2 倍额定电压

表 6 - 4 绝缘电阻要求

项　目	部　位	条　件	绝缘电阻/MΩ
冷态绝缘电阻	各独立电气回路对地或回路间	环境温度为 15 ℃ ~ 35 ℃ 相对湿度为 45% ~ 75%	2
		环境温度为 25 ℃ 相对湿度为 95%	电站额定电压/1 000，小于 0.33 时按 0.33 计
热态绝缘电阻	各独立电气回路对地或回路间	热态	0.5

5）质量和外形尺寸要求：固定电站和移动式电站装铁路车运输时应符合铁路限界要求，移动式电站应满足通过性要求。

6）耐振动冲击要求：在下列条件下，电站各部分不应出现故障：移动式电站经 1 500 km 路程跑车试验、固定电站经 500 km 路程跑车试验，其中 60% 路程为不平坦的土路和坎坷不平的碎石路，40% 路程为柏油（或水泥）路。不平坦的土路和坎坷不平的碎石路上的行驶速度为 20 ~ 30 km/h，在柏油（或水泥）路上的行驶速度为 50 ~ 60 km/h。

7）对启动性能的要求：柴油机电站在环境温度不低于 5 ℃时最多经 3 次应启动成功，汽油机电站在环境温度不低于 -5 ℃时最多经 3 次应启动成功。

8）其他要求：如电站应有减振措施，运行时振幅应不大于 0.5 mm，噪声应不高于表 6 - 5 中的规定值；电站应有防侦察手段，如伪装和防红外侦察措施等；应有抑制无线电干扰和电子辐射干扰的措施，其干扰电压和干扰场强应分别不大于表 6 - 6 和表 6 - 7 中的规定值。

表 6 - 5 电站噪声规定值

电站形式		噪声允许值/dB	测　点	
			距离/m	高度/m
汽车式电站和箱式挂车电站	隔室操作	96	距控制屏正面中心 0.5	距地面 1.0
	非隔室操作	105	控制屏设在机组上时距控制屏正面中心最远的距离；控制屏落地设置时距发电机端最远的距离	距地面 1.0
罩式挂车电站		102	1（距电站两侧和发电机后端）	距地面 1.65
发电机组		102	1（距机组两侧和发电机后端）	距地面 1.0

表 6 - 6　端子端无线电干扰电压规定值

频率/MHz	端子端干扰电压/μV	端子端干扰场强/dB	频率/MHz	端子端干扰电压/μV	端子端干扰场强/dB
0.15	3 000	69.5	1.5	680	56.7
0.25	1 800	65.1	2.5	550	54.8
0.35	1 400	62.9	3.5	420	54
0.6	920	59	5	400	52
0.8	830	58	10	400	52
1.0	770	58	30	400	52

表 6 - 7　辐射干扰场强规定值

频率/MHz	0.15 ~ 0.5	0.5 ~ 2.5	2.5 ~ 20	20 ~ 300
干扰/ (μV · m⁻¹)	100	50	20	50
场强/dB	40	34	20	34

地面供配电系统的电站有两种，即固定式交流电站和移动式交流电站，移动式电站又分为汽车式电站和挂车（箱式挂车和罩式挂车）式电站两种。按发电的电频率分，有工频交流电站、中频交流电站和双频交流电站。我国采用的工频为 50 Hz，中频为 400 ~ 500 Hz，双频为 50 Hz 和 400 Hz。

固定式电站多用于固定发射，移动式电站则多用于机动发射。在地面供配电系统中，通常采用工频电站作为一次电源，很少采用中频电站和双频电站。

电站通常由原动机、发电机、联轴节、机组底座、发电机的励磁调节装置和电站控制设备等部分组成。原动机有内燃机和燃气涡轮发动机，内燃机又分为汽油机和柴油机。发电机一般为三相同步发电机，旋转磁场式结构，转速多为 1 500 r/min。

燃气涡轮发动机的优点是：①质量和体积小，便于移动，机动性强；②用水量少，甚至可不用水，特别适用于沙漠等干旱地区；③能用重油、原油、煤气和核燃料等多种廉价燃料，排气中除二氧化氮外，其他成分对环境无污染；④启动快，易实现集中控制、程序控制和远程控制，从冷态启动到加速至满载运行，时间只需要 3 ~ 15 min；⑤转速高（一般在 8 000 r/min 以上）、振动小和噪声低，电站噪声一般为 80 ~ 90 dB。缺点是：①热效率低（一般只有30%）；②燃料消耗率较高；③由镍、铬和钴等稀贵金属材料制成的高温元件寿命较短，使这种原动机的可靠性较低；④经济性较差。由于可靠性有待提高，故目前的电站一般都采用柴油内燃机为原动机，只有少数场合采用燃气涡轮发动机。另外，以汽油机为原动机的电站发电容量小，不能满足箭（弹）发射使用，故通常只有小容量电站采用。

6.4.2　二次电源

在地面供配电系统中，二次电源通常有直流稳压电源和中频交流电源。直流稳压电源既用于对各发射支持系统和设备设施供电，也用于测试和发射时对箭（弹）供电。中频交流电源则是专门为地面测试 – 发射控制系统配套的，它的任务是在测试和发射时为箭（弹）上仪器仪表供电。

各种型号规格的直流稳压电源和中频交流电源数量少则十几台，多则几十台。用于向各发射支持系统和设备、设施供电的电源（主要是直流稳压电源）大部分可从有关厂家的产品中选用，而对在测试和发射时为箭（弹）上仪器仪表供电的直流稳压电源和中频交流电源，由于供电单元的要求特殊，对电的品质、供电稳定性和可靠性要求高，通用产品难以满足要求，故往往需要专门设计和研制。

1. 直流稳压电源

按调压方式分，直流稳压电源有晶闸管式、晶体管式、高频场效应管式和 IGBT 高频开关式电源以及直流电机等。20 世纪 80 年代以前，地面供配电系统广泛采用晶闸管式直流电源。相对于当时的直流电机、磁饱和电抗器式电源而言，晶闸管式直流电源具有体积和质量都较小、效率高、容量大、调节性能好以及元件耐高压等优点。20 世纪 80 – 90 年代，随着电力电子技术的发展以及晶体管、高频场效应管和大功率 IGBT 管的相继出现，晶闸管直流电源大多被大功率晶体管式直流电源所取代。与晶闸管式电源相比，晶体管式直流电源的稳定性更好，纹波电压更小。到了 20 世纪 90 年代，研制了采用 V – MOS 和 IGBT 的高频开关电源，这种电源体积和质量都较小，已成为目前国内箭（弹）地面供电系统采用的主打电源。

电源的整流电路有单相半控式整流回路、单相全桥式整流回路、三相半控桥式整流电路、三相全控桥式整流电路、六相半波整流电路和双反星形带平衡电抗器的整流电路等。

对于中等容量的直流稳压电源，采用单相桥式整流回路较为经济。单相桥式整流又分为全控桥式和半控桥式，其中半控桥式用得较多。与单相整流回路相比，三相整流回路脉动小，每个可控元件的额定电流也小，更适用于中等容量的直流稳压电源。

三相半控桥式整流电路的经济性好，变压器利用率高，适用于输出功率较大的直流稳压电源。但其输出电压的波纹系数较大，在箭（弹）系统的地面电源中应用较少。

三相全控桥式整流电路的脉动小，响应速度快，平滑滤波回路参数可减小，适用于输出功率大的直流稳压电源。

双反星形带平衡电抗器的整流电路提高了变压器的利用率，电压的调整率也得到了提高，大部分低电压、大电流的直流稳压电源均采用这种电路。

采用三相全控桥式整流电路的典型直流电源由变压器、三相全控桥式整流电路、LC 滤波电路、脉冲移相控制电路、输出电压整定和自动调节电路组成。脉冲移相控制电路由三个脉冲触发器和一个脉冲分配器组成，其作用是产生脉冲、控制晶闸管的导通。输出电压整定和自动调节电路由电压给定、电压反馈和调节器三部分组成，其作用是调节输出电压并使之保持稳定。这种电源通过可控硅整流，来自工业电网的三相 380 V 的交流输入电压通过变压器降压后，经过三相全控桥式整流电路整流成直流电，再经 LC 滤波电路变成可供输出的直流电压。该电源还具有过压、过流保护功能，当输出电压或电流超过设定值时，电源会自动被切断。

典型的晶闸管、三相全控桥式电源的操作面板示意如图 6 – 4 所示，该电源的最大输出电流为 250 A。该电源是为二级伺服机构单元测试、火箭地面测试和发射时紧急关机供电的典型直流电源。电源组合由两台单机、并联转接盒、并联电缆和控制电缆等组成。使用时可设定其中的一台单机作为主机，另一台单机作为副机，主机承担全部负载，副机则作为热备份。两台单机之间通过电缆并联连接，而通过电缆和并联转接盒与地面测试 – 发射控制系统的电缆相连。当主机发生故障时，可手动操作本机或发射控制台上的切换按钮，使副机工作而主机停止运行。该电源具有过压、过流保护功能。当输出电压或电流超过设定值时，电源会自动切断。电源的主要技术性能参数如下：①输入交流参数：相数为三相四线，电压为 380 V ± 38 V，电流 ≤ 30 A，频率为 50 Hz ± 1.5 Hz；②输出直流参数：稳压范围为 30 ~ 60 V，额定电流为 250 A，输出功率为 15 kW；③冷却方式为自冷；④外形尺寸（长 × 宽 × 高）：630 mm × 550 mm × 1 420 mm；⑤质量：350 kg；⑥效率：80%；⑦主要电气性能指标：电压稳压度在 ±1 × 10^{-2} 以内，负载稳定度在 ±3 × 10^{-2} 以内，纹波系数 $V_p ≤ 3 × 10^{-2}$，电压整定为 42 V，负载由 200 A 突减至 0 A，上超调不大于 18 V，突加或突减 100% 额定负载的过渡过程时间不大于 3 s，过压保护值为 60 V ± 2 V，过流保护值为 250 A ± 2 A。

2. 中频交流电源

箭（弹）系统的地面中频交流电源主要用于将交流电源的频率由工频（50 Hz）提高到中频（400 Hz 或 500 Hz），为箭（弹）控制系统（伺服机构）的测试 – 发射控制供中频电。供中频电不仅是用电单元的要求，而且可提高电源和自动控制系统的精度、反应速度和可靠性，还可使电源的体积和质量大幅度减小。因此，中频电源在地面供配电系统中得到了广泛的应用。

按中频电产生的形式，中频电源可分为中频发电机组、变频机组和静止变频器三种。

中频发电机是一种能发出单相或三相中频电能的特种同步发电机，其原理与工频发电机相同，只是在结构上增加了磁极的对数。

变频机组是电动机 – 发电机的组合，两者通常为同轴同机座，以电动机拖动变频发电机，电动机通常为异步或同步工频电动机，如图 6 – 5 所示。采用异步电动机拖动时，机组的输出频率将随负载的增加而略有下降，一般下降 2% ~ 3%；采用同步电动机拖动时，其输出频率特性与负载的大小无关（在输入频率特性不变的前提下）。

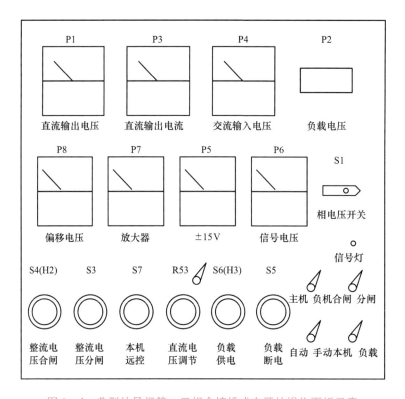

图 6 - 4 典型的晶闸管、三相全控桥式电源的操作面板示意

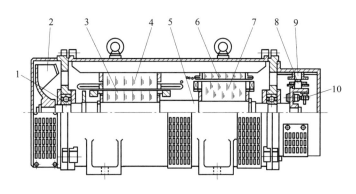

图 6 - 5 典型的变频机组示意

1—轴承；2—风扇；3—电动机转子；4—电动机定子；5—轴；6—发电机定子；
7—发电机转子；8—励磁机转子；9—励磁机定子；10—旋转整流器

　　静止变频器是一种利用半导体器件，将一种频率的电能变为另一种频率电能的电源。与变频机组相比，静止变频器无转动部分，体积和质量小，噪声低，频率高。静止变频器与变频机组的比较见表 6 - 8。按变频方式分，静止变频器分为直接变频器和间接变频器两种。直接变频器可将某种频率的交流电变为另一种频率的交流电，中间没有整流环节。间接变频器则先将某种频率的交流电进行整流和滤波，变成直流电，然后通过逆变器逆变为所需频率的交流电。逆变器分为可控硅逆变器、晶体管逆变器、IGBT 逆变器,其中以 IGBT 逆变器进行逆变的变频器虽然线路简单、供电效率较高,但它只适用于供电功率较小的场合。

表 6 - 8　静止变频器与变频机组的比较

设备种类	体积比	单位功率质量/ (kg·kW⁻¹)	启动 特性	空载损 耗/%	效率 /%	噪声	振动	过载 能力	干扰
静止变频器	0.8	5~10	电流小,时间短	0.5~2	91~95	小	小	差	大
变频机组	1.0	10~20	电流大,时间长	5~10	87~90	大	大	强	小

如前所述,箭(弹)测试和发射控制时要求供给频率高于工频的中频电,而且因为所要求的供电功率较大,故通常采用以 IGBT 进行逆变的间接变频器。典型间接变频器框图如图 6 - 6 所示。

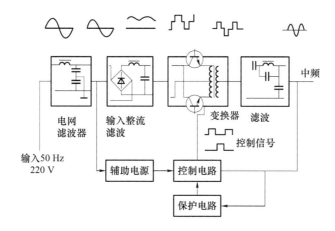

图 6 - 6　典型间接变频器框图

为运载火箭测试供电的典型中频逆变电源(单台)外形如图 6 - 7 所示。该电源采用绝缘栅场效应晶体管 IGBT 作为功率开关器件,利用正弦脉宽调制(SPWM)技术,将输入三相 380 V、50 Hz 的工频交流电逆变为三相 208 V、490 Hz 的中频交流电。隔离变压器及输出滤波电感采用了非晶材料的铁芯,在电源的输入和输出端分别串联了微晶材料的滤波电感,用以抑制线路上的电流尖峰。新技术及新器件的采用,不但提高了电源的输出稳定性,而且提高了电源效率,大大地降低了电源的噪声及质量。使用时采用双机并联方式,即一台供电,另一台做热备份,可以现场控制,也可以遥控操作。该电源的主要技术性能参数如下。

1)工频输入:电压(三相四线)为 380 V ± 38 V,频率为 50 Hz ± 1.5 Hz,电流为 50 A。

2)中频输出:额定功率为 30 kVA,额定电压为 208 V,额定电流为 83 A(间隔工作制），额定频率为 490 Hz ± 3 Hz。

3）主要电气性能指标。

（1）当输入电压在额定值 ±10% 范围内变化且频率在额定值 ±3% 范围内变化时，能保证输出功率、电压、电流在额定值变化范围内；

（2）空载时中频线电压不平衡度不超过 2%；

（3）在额定负载的 0% ~ 100% 范围内任意稳定负载下，输出电压的波动率不超过平均值的 0.5%；

（4）空载或满载条件下输出电压的整定范围在额定值的 ±5% 以上；

（5）空载时的欠压及过压保护动作值分别调整为 170 V ± 2 V 及 230 V ± 2 V；

（6）当三相平衡负载在额定值的 0% ~ 100% 范围内变化时，电源的稳态电压调整率在额定电压的 ±3% 以内；

（7）从冷态到热态，输出电压漂移量在额定电压的 ±2% 范围内，频率漂移量在 ±1 Hz 以内；

（8）当主机三相电压过低、过高、过载或负载端短路时，能将主机的输出电路自动切除，并迅速将副机投入，两台电源的输出互锁；

（9）两台电源的自动切换时间不超过 0.5 s；电源空载时，输出电压波形的正弦畸变率不超过 5%；电源的冷态绝缘电阻不低于 10 MΩ，热态绝缘电阻不低于 2 MΩ。

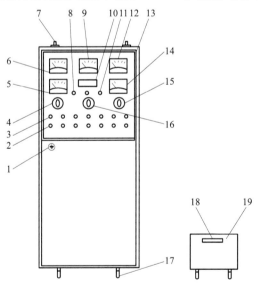

图 6 - 7　典型的中频逆变电源（单台）外形

1—门锁；2—输入断；3—输入通；4—输入电压转换；5—输入电压；6—输出 A 相电流；

7—吊环；8—主机灯；9—输出 B 相电流；10—输出频率表；11—副机灯；

12—输出 C 相电流；13—机柜；14—输出电压；15—输出电压转换；

16—40 V 开关；17—脚轮；18—电缆进出口；19—滤波箱箱体

6.5 箭（弹）上电池的充放电

箭（弹）上各系统均设有蓄电池，其功用是在箭（弹）发射后为其上的仪器仪表供电。将这些蓄电池装到箭（弹）上之前，蓄电池需要进行放电和充电。充电和放电要由地面供配电系统完成，系统需配有相应的充放电设备。充放电设备也用于对发射车、运输车等车辆的蓄电池进行充电和放电。

充放电设备通常包括一次电源、整流装置和充放电装置等。在有条件的地方，通常以工业网络电或外接电源为一次电源，在没有工业网络电或外接电源的情况下，必须自备一次电源，常用的自备电源有直流发电机组和交流发电机组。对于机动发射，充放电设备通常设置在汽车上，整体称为充放电车。

采用工业网络电、外接电源或自备交流发电机组作为一次电源时，充放电设备中必须配置电源变换装置，以便将来自工业网络、外接电源或自备交流发电机组的交流电变换为直流电，然后再供给蓄电池组充电。

适用于充电用的变换装置有 GCA 系列充电用整流器、KGCA 系列可控硅整流器、KGCFA 可控硅充放电整流器、可控硅快速充电机和开关型充电机等。KGCA 系列可控硅整流器虽然线路和结构均较复杂、故障率高、维护较困难和价格较高，但调节方便且准确，可自动稳压或稳流充电，体积和质量也较小。该系列的整流器已逐渐取代 GCA 系列充电用整流器，在地面供配电系统中得到了日益广泛的应用。

KGCFA 可控硅充放电整流器可用于下列情况下电池组的充放电：①新投入使用的蓄电池的充放电；②停放一段时间后再投入使用的蓄电池的充放电；③变电所和发电站蓄电池的主充、浮充和放电。做主充机时能自动稳压，恒流充电；做浮充机时能自动稳压，恒压浮充，并保证放电电流不因蓄电池电压的降低而减少，使蓄电池彻底放电。同时，在放电过程中，这类整流器的电路可做逆变运行，从而将蓄电池的放电能量送到电网中去。

可控硅快速充电机的特点是采用大电流脉冲式充电，充电速度快，充电后蓄电池的温升小，使用寿命不受影响。由于采用大电流脉冲式充电，在每个充电脉冲间隔中加上了去极化脉冲，使蓄电池的极板反应迅速，从而大大地加快了充电速度。用其他设备充电，新蓄电池的充电时间约 70 h，旧蓄电池的充电时间约 20 h。用可控硅快速充电机充电，新蓄电池的充电时间缩短到 2 h 左右，旧蓄电池的充电时间缩短到 4 h 左右。典型的可控硅快速充电机的性能参数见表 6-9。

表 6 - 9　典型的可控硅快速充电机的性能参数

项　　目		性能参数
输入参数	电压/V	三相 380 ± 20
	频率/Hz	50
	电流/A	45
输出参数	电压/V	0 ~ 140 分五挡连续可调
	电流/A	0 ~ 200 连续可调
	功率/kVA	30
放电时间/μs		200
充电脉宽/ms	高频充电	8
	低频充电	172
充电范围/V		2 ~ 96
定时范围/min		0 ~ 120
补充时间/h		≤10
复充时间/h		≤3
蓄电池温升（环境温度为 25 ℃）		≤15
蓄电池寿命		与用其他设备充电时相仿
外形尺寸/（mm × mm × mm）		470 × 620 × 1 460
质量/kg		400

　　箭（弹）上的蓄电池通常是由若干个单体电池组合成的电池组，电池组通常固定在钢壳内，钢壳和电池组之间设有保温层和自动控制的电加热器。单体电池一般为银锌电池。这种电池比功率高，可在短时间内大电流放电，而且电压平稳，但其低温性能差，在低温环境下必须通过通电加热，使钢壳内的温度保持在 25 ℃ ~ 50 ℃。

　　对第一次启用的新电池组，使用前需经过预放电处理，停止放电后再停放 10 min，便可装到箭（弹）上使用。放电操作在注入电解液并经 30 min 后进行，放电电流和放电时间要根据电池组的容量确定。

　　对于一次性使用的电池组，如果在注入电解液后没有投入使用，其停放时间超出规定期限，则不得再使用。对于可多次使用的电池组，如果在湿态下停放 10 天以上，再次使用前必须经过预放电处理。通常以 1 小时率或额定工作电流放电若干分钟，直到单体电池的电压达到某一规定数值为止。

　　已经放电的电池组重新使用前要经过充放电，先以预定充电制要求的电流充电，至其中的一个单体电池达到规定值为止。再经过预放电后，电池组便可投入使用。

第7章　常温液体推进剂贮运和加注技术

7.1　概　述

推进剂是箭（弹）发射、飞行和调姿的能源，箭（弹）的各级贮箱、姿控（或末修级）贮箱以及卫星、飞船、空间站等有效载荷的容器均需要在发射前贮存一定质量的推进剂。在箭（弹）的起飞质量中，推进剂质量占70%～90%。

箭（弹）所需的常温液体推进剂需要预先从生产厂运来，并贮存在试验场的推进剂库中。常温液体推进剂在大气压力下的饱和温度高于通常的环境温度，可以在推进剂库中长期贮存。

常温液体推进剂运输和贮存的主要要求是：①保证所贮存的推进剂量足够，即除了满足各级贮箱对加注量的要求外，还要考虑从开始贮存到加注前这段时间的正常和非正常损耗，以及加注、泄出过程中的正常损耗；②保证所贮存的推进剂合格，即加注前其成分指标符合规定的使用指标；③确保安全。为此，必须采用合理的运输和贮存方式，并使用专门的设备。运输方式有铁路运输、公路运输、水路运输和空运，运输设备有铁路槽车和公路槽车等。贮存方式有移动式和固定式，贮存设备有槽车和固定罐。为了保证推进剂合格，除装载时推进剂的出厂指标要符合规定外，运输和贮存设备与转注管路要洁净，无空气、水分和多余物；设备要密封良好，无泄漏，无空气或水分进入（一般充氮气正压保护）；在转注等操作中要防止空气、水分和多余物进入，防止被不合格或变质的推进剂污染等。为了保证安全，除设备要有高可靠性外，充装率不能超出规定值；氧化剂的运输车和贮存库要设有空调装置，防止推进剂的温度过高和过低；燃烧剂的运输设备和贮存库房的电器要防爆；运输和贮存期间无泄漏，不向外直接排放未经处理的推进剂或蒸气等。

推进剂加注就是按要求将推进剂从地面贮罐输送到箭（弹）的各级贮箱中。箭（弹）对加注的主要要求包括对加注流量（速度）、时间、推进剂品质（成分）、加注量的要求和对安全的要求。为满足这些要求，就要选择合理的加注方式，制定合理和优化的流程与工序，建立相应的系统和设备并按规程进行操作。

本章所述的推进剂加注主要是指箭（弹）体（助推器、芯级和姿控贮箱）的推进剂加注。卫星、飞船等有效载荷通常也采用常温液体推进剂，加注通常在转场至发射工位前完成，其加注技术与箭（弹）体的加注技术无本质区别。

由于姿控（或末修级）贮箱以及要求的加注量和加注时机与芯级和助推器截然不同，有时所用的推进剂也不一样，故两者的推进剂贮运和加注技术也有所不同。

由于饱和温度较高，故常温液体推进剂可以提前贮存和提前加注（射前 24 h 甚至更早），加注量可由地面定量；由于大多数氧化剂具有强氧化性和腐蚀性，故贮运设备和加注系统与设备必须有很强的抗腐蚀能力；由于易燃易爆且有毒，常温液体推进剂废液和废气不能直接向外排放，否则会污染环境，对人员和设备造成伤害，故通常采取闭回路加注方式，废液和废气经中和处理后再向外排放；由于氧化剂和燃烧剂或它们的蒸气相遇就会自燃，不需要有点火能量，故双组元推进剂要错开时间加注而不能同时并行加注。这些都是常温液体推进剂贮运和加注技术的特点。

常温液体推进剂贮运和加注技术起源于箭（弹）发展之初。在液氢－液氧被用作箭（弹）的推进剂之前，大部分箭（弹）均采用常温液体推进剂（其中也用过液氧做氧化剂）。随着箭（弹）的发展，常温液体推进剂贮运和加注技术也有了很大发展：一种组元推进剂的贮运量和加注量从几立方米，发展到了几百乃至几千立方米；加注流量从每分钟几百升，发展到了每分钟几千升；由小型槽车和小型加注泵车近前短距离机动加注，发展到大型贮罐和固定系统长距离加注；由人工操作和控制加注，发展到自动化控制；等等。目前，常温液体推进剂的贮运和加注技术已趋成熟，并达到了较高水平。

7.2　推进剂特性

7.2.1　常用氧化剂的种类和特性

常温液体推进剂是在 20 世纪初才发展起来的，比固体火药的发展要晚得多。箭（弹）发展初期，通过选择已有的一些化合物在发动机上进行试验，试验成功者则被选择为箭（弹）的氧化剂和燃烧剂。第二次世界大战末期到 20 世纪 60 年代，各国为了争夺军事和空间优势，加紧了对箭（弹）推进剂的研究，投入了大量的人力和财力，筛选并合成出一系列新的常温液体推进剂，包括单组元推进剂和双组元推进剂。

单组元推进剂有过氧化氢、无水肼和单推－3 等。单组元推进剂能量较低，推进系统较为简单，通常只用于小推力的姿控发动机。

双组元中的一种组元为氧化剂，另一种组元为燃烧剂，双组元液体推进剂有红烟硝酸－27S/偏二甲肼、红烟硝酸－40S/偏二甲肼、四氧化二氮/偏二甲肼、四氧化二氮/混肼、四氧化二氮/一基甲肼、绿色四氧化二氮/偏二甲肼等。双组元液体推进剂的能量较高，两组元之间相互接触就能自燃。

红烟硝酸 – 27S 和红烟硝酸 – 40S 是在浓硝酸中分别加入 27% 、40% 的四氧化二氮和少量缓蚀剂混合而成的，含水量≤4% ，它们是一种较强的氧化剂（氧化能力不如四氧化二氮和液氧），对金属材料既会产生较强的化学腐蚀，也会产生较强的电化学腐蚀，其腐蚀性随含水量的增加而增强。红烟硝酸在常温下的稳定性好，对冲击、压缩、振动和摩擦不敏感，不能被 8 号雷管引爆，在温度低于 50 ℃时不会发生分解。

红烟硝酸为三级中等毒物，容易蒸发，其蒸气在空气中呈红棕色，具有强烈的刺激性臭味。其与肼类、胺类和醇类接触能自燃甚至爆炸，泄漏在木材、草、棉和纸上会着火。

四氧化二氮与硝酸一样呈红棕色，其氧化能力比硝酸强，比液氧弱。它与肼类、胺类和糠醇等燃料接触能自燃，与碳、硫、磷等物质接触容易着火，与多种有机物蒸气混合易发生爆炸。其对冲击、枪击、压缩和摩擦不敏感，不能被 8 号雷管引爆。在密封容器内若温度达到 227 ℃，四氧化二氮中的二氧化氮就会有半数被分解为一氧化氮和氧，并存在爆炸的危险。四氧化二氮对金属的腐蚀性很小，但它可连续吸收大气中的水分，使其腐蚀性不断增强。四氧化二氮属三级中等毒物，容易蒸发，其液体和蒸气均会污染环境，造成人员中毒。

绿色四氧化二氮是在四氧化二氮中加入定量的一氧化氮构成的混合物，其特性与四氧化二氮类同。

奥氏体不锈钢、铝及其合金在硝基类氧化剂中属一级耐腐蚀材料，但随着硝基类氧化剂中水分含量增加，其对不锈钢的腐蚀迅速增大，尤其对铝及其合金的腐蚀更为严重。

聚四氟乙烯、聚三氟乙烯、氟 – 46 和亚硝基氟橡胶等非金属材料可在硝基类氧化剂中长期使用，而丁基类橡胶（如 1403 胶）只能短期（几天）使用。与硝基类氧化剂相容的润滑脂有 7802、7804 和 7805 抗化学轴承脂。

7.2.2　常用燃烧剂的种类和特性

常用的常温液体燃烧剂有偏二甲肼、一甲基肼、油肼 – 1、胺肼 – 1、混肼 – 1、无水肼和煤油等，早期还用过汽油、酒精、液氨和苯胺等。

偏二甲肼和无水肼是易燃、易挥发和有毒的无色液体，与红烟硝酸、四氧化二氮和绿色四氧化二氮等氧化剂接触会立即自燃，但如用水稀释到浓度为 50% 时，即使用电火花也不能点燃。肼蒸气逸入空气后，其形成的混合物易燃易爆。偏二甲肼和无水肼与水完全互溶，与高锰酸钾、漂白粉等氧化物接触会发生猛烈反应，所以以高锰酸钾、漂白粉等水溶液常用来中和处理肼类废料废液。

偏二甲肼、无水肼热稳定性好，对冲击、摩擦和振动均不敏感，有利于安全贮运和管道输送，但无水肼与铁、铜、钼及其氧化物接触会发生分解并释放出大量热量，可能起火，所以与无水肼接触的管路、阀门和容器等设备内部在使用前要进行彻底的清洁处理，以清除可能存在的上述物质。无水肼和偏二甲肼均属三级中等毒物，容易挥发。

各种牌号的不锈钢和铝合金与偏二甲肼、无水肼相容，锌、铬、镍等镀层可在偏二甲肼中使用，但肼类燃料的水溶液对铝及其合金有较强的腐蚀作用，铜对偏二甲肼有一定催化作用。

乙丙橡胶可在肼类燃料中长期使用，其他可用的非金属材料有聚四氟乙烯、聚三氟乙烯、氟-46和聚乙烯等，但肼对聚乙烯有一定渗透性。7802、7804和7805等抗化学轴承脂可在肼类燃料中长期使用，其他大部分非金属材料在肼类燃料中易溶解、溶胀或与之发生反应，使燃料变质。

铸铁、碳钢、锌、镁、钴、钼和铅等金属材料与无水肼不相容，会诱发无水肼分解。阳极氧化的铝合金对无水肼也有一定的分解作用。

煤油是一种碳氢化合物，其液态范围宽，化学稳定性好，与大多数结构材料相容，可以长期贮存。煤油的燃烧热值比酒精高，但比肼类燃料低，且燃烧不太稳定，不能与常用的氧化剂组合成能自燃的推进剂。煤油中加入一定量的偏二甲肼组合成油肼后，其点火性能和燃烧稳定性均显著提高，并可与硝酸等氧化剂组合成能自燃的推进剂。

常温氧化剂和燃烧剂的物理-化学特性参数见表7-1。

表7-1　常温氧化剂和燃烧剂的物理-化学特性参数

参　　数	硝酸-27S	硝酸-40S	四氧化二氮	绿色四氧化二氮
分子质量/（g·mol^{-1}）	66.14	70.08	92.016	90.57
沸点/℃	46	32.1	21.15	87.95
冰点/℃	-60	-39.3	-11.23	-13.65
密度（20℃）/（kg·m^{-3}）	1 605	1 629.5	1 446	1 450（15℃）
饱和蒸气压（20℃）/MPa	0.028 3	0.055 77	0.096 53	0.090 7（15℃）
黏度（20℃）/（Pa·s）	2.09×10^{-3}	2.44×10^{-3}	$0.418\,9\times10^{-3}$	0.44×10^{-3}（15℃）
表面张力（20℃）/（N·cm^{-1}）	4.74×10^{-4}	$4.28.6\times10^{-4}$	2.561×10^{-4}	2.835×10^{-4}（15℃）
热导率（20℃~25℃）/（W·m^{-1}·K^{-1}）	0.262 8	0.276 1	0.153 5	0.135 6
膨胀系数（10℃~30℃）/℃$^{-1}$	1.06×10^{-3}	1.19×10^{-3}	1.39×10^{-3}	—
介电常数	导电	导电	—	—
电导率（25℃）/（S·m^{-1}）	—	—	1.17×10^{-10}	—

参　　数	无水肼	煤油	偏二甲肼	混肼 - 1
分子质量/ (g · mol^{-1})	32.05	165.103	60.078	41.18
沸点/℃	113.5	172 ~ 263	63.1	>63.3
冰点/℃	1.5	-43 ~ 53.3	-57.2	-7.3
密度 (20 ℃) / (kg · m^{-3})	100 8	830 ~ 836	791.1	903
饱和蒸气压 (20 ℃) /MPa	0.001 41	0.089 5	0.016 1	0.014 4
黏度 (20 ℃) / (Pa · s)	0.930×10^{-3}	1.960×10^{-3}	0.52×10^{-3}	0.868×10^{-3}
表面张力(20 ℃)/(N · cm^{-1})	6.98×10^{-4}	2.39×10^{-4}	2.418×10^{-4}	2.984×10^{-4}
热导率 (20 ℃ ~ 25 ℃) / (W · m^{-1} · K^{-1})	0.5	0.138 5	0.16	—
膨胀系数(10 ℃ ~ 30 ℃)/℃$^{-1}$	0.83×10^{-3}	—	1.5×10^{-3}	—
介电常数	52.9	—	3.5	—
电导率 (25 ℃) / (S · m^{-1})	3×10^{-4}	—	5×10^{-5}	—

7.3　推进剂的运输和贮存

7.3.1　运输方式和运输设备

常温液体推进剂的运输方式有铁路运输、公路运输、水路运输和空运等几种。当所需的贮运量较大而生产厂或供应点较远时通常采用铁路运输方式；贮运量较少而供应点又较近或机动发射时可采用公路运输方式；水路运输方式则只有在水路条件较方便时采用，如拜科努尔发射场所用的常温液体推进剂，就是采用船运方式由圣彼得堡运至发射场的；由于空运只能运输容量不超过 2 L 的推进剂，箭（弹）所需的推进剂远远大于该容量，故一般不采用空运方式。

铁路槽车和公路槽车为通用设备，可为不同型号的箭（弹）运输和短期贮存推进剂。通常，对应一种组元的推进剂都设有一种槽车，如偏二甲肼铁路或公路槽车、红烟硝酸铁路或公路槽车、四氧化二氮和绿色四氧化二氮铁路或公路槽车等。

运输偏二甲肼和红烟硝酸的铁路槽车上部特装通常包括容积不大于 200 m³ 的圆筒形卧式罐、管路阀门和仪表板三大部分，管路阀门和仪表板一般设在卧式罐一端的操作室内。为了防止雨、雪和灰尘等对设备和仪器仪表的污染与侵蚀，操作室通常设计成密封结构，且具有一定的抗推进剂蒸气腐蚀的能力。槽罐通常为单层容器，工作压力一般不高于 0.3 MPa，但因盛装的是易燃易爆和有毒的介质，故属三类压力容器，罐体材料为奥氏体不锈钢或铝合金。操作室是密封的，并具有一定的防腐蚀能力。偏二甲肼有毒，与红烟硝酸一样属三级有毒液体，故这种铁路槽车不设休息间，运输时也不允许人员长时间随车押运。铁路槽车用电通常由自带的蓄电池组提供，在有条件的地方停车时可外接220 V市电，经车上变压器降压后使用，对于运输偏二甲肼和无水肼的铁路槽车，其电器需防爆。

四氧化二氮和绿色四氧化二氮饱和温度较低而冰点较高，在环境温度较高地区及季节就可能蒸发，在寒冷地区及季节则容易结冰。为此，四氧化二氮保温铁路槽车上通常设有空调系统和密闭的车厢，车厢通常采用泡沫塑料绝热。槽车上部设有卧罐间、空调系统间和操作间，卧罐间一般设在槽车中部，空调系统间设在槽车的一端位，操作间则设在槽车的另一端位。典型的铁路槽车空调系统原理如图7-1所示。该系统由制冷机组、电加热器、循环风机和风管等组成，风管一直伸至贮罐间的顶部及车厢内各处。

当环境温度较高而需要降温时，启动制冷压缩机，循环风机将其产生的冷量经风管送至各处，形成合理的流场使车内降温。保温铁路槽车要另带一节动力车，以在运输时为铁路槽车的空调系统供电。

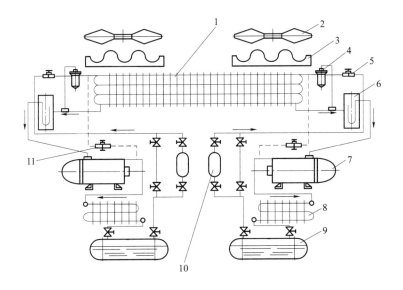

图7-1 典型的铁路槽车空调系统原理

1—蒸发器；2—风机；3—电加热器；4—膨胀阀；5—电磁阀；6—缓冲器；
7—压缩机；8—冷凝器；9—贮液筒；10—过滤器；11—融霜电磁阀

公路槽车有自行式槽车、半挂式槽车和全挂式槽车三种。自行式槽车机动性好，适合在恶劣的道路条件下和机动运输时使用。半挂式槽车和全挂式槽车的装载量大但机动性差，故适用于在路况条件较好的道路和试验场内运输推进剂。

公路槽车的上部特装通常由圆筒形卧式罐、管路阀门和仪表板等部分组成。由于管路阀门系统较为简单,设置防护性车厢的必要性不大,故国外大多数公路槽车均不设车厢,有些槽车设置车厢是出于伪装和绝热的考虑。

对于不设车厢的四氧化二氮公路槽车,其卧罐外表面通常采用超细的玻璃棉包扎绝热。对于设有车厢的四氧化二氮公路槽车,通常在卧罐与车厢之间填充玻璃棉,或采用其他绝热方式。

移动式卧罐典型结构示意如图 7-2 所示,槽罐通常设有加注管、充放气管、排渣管和取样阀管以及液位传感器、安全阀、温度和压力监测装置等。为方便清洗和维护,槽罐顶部设有人孔盖。

铁路槽车上的槽罐的装液量较大,其管路阀门均布置在车厢的狭小空间内,如果将进、排液管和排渣管等管口设在槽罐下部,一旦管路阀门出现故障就难以修复,罐内推进剂便会大量排出,直至完全排空为止。为确保安全,通常将进、排液管和排渣管等管口设在槽罐上部,这样,只有建立虹吸条件才能使罐内推进剂向外排出。公路槽车的装液量相对较小,为了使用方便,有时将进、排液管和排渣管等管口设在槽罐下部。

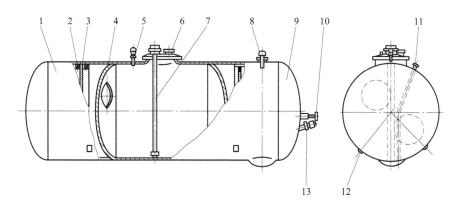

图 7-2　移动式卧罐典型结构示意

1—筒体；2—筋板；3—加强圈；4—防波板；5—安全阀；6—人孔盖；7—液位传感器；
8—加注管；9—封头；10—取样阀管口；11—排渣管口；12—限位块；13—温度传感器管口

运输式槽罐及其与铁路底架或公路车底盘之间的连接应能承受车辆行驶时产生的振动与冲击。为了防止在运输过程中槽罐上下跳动和因振动冲击而损坏,槽罐通常支撑在铁路底架或公路车底盘的鞍座上并用卡带抱紧,焊在罐底部的鞍座与铁路底架或公路车底盘的鞍座之间垫以木质座板,以增大支撑面积,减少作用在罐体上的压力,同时还有一定的弹性缓冲作用。为了限制槽罐的纵向移动和承受纵向力,罐底部的鞍座与铁路底架或公路车底盘的鞍座之间通常要用强度足够的螺栓连接。另外,运输式槽罐内通常设有防波板,以减小作用于两端封头的纵向惯性力。

姿控发动机所需的推进剂量很少,一般只有几十升。如所用的推进剂为单组元推进剂,则需要将推进剂从生产厂或供应点运至试验场。运输方式是将盛装推进剂的小型贮运罐(图7-3)装在普通的铁路车或汽车上进行运输。如采用与助推器和芯级相同的双组元推进剂,用时可直接从推进剂库中获取。

图7-3 典型的小型立式贮运罐

7.3.2 贮存方式和贮存设备

除了机动发射采用公路槽车运输和驻场加注推进剂外,试验场通常采用固定贮罐贮存推进剂。当所需的推进剂量较大时,贮存推进剂的固定贮罐通常为若干个卧式贮罐组成的罐组,这些贮罐也用作加注罐。铁路或公路槽车运来推进剂后,通常采用泵送方法将槽车槽罐中的推进剂转注到固定贮罐中。

当姿控发动机使用单组元推进剂时,用小型立式贮运罐将推进剂运来后,直接放在库房内存放。采用与助推器和芯级一样的双组元推进剂时,加注前以挤压方式将推进剂从固定贮罐转注到可移动的加注罐内。

固定贮罐通常为单层卧式罐,材料为奥氏体不锈钢或铝合金,工作压力一般不高于0.3 MPa,属于三类压力容器。根据贮存和加注推进剂的需求,贮罐上通常设有压力监测装置、液位传感器、温度传感器以及安全阀、增压阀、取样阀、排气阀、进液阀、出液阀、断液阀、回气阀和排渣阀等。为了便于清洗和维修,贮罐通常设有人孔和人孔盖。典型固定式卧罐的外形结构和管路设置分别如图7-4和图7-5所示。与运输式槽罐不同,固定贮罐内部通常不设防波板,其无须考虑运输振动和冲击的影响,但要考虑地震的冲击。对于导弹系统的固定贮罐,还要考虑可能遭到的核袭击。

对于固定场坪发射,常温推进剂库通常建在地下或半地下,或者建在山洞中。

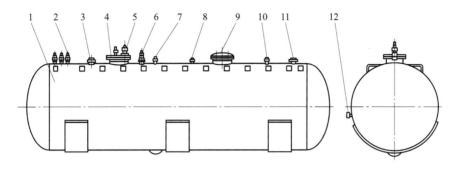

图 7-4　典型固定式卧罐的外形结构示意

1—筒体；2—取样阀；3—进液管；4，9—人孔盖；5—液位传感器；6—安全阀；

7—排渣管；8—充气管口；10—回流管口；11—排液管口；12—温度传感器

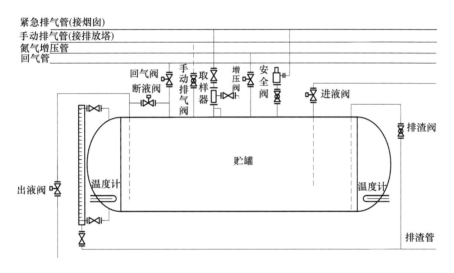

图 7-5　典型固定式卧罐的管路设置

对于地下井发射和井下贮存、井口发射，推进剂库通常设在地下井的坑道内。这种封闭式或半封闭式的环境便于调温、强制通风和防止蒸气向周围环境扩散。为了防止燃烧和爆炸以及避免此处一旦发生燃烧和爆炸而祸及彼处，氧化剂贮存库与燃烧剂贮存库之间、各贮存库与发射台位置之间以及各贮存库和发射台位置与周围建筑和公共设施之间都必须保持一定距离。典型试验场的常温推进剂库布局示意如图 7-6 所示。

几种常见的安全距离参见表 7-2～表 7-4，由表中数据可知，安全距离取决于推进剂贮存量，一定的推进剂量可折合为一定的 TNT 当量。当离爆炸源的实际距离不小于表中给出的安全距离时，到达此处的冲击波的超压峰值不大于 0.02 MPa。但是，研究表明，在爆炸源附近，液体推进剂爆炸波与 TNT 爆炸波是不同的，液体推进剂的爆炸冲量大于 TNT 的爆炸冲量，冲击波的超压峰值小于 TNT 的超压峰值。只有在与爆炸

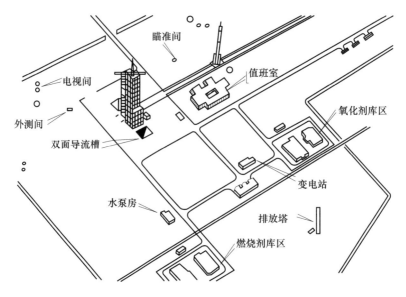

图 7 - 6　典型试验场的常温推进剂库布局示意

源的距离大于 20 m 的地方，液体推进剂的爆炸冲量和冲击波的超压峰值才与 TNT 的爆炸冲量和冲击波的超压峰值接近。

表 7 - 2　四氧化二氮贮存库与居民建筑物、铁路、公路及危险 I 类
（如醇类、苯胺和烃类等）物品贮存库之间的安全距离

氧化剂与燃烧剂贮存总量/kg	安全距离/m
0 ~ 100	1 ~ 10
100 ~ 1 000	10 ~ 20
1 000 ~ 2 000	20 ~ 24
2 000 ~ 3 000	24 ~ 26
3 000 ~ 4 000	26 ~ 27
4 000 ~ 5 000	27 ~ 28
5 000 ~ 10 000	28 ~ 32
10 000 ~ 20 000	32 ~ 37
20 000 ~ 30 000	37 ~ 39
30 000 ~ 40 000	39 ~ 41
40 000 ~ 50 000	41 ~ 44
50 000 ~ 100 000	44 ~ 49
100 000 ~ 300 000	49 ~ 58
300 000 ~ 400 000	58 ~ 61

表 7-3　四氧化二氮贮存库与危险Ⅲ类（如肼、甲基肼、偏二甲肼、
混胺和液氢等）物品贮存库之间的安全距离

氧化剂与燃烧剂贮存总量/kg	安全距离/m	
	无防护墙	有防护墙
0 ~ 100	183	30
100 ~ 200	183	30 ~ 38
200 ~ 300	183	38 ~ 43
300 ~ 400	183	43 ~ 46
400 ~ 1 000	183	46 ~ 53
1 000 ~ 2 000	183	53 ~ 61
2 000 ~ 3 000	183	61 ~ 68
3 000 ~ 4 000	183	68 ~ 72
4 000 ~ 7 000	183	72 ~ 80
7 000 ~ 10 000	183 ~ 366	80 ~ 85
10 000 ~ 15 000	366	85 ~ 90
15 000 ~ 20 000	366	90 ~ 95
20 000 ~ 30 000	366	95 ~ 102
30 000 ~ 40 000	366	102 ~ 110
40 000 ~ 60 000	366	110 ~ 118
60 000 ~ 80 000	549	118 ~ 123
80 000 ~ 100 000	549	123 ~ 128
100 000 ~ 150 000	549	128 ~ 136
150 000 ~ 200 000	549	136 ~ 145
200 000 ~ 300 000	549	145 ~ 155
300 000 ~ 400 000	549	155 ~ 164
400 000 ~ 900 000	549	164 ~ 192
900 000 ~ 1 300 000	549	192 ~ 205
1 300 000 ~ 1 800 000	549	205 ~ 216
1 800 000 ~ 2 700 000	549	216 ~ 230

表 7-4　红烟硝酸与居民建筑物、铁路、公路及危险 Ⅰ 类物品贮存库之间的安全距离

氧化剂与燃烧剂贮存总量/kg	安全距离/m
0～100	1～10
100～1 000	10～20
1 000～2 000	20～24
2 000～3 000	24～26
3 000～4 000	26～27
4 000～5 000	27～28
5 000～10 000	28～32
10 000～20 000	32～37
20 000～30 000	37～39
30 000～40 000	39～41
40 000～50 000	41～44
50 000～100 000	44～49
100 000～300 000	49～58
300 000～400 000	58～61

7.4　推进剂加注

7.4.1　助推器和芯级的推进剂加注

1. 对加注的要求

箭（弹）对推进剂加注的要求包括环境适应性要求、加注流量和加注量（包括基本量和补加量）要求、加注量定量方式和定量精度要求、推进剂温度和使用指标要求、过滤精度要求、连接器脱落方式和时间要求、加注时序和时间要求与主要参数和信号传递要求等。

所需的加注量本是推进剂质量，但通常以容积量计算，并以容积量定量。加注量的定量分为基本量定量和补加量定量，基本量通常由设在贮箱上的点式液位传感器监测定量，补加量则要由加注系统的流量计定量。

为了尽量缩短整个加注过程时间，保持液面稳定和贮箱的反压稳定，通常要求在某个液位以下实施大流量加注即全速加注而达到某个容积值时减速加注，到达该液位后转为小流量加注，到达基本量液位后也以小流量进行补加。另外，由于箭（弹）各级贮箱的容积量和液位设置均不一样，故所要求的加注量和加注流量也是不同的。为

了满足不同工况、不同流量的要求，加注系统必须能在较宽的范围内快速、灵活和准确地调节流量。

地面的加注管路和溢出管路通常是通过连接器实现与箭（弹）贮箱的连接和分离的。通过人工操作，应能实现连接器与箭（弹）的快速对接和密封以及快速分离，对于机动发射和起竖后再加注推进剂的箭（弹），要求连接器具有自动脱落功能，即通过远程控制能使其脱落。加注连接器还应具有打开和关闭贮箱阀门的功能。

对加注测试与控制的要求是，既要能远距离完成加注测试与指挥控制，还能在库房控制间完成加注的现场指挥控制，既能自动，又能手动。

当推进剂加注完成后，一旦要终止发射而短期内又不重新组织发射，则要求加注系统能将贮箱内的推进剂泄回到库房的贮罐中。

除了上述要求以外，还要求在规定的时间内顺利和安全地完成加注，包括避免出现故障、防止发生泄漏、避免直接向外排放废液和废气等。

所要加注的推进剂必须符合使用指标要求，其温度应在规定的范围内，流入贮箱的推进剂要经过过滤器过滤，过滤精度应符合要求。一般要求过滤精度不低于 150 μm。

对设有助推器的箭（弹），考虑到箭（弹）的受力问题，通常要求同时对对称的两个贮箱进行加注。

2. 加注方式和技术原理

加注方式主要是指加注罐、管路配置、动力、流量调节和加注量定量等所采用的方式。按系统和设备的机动性分类，加注方式有机动式加注和固定式加注两种。所谓机动式加注就是利用推进剂公路槽车和公路泵车进行近前加注，加注系统的主要部分都设在汽车上。机动式加注方式只适用于较小型、机动发射的箭（弹），对于较大型和固定发射的箭（弹），一般都采用固定式加注方式。

常温推进剂的密度较大，在所需的加注量和加注流量较大、管路较长（一般为 200 ~ 300 m，甚至更长）、管路组成较复杂的情况下所需的加注压力较高，如果采用外气源挤压加注方式，不仅要贮备大量的氮气源，而且要求加注罐能承受较高的压力，这就需要较厚的壁厚和较高的强度。而且，采用挤压加注方式时末端就得放气，否则会因首末端压力平衡而失去加注动力，而直接向大气排气会污染环境。因此，加注一般采用泵式而不采用外气源挤压式。采用泵式加注时，加注罐只需保持较低的压力，该压力就是保证泵不致发生汽蚀所需的增压压力。另外，采用泵式加注也为采用闭路系统及避免污染环境提供了有利条件。

依据流体力学原理，泵的扬程用于克服加注管路阻力、加注罐与贮箱位置高差、贮罐与贮箱之间的压差，以获得规定的流量。采取一台泵（或两台泵并联）和一条管路对应一个贮箱的方法时，所需泵的扬程由式（7-1）确定：

$$H = h + (p_z - p_0) \times 10^6 / \rho_L g + K Q_V^2 \tag{7-1}$$

式中　H ——所需泵的额定扬程，m；

　　　h ——加注罐液面与贮箱液面之间的高度差，m；

　　　p_z ——贮箱反压，MPa；

　　　p_0 ——防止泵发生汽蚀所需的加注罐气枕压力，MPa；

　　　ρ_L ——推进剂密度，kg/m^3；

　　　g ——重力加速度，$g = 9.81\ m/s^2$；

　　　K ——总阻力系数，$min^2 \cdot m/L^2$，

$$K = (\lambda_1 L_1/d + \lambda_2 L_2/d + \sum_{i=1}^{n} \zeta_i)/(450 \times 10^6 g\pi^2 d^4);$$

　　　λ_1，λ_2 ——分别为硬直管和软管直管段的沿程阻力系数；

　　　d ——管路流通直径，m；

　　　L_1，L_2 ——分别为硬直管和软管直管段的总长度，m；

　　　$\sum_{i=1}^{n} \zeta_i$ ——局部阻力系数和；

　　　Q_V ——加注流量，L/min。

压力 p_0 依据泵的汽蚀性能、泵入口中心线至加注罐液面的高度、泵入口管路的阻力损失和泵入口处的推进剂温度确定，该压力通常由汽化器增压或外气源增压获得，所充气体通常为干燥的合格氧气或氮气。压力 p_0 和保持该压力所需的增压气体流量分别为

$$p_0 > \rho g \times 10^{-6}[(\Delta h_b + h_a + h_{fl}) + p_v] \tag{7-2}$$

$$q_m = p_0 Q_V/60 \times 10^3 ZRT \tag{7-3}$$

式中　Δh_b ——泵的汽蚀裕量，m；

　　　h_a ——泵入口中心线至加注罐液面的垂直距离，m；

　　　h_{fl} ——泵入口管路的流阻损失，m；

　　　p_v ——泵入口温度下推进剂的饱和压力，Pa；

　　　q_m ——所需的充气质量流量，kg/s。

为了满足各工况对加注流量的不同要求，泵式加注系统中通常采用单泵运行、双泵并联运行与调节阀节流调节相结合的方式调节流量。节流调节就是改变管路阻力特性，由式（7-1）可知，管路阻力改变则所需泵的扬程和流量也会改变，即泵的运行工况点会改变。

贮箱上用作基本量定量的液位传感器通常为浮子液位传感器，当浮子随液面上升到设定的高度位置时，在其上磁钢磁场的作用下，使设在该位置的干簧管的簧片吸合，电路接通而发出液位信号。传感器的类型和工作原理决定这种传感器不能连续测试液位，因而也不能用于补加量定量，补加量定量的任务需由地面流量计承担。

为此，通常要在泵排出管路上并联两条分支管路，分支管路上分别设置大、小两

台流量变送器，分别用于大流量加注和补加的流量监测以及补加量的定量。补加前，按规定值在二次仪表上设定补加量，流量计从推进剂进入贮箱时开始累积计数。当累积补加量达到设定值时，二次仪表自动控制停泵，补加结束。补加精度由流量计精度和开始累积计数时间的准确性保证。

3. 加注流程和系统

要按时、定量、定速和安全地完成推进剂加注任务，通常要经过管路填充、小流量加注、大流量加注和补加等工序，加注完后箭（弹）一旦要终止发射，还要将贮箱中的推进剂泄回到地面贮罐中。在加注过程中需排出贮箱气枕的气体，以防止压力升高，一旦加注到贮箱的推进剂量超过了规定液位，推进剂就会从贮箱的安溢活门向外溢出。在这些工序和程序中，推进剂及其蒸气的流程、走向和目的地是各不相同的，一个合理的流程是简化系统配置和操作、顺利与安全完成推进剂加注任务的前提条件。

当箭（弹）设有助推器时，为了箭（弹）体对称受力，通常要求并行加注对称的两个助推器贮箱，或者并行加注所有的助推器贮箱。

除了助推器之外，对于多级箭（弹）的各芯级，通常采用按顺序逐级加注和补加的方式，而且先加注完一种组元的推进剂，然后再加注另一种组元的推进剂以确保安全。各级同种组元推进剂的加注和补加流程基本相同，即推进剂经同一条管路流入贮箱，只是由于大流量加注与补加的流量不同，需要配置大、小两种流量计，故大流量加注与补加的流程在局部稍有不同。在加注过程中，贮箱排出的气体或溢出的推进剂经管路流回到库房的贮罐中，中和处理后再向外排出。两个助推器贮箱的加注和补加的流程有两种：一种是推进剂经不同的管路流入不同的贮箱，另一种则是推进剂先经同一条主管路（公用管路）后经分支管路分别流入各贮箱。

由于常温推进剂有毒，直接排入大地或大气会污染环境，故通常采用闭式加注流程，即推进剂由地面贮罐流向贮箱，而贮箱排出的气体或溢出的推进剂经管路流回贮罐。典型的闭式加注流程原理如图 7 - 7 所示，推进剂从贮罐流出，经过出液阀、泵、流量变送器、库房出液阀、塔上加注阀和加注连接器，从箭（弹）的加注活门流入贮箱，从贮箱排出的气体或溢出的推进剂经箭（弹）的安溢活门和溢出管路回到贮罐，形成闭回路流程。在泵后管路上并联了两条分支管路，分支管路上分别安装了大、小两台流量变送器。大流量变送器的流通直径较大、可测量范围较宽、精度相对较低，小流量变送器的流通直径较小、可测量范围较窄、精度相对较高。大流量加注时，推进剂流经大流量变送器，补加时则流经小流量变送器。

加注系统通常由推进剂库区、加注管路分系统、气路分系统和测控分系统组成，氧化剂加注系统与燃烧剂加注系统分开设置，互相独立和隔离。

固定加注方式的加注设施包括燃烧剂库区设施和氧化剂库区设施以及相应的外管

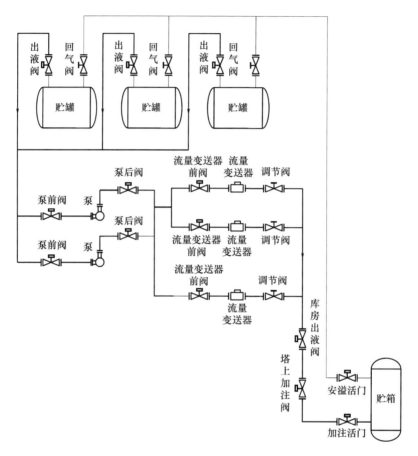

图 7 – 7　典型的闭式加注流程原理

廊、管沟和管桥等。管廊、管沟和管桥是根据不同的地形而设置的，其目的是使得从推进剂库房伸向箭（弹）的管路逐步抬高，避免局部上拱以积存气体或水分。每种推进剂库区的设施通常包括加注控制间、贮罐间、泵间、转注间、高空排放塔（烟囱）和废气处理间等。

推进剂库区设施内通常设有贮罐组、转注和加注管路与设备、泵及其驱动与控制设备等，加注系统的主要部分都设在库区内。在库区内可进行现场的加注指挥、管理、测试与控制，并与靠近箭（弹）的前端设备（如加注信号台、配气台等）及指挥、测控中心通信。库区内还设有加注保障与安全的设施和设备，如推进剂调温系统和设备、通风系统、消防系统、推进剂蒸气浓度监测和报警系统以及废气废液中和处理设备等。

对于固定场坪发射，加注控制间、贮罐间、泵的控制间通常设在山洞内，或为半地下式。对于地下井发射，贮罐间、泵的控制间布局在坑道内。燃烧剂库区与氧化剂库区之间、它们与塔架之间及其与公共设施之间的距离均要符合安全距离的规定。

加注管路分系统通常由加注罐、加注泵、管路、阀门、流量变送器、过滤器、连接器等部分组成。加注管路由库区伸出后，通过外管廊和管桥延伸至箭（弹）贮箱活门的对应位置，即塔架或地下井对应层面的固定工作平台上，然后通过金属软管和连接器与活门连接。金属软管从活动工作平台延伸到连接器尾部，并与之连接。加注结束后要将连接器脱拔出来，然后拆卸和撤走金属软管，以便在发射前将活动工作平台翻开或移走。为了尽量将氧化剂与燃烧剂管路系统隔离，箭（弹）的氧化剂与燃烧剂加注活门一般都设在不同的高度和不同相位的位置上。为了防止固态多余物随推进剂流入贮箱，一般要在泵后管路上和管路末端设置过滤器。

　　加注系统的气路分系统通常由管路、阀门和配气台等部分组成，配气台通常设在推进剂库房和靠近箭（弹）的位置。气路分系统的功用是为加注罐的增压、管路吹除和气密性检查等供气，为阀门和连接器等的气动操纵供气，所供气体主要是氮气。

　　测控分系统则由传感器、变换器、电缆网、仪表、测控台和微机站等部分组成。系统中所有与推进剂或其蒸气接触的设备，其结构材料均需与推进剂相容。加注测试与控制一般采用分散控制、集中操作和管理的自动化测试与控制方式，前端测试和控制设备布局在现场，现场包括推进剂库房和靠近箭（弹）的位置，后端设备设在控制中心，它们之间通过网络系统进行通信和信号传递。加注控制主要是工序控制以及对加注泵、阀门和连接器的控制，通常需测试和传递的加注参数和信号包括加注罐的液位、加注罐气枕压力、泵进口和出口压力、管路内压力、流量、阀门的开关信号、零液位信号、溢出信号、箭（弹）贮箱加注活门开关信号、贮箱压力和各液位信号以及故障信号等。其中零液位信号、溢出信号、箭（弹）贮箱液位等信号通常由加注信号台监测，加注信号台通常设在靠近箭（弹）的位置。对于氧化剂系统，现场的电气设备需密封良好。对于燃烧剂系统，现场的电气设备需防爆，防爆等级通常为隔爆型 dⅡBT3、dⅡBT4 和增安型 eⅡT4，结构上难以做到防爆时，一般采用安全栅隔离。

　　典型的加注测控分系统组成如图 7-8 所示。这是一个分散控制、集中操作和管理的自动化测控系统。按职能分，该分系统由数据传输通道（SINEC L2 网络）、I/O 控制站、操作站、模拟屏和 COROS 工作站等部分组成，I/O 控制站中配有西门子 S5-135U 可编程序控制器。按分工不同，分系统又分为燃烧剂库区测控小系统、氧化剂库区测控小系统和远程监控小系统，其中远程监控小系统可对发射区、技术区和地下设备间的加注过程进行监控，燃烧剂库区测控小系统和氧化剂库区测控小系统的设备配置与功能基本相同，两者均具有相对的独立性。在脱离远程监控小系统的情况下，燃烧剂库区测控小系统和氧化剂库区测控小系统可通过就地控制的方式完成对燃烧剂和氧化剂加注过程的监控。

　　该系统以可编程序控制器为网关，可编程序控制器用于完成 SINEC L2 网与上一级的 C^3I（指挥、控制、通信和情报系统）地勤网之间的协议转换。通过可编程序控制器将本系统的状态信息传送到 C^3I 网上，并可从 C^3I 网接收上级下达的进程命令。

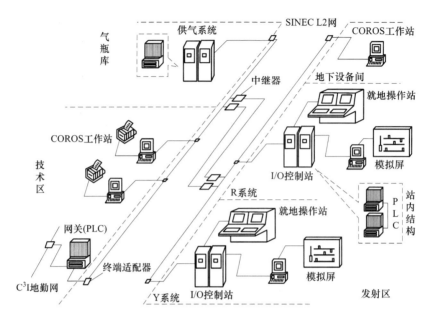

图 7 - 8 典型的加注测控分系统组成

加注系统功能除了具有由贮罐向箭（弹）贮箱加注推进剂以外，还必须具有将贮箱内的推进剂泄回到地面贮罐的功能。在下列情况下需将已加入到贮箱的推进剂泄回：①在加注过程中，如果贮箱液位传感器失灵或用作加注量定量的流量计误差超标，使加注到贮箱的推进剂超量，甚至发生溢出，或者不知道当前贮箱内的液面位置；②加注后推迟发射，已加注到贮箱内的推进剂温度和推进剂量发生了变化，不满足发射要求；③推迟发射时间较长或终止发射。

出现第①种情况时，通常只需将贮箱内的部分（比如泄到某个液位为止）推进剂泄回，以便重新进行加注。如出现第②种和第③种情况，则需将已加注到贮箱内的推进剂全部泄回到地面贮罐中。泄回的方法有泵抽吸法、挤压法和自流法几种，一般采用自流法。

4. 典型加注设备

常用的加注设备主要包括加注罐、泵、管路与阀门、流量计、连接器、加注供配气设备和测试与控制设备等。

常温推进剂的饱和温度较高，加注管路和贮罐都无须绝热和保温，管路通常为单壁管，管段之间采用法兰连接。分系统中所有与推进剂或其蒸气接触的设备，其结构材料均须与推进剂相容，金属材料一般为奥氏体不锈钢或铝合金，非金属材料一般为聚四氟乙烯、丁基胶 8101 和二元乙丙胶 1403 - 1 等。

用于加注的泵通常有机械密封泵和屏蔽电泵，其中屏蔽电泵用得较多，因为机械密封泵不能做到完全无泄漏。泵的类型一般为单级、单吸离心式悬臂泵，扬程一般不高于 100 m，流量不大于 1 500 L/min。屏蔽电泵将机械密封泵的动密封问题转化为泵外壳和电机外壳之间的静密封问题，因而能保证无泄漏，但需解决轴承的冷却、润滑和耐腐蚀等问题。解决此问题的一般方法是，采用推进剂进行冷却，选用有自润滑性能且耐腐蚀的材料制造轴承。

对于燃烧剂屏蔽泵，通常采用由石墨和聚四氟乙烯等非金属材料制成的止推轴承和滑动轴承，有时也采用不锈钢材料的滚珠轴承，采用如玻璃纤维填充聚四氟乙烯等非金属材料制造的保持架。对于氧化剂屏蔽泵，通常采用由聚四氟乙烯等非金属材料制成的止推轴承和滑动轴承，或者采用一种由既耐强腐蚀又耐磨的不锈钢材料制造的滚珠轴承。无论哪个系统，采用滑动轴承时只能靠回流的推进剂进行润滑和冷却。

典型的氧化剂和燃烧剂屏蔽泵的性能参数见表 7 - 5。典型的加注用屏蔽泵示意如图 7 - 9 所示。

如图 7 - 9 所示，屏蔽泵工作时，泵出口处的部分推进剂经回流管 8 流回电机内部，经定子屏蔽套与转子屏蔽套之间的环形间隙流到叶轮 1 的背面，再经叶轮后盖板上的平衡孔流回泵的吸入口。这股回流的推进剂可将泵内的热量带走，使轴承、定子、转子等部分得到冷却。回流流量一般为泵流量的 0.1% ~ 5%。为了减少定子与转子之间的涡流损失，定子屏蔽套与转子屏蔽套之间的环形间隙一般很小，如有杂质进入，则可能会堵塞流道，甚至会造成屏蔽套和轴承损坏，因此，回流管路上通常要设置过滤器。

表 7 - 5　典型的氧化剂和燃烧剂屏蔽泵的性能参数

项　　目	氧化剂泵	燃烧剂泵
额定流量/（$m^3 \cdot h^{-1}$）	75	60
额定扬程/m	105	60
电机功率/kW	45	17

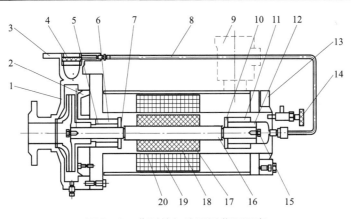

图 7 - 9　典型的加注用屏蔽泵示意

1—叶轮；2—后盖；3—泵壳；4—过滤器；5，11—滑动轴承；6，12—轴套；

7，10—挡圈；8—回流管；9—接线盒；13—电机端盖；14—放气阀；15—螺钉；

16—轴；17—电机转子；18—转子屏蔽套；19—电机定子；20—定子屏蔽套

常用的流量变送器有机械式变送器和激光变送器，机械式变送器有涡轮变送器和涡街变送器两种，精度分别为0.5~1.0级和0.75级。典型的涡轮流量变送器示意如图7-10所示，它主要由叶轮、轴、轴承、导流架、壳体和信号检测放大器等部分组成。典型防爆型的检测放大器结构示意及原理框图分别如图7-11和图7-12所示。

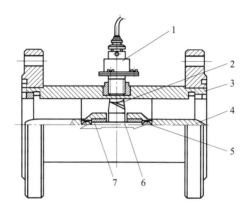

图7-10 典型的涡轮流量变送器示意

1—信号检测放大器；2—叶轮（Cr17Ni2）；3—壳体（1Cr18Ni9Ti）；4—导流架（1Cr18Ni9Ti）；
5—止推环（1Cr18Ni9Ti）；6—轴（碳化硼）；7—轴承（碳化硼）

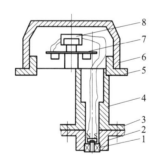

图7-11 典型防爆型的检测放大器结构示意

1—铁芯；2—线圈；3—永久磁铁；4—隔爆管；5—防爆腔座；
6—防爆腔壳；7—线路板；8—接线座

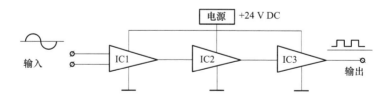

图7-12 典型防爆型的检测放大器原理框图

涡轮流量变送器输出的频率（脉冲）信号转换成电流信号后传到二次仪表，二次仪表通常为智能型仪表，既能显示瞬时流量，又能累积计数和控制停泵。测定流量时，二次仪表将接收到的频率信号进行运算，最终显示流过涡轮流量变送器的推进剂流量。二次仪表的模拟量转换精度一般不低于 0.2% ，频率转换精度一般也不低于 0.2% 。流过涡轮流量变送器的推进剂流量与涡轮转速和输出的频率信号之间成以下关系：

$$q_V = n/C_d = 60f/C_d \qquad (7-4)$$

式中　q_V——流过涡轮流量变送器的推进剂流量，L/min；

　　　n——涡轮转速，r/min；

　　　f——涡轮流量变送器输出的频率信号，Hz；

　　　C_d——仪表常数（1/L），$C_d = Cq_V\tan\alpha/2\pi r_0 S_a$；

　　　C——与流速不均匀系数和涡轮参数有关的常数；

　　　α——涡轮叶片中径处的螺旋角，（°）；

　　　r_0——涡轮的平均半径，mm；

　　　S_a——涡轮叶栅的流通截面积，m^2。

　　加注管路阀门有两种，即截止阀和调节阀。常用的截止阀有球阀和盘状阀瓣的截止阀，截止阀既可气动操纵也可手动操纵，阀门上一般都设有开、关信号装置。操纵气缸有拨叉式和齿轮齿条式两种，典型的低压气动球阀示意及典型气缸的齿轮齿条结构示意分别如图 7-13 和图 7-14 所示。

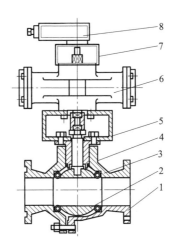

图 7-13　典型的低压气动球阀示意

1—阀体；2—球形阀瓣；3—密封座；4—密封垫；5—气缸支架；
6—气缸；7—信号装置支架；8—信号装置

　　按阀瓣的形式分类，用于常温加注系统的调节阀有球形阀瓣的调节阀和盘状阀瓣的调节阀或锥形阀瓣的调节阀。按执行机构的形式分类，有电动调节阀和气动薄膜调节阀。由于球形阀瓣的调节阀调节特性不如盘状阀瓣或锥形阀瓣的调节阀，故系统中

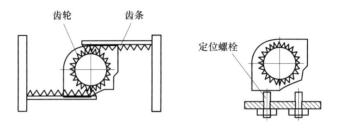

图 7 - 14 典型气缸的齿轮齿条结构示意

一般不使用这种调节阀。由于电动调节阀在结构上易于做到耐强腐蚀且易于达到防爆要求，故这种调节阀应用较多。典型的电动调节阀结构示意和电动执行机构工作原理框图分别如图 7 - 15 和图 7 - 16 所示。

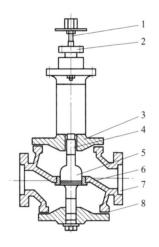

图 7 - 15 典型的电动调节阀结构示意

1—阀杆；2—压板；3—上阀盖；4—衬套；5—阀芯；
6—阀座；7—阀体；8—下阀盖

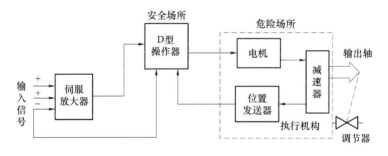

图 7 - 16 典型的电动执行机构工作原理框图

　　执行机构由电机、位置放大器和减速器等部分组成，其中电机为单相永磁式低速同步电机，减速器为行星齿轮减速器。执行机构实际上是一个以电机为原动力的伺服机构，它与伺服放大器和操作器之间用电缆相连，接收经放大后的输入信号并伺服动作。典型的伺服放大器原理框图如图 7 - 17 所示。操作器是调节阀的手动操作装置，可手动调节调节阀的开度，也可配合计算机自动调节调节阀的开度。

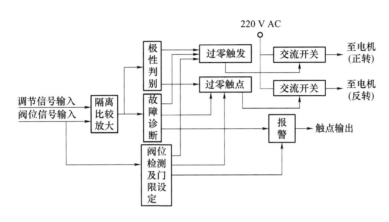

图 7 - 17　典型的伺服放大器原理框图

当输入端无输入信号时，执行机构稳定在预定的零位。当接收到输入的标准直流电信号时，伺服放大器便将该信号转换为输出到执行机构的强电信号，从而调节阀门的开度。与此同时，执行机构输出轴的位置信号反馈到伺服放大器内，伺服放大器将它与输入信号进行比较，当两者的差值不为零时，执行机构输出轴就会向减小差值的方向移动，直至两者的差值小于执行机构动作的死区为止。

对于采用常温推进剂的箭（弹），其各级贮箱的加注活门和溢出活门通常设在箭（弹）体的圆周上，连接器从水平方向与活门连接和分离。加注系统的连接器有加注连接器、溢出连接器、姿控加泄连接器和清洗泄出连接器，这些连接器分别用于加注管路、溢出管路和清洗液管路与箭（弹）主要级贮箱、姿控发动机贮箱和发动机清泄活门的对接和分离。

由于常温液体推进剂的饱和温度较高，加注后贮箱液位可长时间保持不变，且一旦要终止发射，贮箱也不会因为推进剂的蒸发而发生超压。因此，连接器与活门之间的对接和分离通常均靠人工操作实现。典型的加注连接器和溢出连接器示意分别如图 7 - 18 和图 7 - 19 所示，这两种连接器均设有与贮箱活门连接、锁紧和密封的结构，锁紧机构通常由钢珠和活动套筒等部分组成。与活门对接时向后拉动活动套筒（图 7 - 18 中 2），此时钢珠处于自由状态。待钢珠落入活门的槽内后，活动套筒在弹簧力作用下回位后用锁紧销锁紧，连接器便被锁紧在活门上并保证连接部位密封。

箭（弹）贮箱的加注活门通常需由加注连接器控制其打开与关闭，连接器打开与关闭活门的机构由顶杆和操作气缸以及信号装置等组成。需打开活门时，气动操纵顶杆向

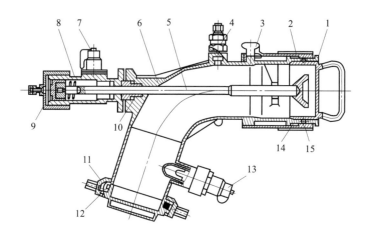

图 7 - 18　典型的加注连接器示意

1，11—堵盖；2—活动套筒；3—锁紧销；4—吸气阀；5—顶杆；6—本体；

7—打开活门信号装置；8—操纵气缸；9—气缸盖；10—顶杆密封；

12—密封；13—零液位信号装置；14—连接部位的密封；15—钢珠

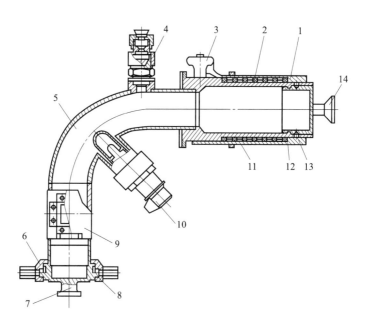

图 7 - 19　典型的溢出连接器示意

1—活动套筒；2—头部；3—锁紧销；4—呼气阀；5—本体；6—堵盖；7，14—手把；

8—密封；9—观察窗；10—溢出信号装置；11—弹簧；12—连接部位的密封；13—钢珠

前运动，信号装置发出活门打开信号；关闭活门时顶杆缩回，活门在弹簧力作用下关闭。

　　除了设有打开与关闭活门的信号装置以外，加注连接器通常还设有零液位信号装置，当推进剂流到该位置时装置就会发出信号，表明推进剂开始进入贮箱。零液位信号装置与溢出连接器上溢出信号装置的工作原理和结构完全相同。

　　箭（弹）贮箱的安溢活门通常由气动操纵其打开与关闭，故溢出连接器通常不设打开与关闭活门的机构。溢出连接器上设有溢出观察窗和溢出信号装置，通过观察窗可人为观测是否有推进剂溢出，而溢出信号装置发出的溢出信号可以远传。

　　典型的溢出信号装置结构示意如图 7 - 20 所示，这种信号装置是采用光电原理工作的，即利用光的折射与反射原理来控制光电元件的输出光电流。当光电传感器棱镜处于气相时，光源发光照在棱镜玻璃与空气的分界面上，再全反射至光电三极管，光电三极管受到光照，其亮电流较大，电路处于导通状态，此时无溢出信号。当光电传感器棱镜处于液相时，光源发光照在棱镜玻璃与液体的分界面上，此时光线折射至液体中，光电三极管没有受到光照，其暗电流较小，电路处于截止状态，发出溢出信号。

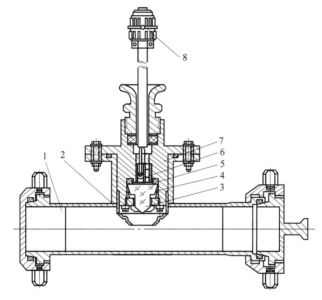

图 7 - 20　典型的溢出信号装置结构示意

1—本体；2—保护罩；3—棱镜；4—衬套；5—O 形圈；

6—光电组件；7—传感器壳体；8—插座

　　在使用状态下，要用金属软管将加注连接器的吸气阀与溢出连接器的呼气阀连接起来，这样，在加注完毕需抽吸加注软管时能从溢出管路补气，而不是从外界大气中补气，避免空气、水分和多余物进入。

　　箭（弹）由发射车起竖后发射时，通常在箭（弹）处于水平状态时就要对接好连接器和地面管路，将箭（弹）起竖为垂直状态后再加注推进剂。由于采用这种发射方式时通常不设勤务塔和摆杆，不能采用人工操作方式使连接器与箭（弹）分离，故用于这种场合的连接器通常要有远距离控制使其自动脱落的功能。典型的自动脱落加泄连接器示意如图 7 - 21 所示，与图 7 - 18 所示连接器的主要不同在于连接、锁紧和脱落机构，连接时同样需要人工操作，但锁紧采用气动操纵方式。脱落机构由气缸和活塞杆等部分组成，需要脱落时使气缸充气，活塞杆向前伸出顶住活门，在活门的反作用力和一端固定在连接器支架上的拉力弹簧作用下，连接器从活门上分离出来并被拉回。

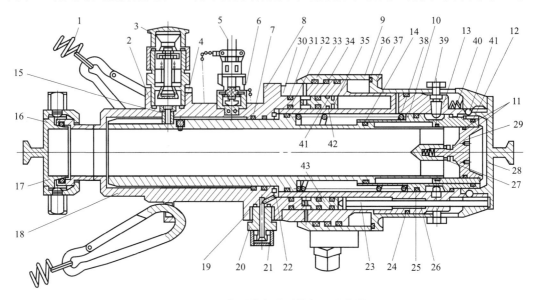

图 7－21　典型的自动脱落加泄连接器

1—拉簧；2—密封垫片；3—吸气阀；4—磁钢；5—导线；6—干簧盒；7—内滑套；

8，11，12，13，14，24，25，31，32，33，34，35，36，43—密封圈；

9—中套；10—前内滑套；15—导向销；16—斜面快速接头；17，28—堵盖；18—本体；

19—垫片；20—管嘴；21—堵帽；22—缓冲垫；23—顶杆；26—活塞缸；

27—弹簧卡箍；29—顶盘；30—后滑套；37—前滑套；38—大弹簧；

39—锁定螺钉；40—小弹簧；41—钢珠；42—活塞

苏联"质子号"火箭各级的加注活门、溢出活门和许多通气、通电插座均设在火箭底部，在技术厂房内水平组装后水平对接组合连接器，整体水平运到发射工位后（图 2－24）起竖成垂直状态。因此，对接组合连接器、连接地面管路和电缆等操作以及连接器脱落后的回收等都无须在高处进行，发射工位上也就无须设置塔架和摆杆等设施。由于连接器在火箭起飞时才脱落，不存在点火前一旦终止发射要重新对接的问题，脱落后如活门泄漏，也不可能重新对接连接器。因此，采取自动对接方式的主要原因是组合连接器较大较笨重、人工对接困难。另外，自动对接可提高自动化水平。

火箭活门设在底部，为连接器在火箭起飞时脱落和为自动对接提供了前提条件。自动对接装置结构复杂，尺寸和质量较大，一般的摆杆或摆臂难以承载。在火箭底部对接，对接装置就可以落地。不利条件是，火箭点火后，连接器和对接装置均会遭受喷焰的烧蚀和气流的冲击，故连接器脱落后要使之远离火箭，并加以保护。

5. 加注程序和工序

对于整体垂直运输到发射工位的箭（弹），在工位上只需经过简单的射前检查便可开始助推器和芯级的推进剂加注；对于整体水平运输到发射工位的箭（弹），起竖后经过简单的射前检查便可开始加注；对于在发射工位组装的箭（弹），则要等到各种测试和总检查都完成后才能进行。加注推进剂前，加注管路要经过吹除和气密性检查，系统要经过各分系统的通气通电联试和模拟加注联试。气密性检查后管路内要通入合格氮气保压，其压力应略高于大气压力，以防外界空气和水分进入。

助推器和芯级的常温推进剂加注通常在发射倒计时的 2~1 天进行，加注前 7~10 天要进行推进剂的取样化验和测温。当推进剂温度超出规定的范围还要进行调温，以确保所加注的推进剂合格及其温度在要求的范围内，并为诸元计算提供依据。四氧化二氮等推进剂的使用指标和煤油的使用指标分别见表 7-6 和表 7-7，不符合表中指标的推进剂不得使用，并要与其他贮罐内的推进剂隔离，以防污染。

表 7-6　四氧化二氮等推进剂的使用指标

项　　目	绿色四氧化二氮		四氧化二氮	偏二甲肼	无水肼	单推-3
	A 级	B 级				
质量分数/%	—	—	≥99.5	≥97.0	≥97.5	N_2O_4 66±2
N_2O_4 与 NO 之和的质量分数/%	≥99.5	≥99.6	—	—		HN 23.0±1.0
NO 的质量分数/%	2.5~3.0	2.5~3.0	—	—		NH_2 ≤0.8
氯的质量分数/%	≤0.04	≤0.04	—	—		
水的质量分数/%	≤0.10	≤0.05	≤0.15	≤0.60	≤0.15	9.2±1.2
偏腙的质量分数/%	—	—	—	≤0.25		
铁浓度/（mg·L⁻¹）	≤0.75	≤0.75			≤0.002	
颗粒物浓度/（mg·L⁻¹）	≤10	≤8	≤10	≤20.2		≤15
非挥发性残渣/%	≤10	≤10	—	—	≤0.005	≤80

表 7-7　煤油使用指标

项　　目		指　　标
密度（20 ℃）/（kg·m⁻³）		830~836
馏程温度范围/℃		180~265
运动黏度/（×10⁻⁶m²·s⁻¹）	20 ℃时	<2.4
	-40 ℃时	≤25

通常采用的调温方法是使推进剂流经热交换器，与其他介质进行热交换。升温和降温的热交换介质分别为热水和盐水。热交换器设有管程和壳程，热水或盐水流经管程，而推进剂流经壳程。水喷淋也是常用的降温方法。

用热交换器调温的典型流程原理如图 7-22 所示。在泵的作用下推进剂从加注罐中流出，经过热交换器的壳程，与管程内的热水或盐水进行热交换，再流回到加注罐中。如此循环往复，直到推进剂的温度满足要求为止。

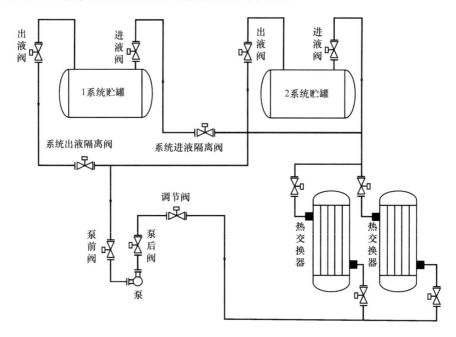

图 7-22　用热交换器调温的典型流程原理

通常的加注顺序为先加注助推器再加芯级（也有的先加芯级再加助推器），先加注最下面的芯一级再加芯二级，先加燃烧剂再加氧化剂。为了缩短加注时间，有时也采用两个助推器或上、下芯级并行加注同种推进剂的方式。

在接到开始加注口令前，需对加注罐气枕充气增压和完成灌泵工作，完成后启动泵并调到额定工况点运行，等待下达开始加注口令。

加注工序分为初速加注→全速加注→减速加注→小流量加注→补加→加注结束→抽吸管路→脱拔连接器和拆卸管路并撤离现场。如图 7-7 所示系统，加注推进剂的流程为：推进剂从贮罐的出液阀流出，经泵入口阀、泵、泵出口阀、流量变送器、调节阀、库房出液阀、管路、塔上加注阀、加注连接器和加注活门，最后流入贮箱。排出的气体或溢出推进剂的流程为贮箱→安溢活门→溢出连接器→回气阀→贮罐。

接到开始加注口令时，气动控制加注连接器的顶杆向前伸出，推开箭（弹）贮箱的加注活门，同时，贮箱的溢出活门也通过气动控制打开。为了防止管路的连接部位出现较大泄漏及防止出现其他故障，初始加注时采用较慢的速度。在初速加注过程中，推进剂进入管路并填充加注连接器以前的整条加注管路。当推进剂流至加注连接器的零液位信号装置部位时，信号装置发出光电信号，使设在库房的流量变送器自动清零，流量变送器重新以推进剂开始进入贮箱为零点进行计数。

初速加注如未出现异常情况则转入全速加注工序，通常在液面快升到设定的第一个液位时转为减速加注，以保持液面的稳定。

当进入贮箱的推进剂达到基本量液位后转为补加。补加通常采用连续补加方式，直到补加量达到预先设定值为止。补加结束后，气动控制加注连接器的顶杆收回，活门的阀瓣在其背后的弹簧作用下回位密封，活门关闭。

在脱拔连接器以前先要抽吸管路内残存的推进剂。所谓抽吸，实际上是利用管路末端与加注罐的位置高度差，通过自流的方式使管路内残存的推进剂流回到贮罐中去。抽吸管路一般都不采用泵式，因为抽吸过程中容易造成泵发生汽蚀。在自流过程中，液柱的下落会对其后端至活门之间的空间起抽吸作用，使之形成负压。此时加注连接器上的吸气阀和溢出连接器上的呼气阀自动开启，溢出管路内的气体进入该封闭空间，从而保证软管内残存的推进剂被抽吸干净，为下一步的连接器脱拔和软管的拆卸提供了安全保证。

7.4.2　姿控贮箱的加注

姿控贮箱指的是姿控发动机系统的贮箱。对于运载火箭，姿控贮箱的加注通常在火箭组装前进行，加注时箭体成水平状态。对于导弹，姿控贮箱的加注通常在导弹竖立在发射工位上后进行。

与助推器和芯级的贮箱相比，姿控贮箱的有效容积很小，一般只有几十升。常用的贮箱有两种，一种为球形表面张力贮箱，另一种为囊式贮箱即贮囊，分别如图 7 - 23和图 7 - 24 所示。表面张力贮箱由表面张力网隔成两部分，每部分都设有溢出口。表面张力网的作用是使气体从推进剂中逸出，使供给发动机的质量流量满足要求。囊式贮箱由内、外容器组成，内容器通常为皮质软囊，除了设有加注管口外，皮囊无其他管口。加注推进剂后皮囊鼓起成球形。

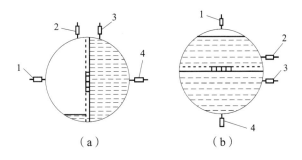

图 7 - 23　球形表面张力贮箱

（a）水平加注时状态；（b）火箭竖立时状态

1—进气口；2—上溢口；3—下溢口；4—加注口

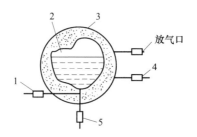

图 7-24　囊式贮箱

1—供液口；2—皮质贮囊；3—金属球壳；4—充气口；5—加注口

姿控发动机系统对加注的要求通常包括：①加注量要求；②加注量由地面定量，加注精度要满足要求；③一次加注到位；④加注表面张力贮箱时，贮箱反压不能超出规定值；⑤囊式贮箱必须采用真空加注方式，真空压力应不大于规定值；⑥推进剂成分指标应符合使用指标要求；⑦加注系统和设备要有良好的环境适应性，可靠性高。

姿控贮箱加注通常采用移动式加注方式，即加注罐装在小车上，将小车推到箭（弹）旁边进行加注。对于加注表面张力贮箱，所采取的动力方式通常为外气源挤压式或泵式。外气源挤压式的配套设备少，操作简便，较为可靠，故被广泛采用。贮箱的内容器（皮质贮囊）上无溢出（放气）口，故加注时不能放气，故通常要采用真空加注方式。由于这两种贮箱上均无液位监测装置，加注量必须由地面加注系统定量。地面定量的方法通常为称重法，称重仪器通常为电子秤，电子秤精度通常为满量程的 1/3 000，即分度值为 50 g。

采用外气源挤压方式加注时，所需的挤压压力由加注流量、管路阻力、加注罐液面与贮箱液面之间的高度差、贮箱反压和推进剂密度等因素确定，该压力用以克服贮箱与贮罐之间的高度差、管路阻力和贮箱反压，以获得规定的流量。由于常温推进剂为不可压缩液体，其密度不随压力而变化，且在流动过程中温度不变，故流过管路各截面的容积流量不变。因此，加注所需的挤压压力为

$$p = p_Z + \rho_L g(h + KQ_V^2) \times 10^{-6} \qquad (7-5)$$

式中　p ——所需的挤压压力，MPa；其余参数同式（7-1）。

由式（7-5）可知，对于给定的管路，要使加注流量恒定就必须使挤压压力和贮箱反压恒定。恒定挤压压力的方法通常是使充入加注罐的气体流量恒定，而气体流量通常由流量控制器控制。为了保持贮箱反压恒定，通常要在溢出罐上设置安全阀，当贮箱反压达到规定值时安全阀开启泄压。

典型的挤压式加注流程原理如图 7-25 所示。系统由加注罐、电子秤、加注管路和阀门、连接器、溢出管路和阀门、溢出罐、电控设备和挤压气路等部分组成，挤压气路上设有流量控制器。加注前，通过流量控制器设定好所需的挤压压力，流量控制器就会自动调节进入加注罐气枕的气体流量，从而使加注流量保持恒定。加注前，电

子秤清零并按要求的加注量设定名义加注量。

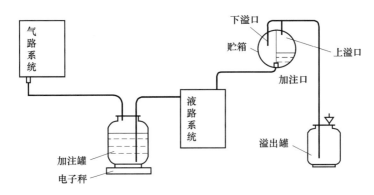

图 7 – 25 典型的挤压式加注流程原理

使用前，电子秤要用砝码进行现场标定，当电子秤的显示值与标准砝码质量一致时，电子秤的称量误差可控制在 ±25 g 以内。加注前，电子秤清零，先称出装有推进剂的加注罐的总质量，然后设定加注，加注结束时加注罐的质量值由式（7 – 6）确定：

$$m_2 = m_1 - \left[m_j + p \times 10^6 (V_{g1} - V_{g2})/ZRT + \rho_L V_3 \right] \tag{7 – 6}$$

式中 m_1 , m_2 ——分别为加注前和加注结束时电子秤显示的加注罐质量，kg；

m_j ——要求的加注量，kg；

p ——加注罐气枕的绝对压力，MPa；

Z ——加注罐气枕气体的压缩性系数；

R ——加注罐气枕气体的气体常数，J/（kg·K）；

T ——加注罐气枕气体的绝对温度，K；

V_{g1} , V_{g2} ——分别为加注前后加注罐的气枕容积，m³；

V_3 ——由加注罐出口至贮囊入口的管路的容积，m³。

加注开始时，打开贮箱下溢口的阀门进行放气，当溢出信号装置发出信号表明液面已升至下溢口位置［图 7 – 23（a）］时，系统会自动控制下溢口的阀门关闭，并打开上溢口管路的阀门。此时推进剂通过表面张力网进入贮箱的另一空间，该空间的气体通过上溢口排放。当电子秤显示值到达设定值时，电子秤自动控制加注阀门和上溢口阀门关闭，从而结束加注。在加注过程中，贮箱反压由设在溢出罐上的安全阀控制，当反压超过规定值时安全阀开启泄压，从而使反压保持恒定。

由式（7 – 6）可知，加注精度不仅取决于电子秤的计量精度，同时也取决于加注罐气枕气体质量及填充管路推进剂量计算的准确度。不过，计算的准确度对加注精度的影响很小。

如前所述，囊式贮箱的内容器无放气口，必须采用真空加注方式。真空加注方式实际上也是一种挤压加注方式，不同的是，它不是通过提高加注罐的压力来增大加注罐与贮囊的压差，而是在加注罐的压力较低的条件下，通过抽真空，使贮囊的绝对压力降到大气压以下。这样，加注时所产生的贮囊反压很低，远远低于加注罐的压力，在实际进入贮囊的推进剂达到要求的量前或后，流动都不会自行停止。加注时贮囊的反压为

$$p_Z = p_{NG}(V_N + V_G)/V_g - 0.1 \tag{7-7}$$

式中 p_{NG} ——加注前贮囊和管路的压力即真空压力（绝压），MPa；

V_N, V_G, V_g ——分别为贮囊、管路和贮囊气枕的容积，m^3。

典型的真空加注流程原理如图 7 - 26 所示。该加注系统由加注罐车、真空泵车、控制台、管路和阀门等组成。管路通过一个加注连接器实现与箭（弹）贮箱的连接和分离，连接、锁紧及分离均由人工操作。加注罐和真空泵分别设在非自行式的小车上，罐车上设有立式的小加注罐和电子秤，加注罐即坐落在电子秤上。

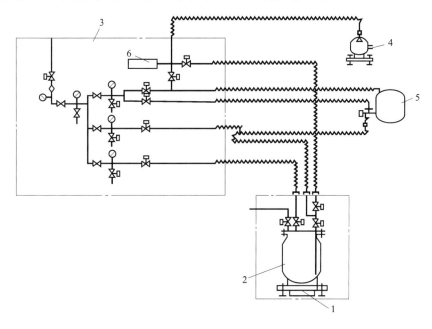

图 7 - 26   典型的真空加注流程原理

1—电子秤；2—加注罐；3—控制台；4—真空泵机组；5—贮囊；6—真空计

加注前启动真空泵对管路和箭（弹）上的贮囊进行抽空，管路内的真空压力由设在管路上的真空计显示。当管路内的真空压力不大于 133 Pa 时停止抽空，此时贮囊为收缩状态。打开加注罐的出液阀门，对加注罐充入一定的压力，推进剂便在瞬间充满管路和贮囊，贮囊张开到规定的容积。

加注量也是采用电子秤称重定量的。加注前称出装有推进剂的加注罐质量，并设定加注结束时加注罐的质量，设定值按式（7 - 6）计算。与加注表面张力贮箱的加注量定量不同的是，由于抽真空时最终达到的真空压力通常是在动态下（真空泵还在工

作）测定的，如果真空泵停止工作后管路连接部位存在泄漏，管路和贮囊的真空压力就会回升，甚至回升到大气压力，加注时贮囊的反压就会增大。如果电子秤的显示值还未达到设定值时贮囊反压就与加注罐的压力平衡，推进剂就会自行停止流入贮囊，而不是由电子秤自动控制加注的结束。因此，保持管路在真空状态下的密封是满足加注量要求的前提条件。

第8章　低温液体推进剂贮运和加注技术

8.1　概　述

低温推进剂就是大气压下饱和温度不高于 120 K 的氧化剂和燃烧剂，目前用于火箭的低温推进剂主要有液氧和液氢，主要用于芯级和助推器。

当火箭采用液氧－液氢做推进剂或只采用液氧做氧化剂时，火箭发射前除了要贮运与加注液氧和液氢外，通常还要贮运和加注液氮。液氮通常是作为过冷液氧和制冷氦气的制冷剂使用的，液氧和液氢加注管路调试时通常也需要以液氮为工质，用它近似模拟液氧和液氢。

与常温推进剂相比，液氧和液氢的主要特点是饱和温度极低；黏度很低，渗透性强，容易泄漏；体积汽化潜热和比热较小，容易产生温升和体积膨胀；液氢的比容大，贮运同质量的推进剂要用更大容积的贮运罐；虽无污染，但泄漏和排放的氢蒸气与空气或氧气混合后，混合物的点燃和引爆浓度范围很宽，所需的点火能量极小；流动的氢蒸气容易积累静电。液氧与液氢的贮运和加注技术特点如下：

（1）尽量在临近加注时才运输和贮存推进剂，贮运设备的绝热措施要保证贮运期间由于蒸发造成的推进剂损耗最少。

（2）贮运设备装入推进剂前和加注管路注入推进剂前都要经过惰性、低沸点气体置换。

（3）贮运设备要设有防止因蒸发和体积膨胀造成超压的安全泄放装置。

（4）加注管路的绝热措施要能保证推进剂在管内的流动为单相流，保证进入贮箱的推进剂温度不高于规定的温度。

（5）需保证贮运设备和加注管路绝热层的真空密封和真空寿命。

（6）当要求进入贮箱的推进剂温度低于其饱和温度（过冷）时，需要采取过冷措施。

（7）加注前，加注管路和贮箱要以小流量进行预冷，直至管路和贮箱温度达到推进剂温度。

（8）所有接触低温的结构件都要考虑由常温变到低温时所引起的尺寸、配合和密封性能等的变化，管路直管段要有冷缩补偿结构。

（9）在有推进剂或其蒸气的情况下，管路上相邻的两个截止阀不能同时处于关闭状态。

（10）所有连接部位和密封结构在低温下的气密性，一般只能预先通过常温和液氮温度下的检测予以保证。

（11）加注前既要清除管路内产生及从外界进入的机械杂质，还要清除掉那些在常温下呈气态、在低温下会固化成微粒的杂质气，防止这些多余物随推进剂进入箭（弹）内。因此，低温推进剂加注管路上不仅要设置过滤器，而且在加注前要进行气体置换。由于杂质气在低温下会固化成微粒，故要求管路上设置的过滤器具有较高精度。

（12）采用开路加注方式，在加注过程中管路和贮箱产生的废液废气通过管路向外排放，其中排放的液氢或蒸气要经燃烧处理。

（13）当有多级贮箱采用液氧和液氢时，由于射前要达到或保持规定液位，故必须多级贮箱并行补加。

（14）加注只能在火箭临射前结束。加注结束后或火箭起飞时，所有与火箭连接的脐带管路要与火箭分离并迅速远离火箭。

（15）加注要实施远程测试与控制，尤其是加注开始后，至少是射前倒计时 60～30 min 具备现场无人值守能力。

液氧、液氢在火箭中得以应用，前提条件是它们已能在工业上大量生产。生产中积累的低温技术经验和应用成果，又为贮运和加注技术的发展奠定了基础。

液氧的贮运和加注技术起步于 20 世纪 30 年代。第二次世界大战期间，德国的"V–2"飞弹、苏联的"P–1"导弹和美国的"XS–1"超音速飞机等采用了以液氧–过氧化氢、液氧–煤油、液氧–汽油或液氧–酒精为燃料的发动机。

虽然，以液氢–液氧组成的双组元低温推进剂比冲高，无毒无污染，早在 20 世纪初就被科学家认定为火箭发动机最有效的燃料，是大推力火箭发动机的首选燃料，但是由于液氢在大量制取、运输、贮存、设备绝热、输送和加注、安全使用和控制等方面的技术难度大，许多问题一时未能得到解决而未被采用。直到 20 世纪 50 年代末，液氢才开始工业化生产，美国率先在"宇宙神"火箭和"土星"系列火箭上采用液氢–液氧，之后是苏联的"N–1"火箭。1976 年苏联取消了用"N–1"火箭发射登月飞船的计划，取而代之的是之后发展的"能源号"火箭，该火箭的 4 个助推器和芯级（TS 级）与轨道飞行器均采用液氢–液氧作为推进剂。随后，法国、日本和印度等国也相继采用液氢–液氧或煤油–液氧作为火箭的推进剂。我国自行研制的第一种型号的导弹以煤油–液氧作为推进剂，液氧的贮运和加注技术也从那时起步，直到 20 世纪80 年代，某些火箭开始使用液氢–液氧作为燃料，液氢的贮运和加注技术才踏上了发展的里程。国内外火箭采用低温推进剂的情况见表 8–1。

纵观火箭的发展史，发展大推力火箭的途径是采用液氢－液氧作为推进剂，适当增加火箭的级数和增大火箭的尺寸。目前，采用液氢－液氧推进剂的火箭级数已由最初的一级发展到多级；要求的加注量由最初的十几立方米、几十立方米发展到几百乃至几千立方米；加注流量也由最初的每分钟几百升发展到每分钟几千升乃至上万升；由加注饱和状态的液氢和液氧发展到加注过冷的液氢和液氧；由现场有人值守、近距离进行测试与控制发展到开始低温加注后现场无人值守的远程测试与控制；等等。采用液氢－液氧为推进剂的火箭级数越多，要求的加注量越大，贮运和加注所遇到的技术问题也将越多、越复杂，安全性问题也将愈加突出。

液氮虽然不属于推进剂，但常用作使液氧过冷或使氦气制冷的制冷剂。本章内容包括液氮的贮运和加注技术。

表 8 - 1　国内外火箭采用低温推进剂的情况

火箭型号	火箭各级所采用的推进剂		芯一级	芯二级	芯三级或上面级
	助推级				
	个数	推进剂			
苏联"能源号"	4	煤油－液氧	液氢－液氧	—	—
俄罗斯"安加拉"系列	2 ~ 4	煤油－液氧	液氢－液氧	煤油－液氧（安哥拉1外）	液氢－液氢（安哥拉5）
美国"宇宙神 LV - 3C-半人马座 D"	—	—	煤油－液氧	液氢－液氧	—
美国"宇宙神 SV - BD-半人马座 DFA"	—	—	煤油－液氧	液氢－液氧	—
美国"宇宙神 3A"	—	—	煤油－液氧	液氢－液氧	—
美国"宇宙神 5"系列		固体、煤油－液氧	煤油－液氧	液氢－液氧	—
美国"德尔它 3"	9	固体	煤油－液氧	液氢－液氧	—
美国"德尔它 4"		固体、液氢－液氧	液氢－液氧	液氢－液氧	—
美国"土星 I"	—	—	煤油－液氧	液氢－液氧	—
美国"土星 I B"	—	—	煤油－液氧	液氢－液氧	—
美国"土星 V"	—	—	煤油－液氧	液氢－液氧	液氢－液氧
美国"法尔肯 1"	—	—	煤油－液氧	液氢－液氧	—
美国"阿瑞斯 5"		常温推进剂	液氢－液氧	液氢－液氧	—
法国"AR5"改进型		常温推进剂	液氢－液氧	液氢－液氧	—
日本"H - 2"		固体、常温推进剂	液氢－液氧	液氢－液氧	—
印度"MK3"		常温推进剂	煤油－液氧	液氢－液氧	—
中国"长征三号"系列	0 ~ 4	常温推进剂	常温推进剂	常温推进剂	液氢－液氧

8.2   推进剂特性

液氢是一种无色、无味和透明的超低温燃料，密度小，比冲高，沸点低，容易汽化，容积汽化热小，外界漏入少量的热量就会引起蒸发。液氢本身难于着火燃烧，但遇到固氧或固空等强氧化物会发生爆炸，高速排放或喷射泄漏（与空气混合前）遇静电会爆燃。暴露于大气时沸腾蒸发非常剧烈，形成的氢气体积膨胀和扩散速度非常快，其扩散系数比空气大 4 倍，比氧气大 3.6 倍，其泄漏速度约为空气的 2 倍、为汽油的 100 倍。液氢的黏度极低，约为水的 1/64，故其泄漏能力是水的 64 倍，是液氮的 12 倍、液氧的 14 倍，少量液氢泄漏就能与空气形成大量的可燃混合物。氢气属于 1 类爆炸性危险品，氢与氧或空气混合虽不会自燃，但所形成的可燃混合物的燃烧与爆炸浓度范围很宽且点火能量低，一般撞击、摩擦、不同电位之间的放电和各种起爆药物的引燃及明火、热气流、烟、雷电感应和电磁辐射等均可点燃。氢燃烧火焰是无色不可见的，燃烧速度快、温度高，直接与人体接触会被严重烧伤。

在空旷地区，大量氢与氧或空气混合物的燃烧是平静的，除非用相当大的能量引爆，否则不会引起爆轰。在封闭或半封闭的环境内，氢与氧或空气混合物被点燃后会立即引起爆轰。

液氢的导电能力很小，绝缘性高，极易积累静电。在高速流动、喷射泄漏、氢气中含有水分时会由于摩擦或分离而产生很高的静电位。

液氧是一种淡蓝色、无味、无毒和透明的强氧化剂，沸点低，容易汽化。氧属于 2 类危险品，本身不能燃烧但可以助燃。高浓度氧气与氢气等燃料蒸气混合时，与静电、火花、明火和撞击等火源作用会发生燃烧与爆炸。当存在较强点火源（如冲击）时，氧与油漆、多孔有机材料和有机物接触会发生燃爆。

液氢、液氧和液氮的主要物理 - 化学特性参数见表 8 - 2。

表 8 - 2   液氢、液氧和液氮的主要物理 - 化学特性参数

参　　数	液　氢	液　氧	液　氮
1 个大气压下的沸点/K	20.39	90.19	77.35
沸点下的密度/（kg·m^{-3}）	70.67	1 141.2	806.6
动力黏度（沸点下）/（Pa·s）	1.35×10^{-5}	1.95×10^{-5}	1.59×10^{-5}
冰点/K	13.75	54.35	—
相对原子或分子质量	2.016	32	28.013 4
绝热指数	1.412	1.4	1.397
相对介电常数	1.250	1.46	—

续表

参　数	液　氢	液　氧	液　氮
汽化潜热/（kJ·kg^{-1}）	446.65	213.65	198.41
体积膨胀系数/℃$^{-1}$	1.19×10^{-3}	1.573×10^{-3}	—
变为 0 ℃及 1 个大气压气体时之倍数	800	800	643
临界温度/K	32.976	154.6	126.1
临界压力/MPa	1.3	5.107	3.35

采用液氢－液氧推进剂时，其中补加的液氧往往需要过冷，即加注到贮箱的液氧温度要低于其饱和温度。采用过冷器使液氧过冷时，通常要采用液氮作为制冷剂或换热介质。另外，有些火箭在飞行时要用冷氦气给贮箱增压，所需的冷氦气由设在贮箱内的冷氦气瓶贮存而由地面供配气系统在射前充填好。充填气瓶的冷氦气一般也要通过热交换器获得，热交换器所用的制冷剂或换热介质通常也是液氮。

液氮是一种中性或惰性液体，当其氧体积分数≤4%时不能自燃和助燃。氧可以任何比例溶解于氮中，若由于氮蒸发而使其氧含量增高，形成富氧，则此时的液氮就会变成可能燃烧和爆炸的液体。同时，与氢、氦、氖一样，氮能降低空气中的氧含量，特别是排放口附近和严重泄漏区域。当空气中氧体积分数低于15%时，就会使人窒息。

液氢、液氧和液氮对材料均无腐蚀性，其对材料的主要要求是低温下不冷脆，具有一定的低温韧性。诸如铜、铝、镍、钛和奥氏体不锈钢等具有面心立方晶格结构的金属材料在低温下不变脆，具有与常温相近的冲击韧性。用于液氧的材料除了低温下不冷脆外，还要求对冲击不敏感。

常用于液氢、液氧和液氮的金属材料有 18Cr－8Ni 类奥氏体不锈钢和铜、铝及其合金。15Mn26Al 系列奥氏体钢可用于液氢和液氮中。

常用于液氢和液氮的非金属材料有聚四氟乙烯、氟－46 和聚酰亚胺等，前两种材料在温度为 90K 以下时已变得很硬并失去弹性，但尚可作为低压静密封材料。

聚四氟乙烯、聚三氟乙烯、石墨浸渍环氧树脂和酚醛树脂、全氟聚氨酯、氮化硅陶瓷、氮化硼、高温石墨和碳化钛等材料对冲击不敏感，可在液氧中使用。聚酰亚胺、环氧树脂、酚醛树脂、硅树脂及聚氨酯泡沫塑料等材料对冲击敏感，不宜在液氧中使用。

8.3　推进剂的运输和贮存

8.3.1　贮运方式和设备

液氢和液氧的饱和温度极低，即使设备绝热良好，其在运输、贮存、加注过程中以及加注到贮箱以后也会由于蒸发而造成损耗,而且,这种损耗的量与时间长短有关。另外的损耗就是工序损耗,包括管路与贮箱预冷损耗、发动机预冷损耗、排放损耗等。在发射卫星时,如果因故错了第一个发射窗口,就要从箭上贮箱向地面贮罐泄回低温推进剂,待机进行二次加注,在这个过程中也会发生损耗。按照国内、外的有关经验,贮运量至少应为各贮箱加注量总和的 3 倍。目前,国内外有关型号的液氢贮运量为 150 ~ 3 800 m³,液氧贮运量为 40 ~ 3 400 m³。

低温推进剂一般在加注前才进行运输与贮存,这样可减少其在贮存期间的损耗量。液氢与液氧的贮存方式依推进剂生产厂离试验场的远近、水路和陆路条件、发射频率及推进剂用量等不同而异。目前有以下几种贮运方式。

1. 铁路槽车运输,固定贮罐贮存

在生产厂离试验场较远、用量又较大的情况下,有时采用专门的铁路槽车进行长途运输,到场后再将液氢或液氧转注到固定贮罐中。苏联拜科努尔发射场发射"能源号"火箭(发射"暴风雪号"飞船)时就采用铁路槽车运输和固定球罐贮存液氢、液氧和液氮,所用液氧铁路槽车分别如图 8 – 1 和图 8 – 2 所示,液氢铁路槽车如图 8 – 3 所示。低温中心(图 8 – 4)设有的固定球罐总数为 10 个,其中液氢、液氧和液氮球罐的数量分别为 4 个、3 个和 3 个,每个球罐内罐的容积为 1 400 m³。为加满一个液氮或液氧球罐需用 60 辆 8Г513 型液氧铁路槽车,加满一个液氢球罐则需要 15 辆 ЖВЦ – 100 型液氢铁路槽车。

8Г513 型液氧铁路槽车贮罐内罐的几何容积为 33 m³,工作压力为 0.25 MPa,采用真空粉末绝热,昼夜蒸发率为 0.22%;15 – 558C 型液氧铁路槽车贮罐内罐的几何容积为 44 m³,工作压力为 0.5 MPa,采用真空粉末绝热,昼夜蒸发率为 0.26%。这两种液氧铁路槽车贮罐内罐材料为铝合金,外罐材料为碳素钢,夹层的真空寿命均为 2 ~ 5 年。车上设有汽化器,通过自增压向外排出液氮。

苏联于 20 世纪 70 年代用 ЖВЦ – 100 型液氢铁路槽车运输液氢,该车贮罐内罐材料为铝合金,外罐材料为碳素钢,采用多层缠绕绝热,通过外气源增压向外排出液氢。后来将该车改型为 ЖВЦ – 100M 型。改型后槽车贮罐内罐的几何容积为 119 m³,工作压力为 0.25 MPa,采用真空粉末绝热。

2. 船舶运输,可移动贮罐贮存

当推进剂生产厂离试验场较远、试验场又靠近海边且所需的贮运量较大时,往往采用这种贮运方式。法国 AR5 航天发射场建在南美洲的圭亚那,靠近海边。1992 年以前,液氢从美国进口,通过船舶运输到试验场专用码头,然后用拖车运至发射工位。

3. 公路槽车运输,固定贮罐贮存

这种方式适用于推进剂生产厂离试验场较近且要求贮运量较大的情况。例如,美国"土星 V"的液氢采用公路槽车运输,到场后转注到固定球罐中贮存。液氢固定球

罐内罐容积为 3 500 m³, 昼夜蒸发率为 0.075%。球罐设有并联的 5 条转注管路, 可同时接受 5 辆公路槽车的转注。液氧也采用公路槽车运输和固定罐贮存方式, 固定球罐内罐容积为 3 585 m³。ЦТВ-45/1.0 液氢公路槽车示意如图 8-5 所示, 贮罐内罐几何容积为 45 m³, 工作压力为 1.0 MPa, 真空粉末绝热, 昼夜蒸发率为 0.85%。

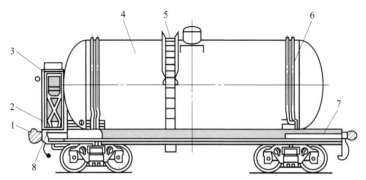

图 8-1　8Г513 型液氧铁路槽车示意

1—车钩；2—通信设备；3—操作间；4—液氧槽罐；5—工作梯；6—箍带；7—铁路车底架；8—检测仪器仪表

图 8-2　15-558С 型液氧铁路槽车

图 8-3　ЖВЦ-100 型液氢铁路槽车　　　　图 8-4　拜科努尔发射场中央区低温中心

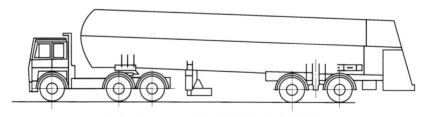

图 8-5　ЦТВ-45/1.0 液氢公路槽车示意

1992 年，法国在圭亚那试验场附近建成液氢生产厂，通过还原甲醇生产液氢，生产能力为 33 m³/天。所生产的液氢先贮存在 5 个机动罐中，每个罐的容积为 320 m³。发射前用 8 根轴（64 个轮子）的拖车将液氢运至 2.5 km 外的试验场。

日本"H－2"的液氢贮存设备包括设在地面上的两个球形贮罐、一个圆柱形贮罐（图 8－6）和设在塔上的两个容器。每个球罐内罐容积为 540 m³，采用真空粉末绝热，昼夜蒸发率为 1.0%。圆柱形贮罐内罐的容积为 50 m³，塔上两个容器的内容器容积分别为 20.7 m³ 和 7.4 m³，总贮存能力约为 530 m³。液氢由两辆公路槽车运输，到场后转注到液氢库的两个球罐和圆柱形贮罐内，球罐内的一部分液氢再转注到塔上的两个容器贮存，作为一、二级贮箱补加的液氢源。液氧贮罐为两个柱形罐，每个罐内罐的容积为 160 m³。

图 8－6　日本种子岛发射场的液氢库

4. 铁路加注运输车运输，到试验场后驻场贮存和加注

这种方式一般用于推进剂生产厂离试验场较远、所需贮运量不大于 190 m³ 的液氢或液氧贮运，铁路车既是运输车又是加注车。如图 8－7 所示典型的液氢铁路加注运输车的贮罐内罐几何容积为 85 m³，工作压力为 0.3 MPa，加注流量为 1 500 L/min。贮罐采用真空多层缠绕绝热，昼夜蒸发率不大于 0.5%。

图 8－7　典型的液氢铁路加注运输车

当所需液氢或液氧贮运量超过 200 m³ 时，如果仍采用这种方式，则要用两辆以上的铁路车运输，或者两辆铁路车再加上另外贮罐或公路车装铁路平板车运输。显然，这么多的车辆同时驻场加注是不方便的，因而通常不采用这种贮运方式。

5. 公路槽车运输，到试验场后驻场贮存和加注

这种方式适用于推进剂生产厂离试验场较近且要求的贮运量较小的情况。我国发射"长征三号"火箭时的液氧贮运就是采用这种方式。"长征三号"火箭所需的液氧贮运量为 20 m³ 左右，用两辆公路车贮运即可满足要求。

6. 管路输送，固定罐贮存

当制氧厂和制氮厂设在发射场附近时也可采用管路输送方法，将液氧和液氮从生产的贮罐内转注到设在发射工位的固定罐内，拜科努尔发射场和谢茨克发射场发射"联盟号"火箭时既可用铁路车运输液氧和液氮，也可通过管路输送。

如前所述，低温罐有圆筒形立式罐、圆筒形卧式罐和球罐三种形式，分别如图 8－6、图 8－8 和图 8－9 所示。立式罐的容积一般小于 100 m³，卧式罐的容积一般不大于 250 m³，要求容积大于 250 m³ 时就得采用球罐，或采用若干个卧式罐组成的罐组。由于不能整体运输，故球罐需要在现场组装和完成绝热工艺。图 8－9 中的大型球罐用于为"能源－暴风雪号"加注液氢，容积为 1 400 m³。图 8－6 中的圆筒形立式罐用于为汽化器供液。

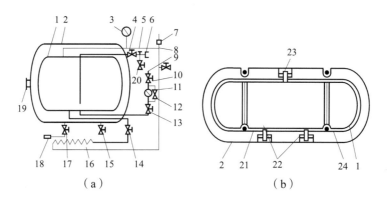

图 8－8　典型卧式低温罐结构示意

1—内罐；2—外罐；3—压力表；4、14—气阀；5、8—内罐爆破片装置；6—连接软管的接头；
7—安全阀；9—出气阀；10、12、13—接通液位计的气阀；11—液位计；15—抽空阀；
16—汽化器；17—真空计气阀；18—真空计传感器；19—外罐爆破片装置；
20—放气阀；21—多层缠绕层；22、23—盘形支座；24—悬挂

贮运罐通常由内罐、外罐、绝热层、管路和阀门、安全泄放装置、监测装置和汽化器自增压装置等部分组成，其中管路包括加排管、气体排放管、汽化器入口管和出口管等。内罐、外罐之间设有支撑装置，支撑装置既要承受来自各个方向的冲击和振

图 8 - 9　典型的低温球罐

动及制约内罐与外罐之间的相对运动，又要能补偿内罐和管路因冷缩产生的相对位移。内罐上的各种管路在夹层内均设有冷缩补偿结构，以防产生低周、低应力疲劳破坏。内罐、外罐之间的夹层为绝热层，通常采用真空粉末绝热或真空多层缠绕绝热，其中液氢贮罐一般采用真空多层缠绕绝热，液氧和液氮贮罐一般采用真空粉末绝热。对于大型的液氢、液氧球罐，一般均采用真空粉末绝热，因为大型球罐需在现场组装，如果采用真空多层缠绕绝热，现场难以保证组装和绝热工艺所需的环境条件与工作条件。

　　低温贮运罐的绝热性能指标为昼夜蒸发率，昼夜蒸发率就是在规定环境温度、大气压力和贮罐液体填充率为规定充填率的条件下，一昼夜所蒸发的液体容积占内罐总容积的百分比，它反映了漏入贮罐热量的大小。昼夜蒸发率与绝热形式、绝热材料、抽空指标、贮罐形状和大小、所装推进剂种类和装填率、动态还是静态等因素有关，$100~m^3$ 左右的真空多层缠绕绝热液氢贮罐，其静态昼夜蒸发率为 $0.4\% \sim 0.5\%$，运输过程中的蒸发率为静态时的 $2 \sim 3$ 倍。$10~m^3$ 左右的真空粉末绝热液氮贮罐昼夜蒸发率为 $0.5\% \sim 0.7\%$，"土星 V"火箭的大型球罐容积为 $3~500~m^3$，采用真空粉末绝热，昼夜蒸发率不大于 0.075%。

　　对于真空多层缠绕绝热和真空粉末绝热，外界通过绝热层漏入的热量分别为

$$Q_d = \lambda_m S_m (T_o - T_i)/\delta \tag{8-1}$$

$$Q_f = K_m S_m (T_o - T_i)/\delta \tag{8-2}$$

式中　Q_d——外界通过真空多层缠绕绝热层漏入的热量，W；

　　　　Q_f——外界通过真空粉末绝热层漏入的热量，W；

　　　　λ_m, K_m——分别为真空多层缠绕绝热层和真空粉末绝热层的表观导热系数，

　　　　　　　　W/ (m・K)，对于真空多层缠绕绝热层，λ_m 为 $0.056 \times 10^{-3} \sim$

　　　　　　　　0.50×10^{-3} W/ (m・K)；对于典型真空粉末绝热层，$K_m \leqslant 0.35 \times$

　　　　　　　　10^{-3} W/ (m・K)；

S_m ——绝热层的平均表面积，m^2；

δ ——绝热层垂直方向的厚度，m；

T_o，T_i ——分别为外罐、内罐温度，K。

采用真空粉末绝热时，一般要求夹层真空压力不大于 1.33×10^{-2} Pa，漏放气速率不大于 7×10^{-2} Pa·L/s，所填充的粉末材料多为珠光砂。采用真空多层缠绕绝热时，缠绕材料为反射材料和导热系数小的隔热材料，前者通常为铝箔，后者通常为玻璃纤维。夹层真空压力应不大于 1.33×10^{-3} Pa，漏放气速率应不大于 1×10^{-6} Pa·L/s。反射层和隔热层的作用分别是减少辐射漏热和缠绕层的固体导热，降低夹层真空压力和漏放气速率的目的分别是减少夹层内的气体传热和保持较长的真空寿命。

由于漏放气的存在，夹层真空压力会随时间的推移而回升，使表观导热系数增大，如图 8 – 10 所示。

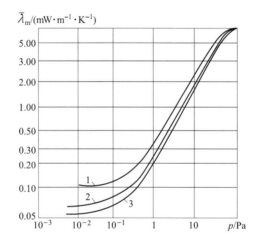

图 8 – 10　温度为 293 ~ 90 K 时真空多层缠绕绝热热导率与夹层压力的关系
1—层数为 26 层的曲线；2—层数为 40 层的曲线；3—层数为 51 层的曲线

为了使夹层在较长时间内仍保持较低的真空压力，夹层内还需装入一定量的吸附剂。即使如此，当夹层内的压力回升到一定程度，以至于绝热性能不能满足要求时，需要对夹层重新抽空。

设置安全泄放装置的目的是避免贮罐因超压而遭到破坏，阀门故障而造成增压不止、推进剂吸热膨胀和贮罐绝热失效等均可能造成超压。安全泄放装置有安全阀、爆破片装置、风扇 – 气动电动机自动排放装置或手动紧急排放装置等，内罐上通常同时设有安全阀和爆破片装置，当安全阀出现故障或被冻住而不能正常打开时，需通过爆破片爆破泄压，以避免罐内压力继续上升。因为安全阀不能保证夹层可靠密封，外罐上通常只设爆破片装置而不设安全阀。典型的爆破片装置结构示意如图 8 – 11 所示。另外，当罐内推进剂因吸热而膨胀到罐内容积的 98% 后，罐内压力会骤然升高，贮罐就有被胀破的危险。因此，对于铁路长途运输，通常都设有监测贮罐压力的装置，当达到一定压力时应进行排放。对于罐内液体体积吸热膨胀的安全措施，可设置容积充填率98%作为一个控制点。当罐内压力达到98%容积对应的饱和压力时或之前进行人工操作泄压，或者设置风扇-自动排放装置，当罐内压力达到98%容积对应的饱和压力时或之前自动开启排放，并使排入大气的氢气-空气混合物中的氢浓度达到安全浓度。

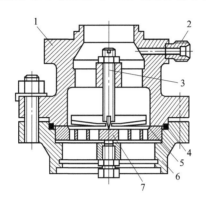

图 8-11　典型的爆破片装置结构示意

1—法兰；2—检查膜片完整性的管接头；3—刀；4—垫片；5—爆破片；6—壳体；7—栅格

达到98%容积对应的饱和压力与推进剂的种类和贮罐的初装率有关，由膨胀到罐内容积的98%时推进剂的密度和该密度对应的饱和温度确定。膨胀后推进剂的密度为

$$\rho_2 = \rho_0 \eta_0 / 0.98$$

式中　ρ_2，ρ_0——分别为推进剂膨胀后和装入贮罐时的密度，kg/m^3；

　　　　η_0——贮罐的初装率，%，对于液氢，$\eta_0 \leqslant 90\%$，对于液氧，$\eta_0 \leqslant 95\%$。

为了尽量减少贮运中的损耗和延长贮存时间，除尽可能地提高贮运设备的绝热性能、减少外界漏入的热量以外，国内外正在研究无损贮存尤其是液氢无损贮存的问题，试图将因蒸发而排放的蒸气回收利用，但因低温制冷、压缩设备和安全问题尚未解决，且存在效能/费用比低的问题，故迄今为止液氢无损贮存技术尚未在试验场应用。

8.3.2　贮存和加注场地

液氧、液氢和液氮贮存库通常不设在封闭或半封闭的建筑设施内或洞内，而是设在平坦且四面通风的场地，分布在火箭发射工位的两侧，与火箭隔开一定的安全距离。有些试验场将液氢和液氧贮存库设在发射工位的同一侧，但两者之间也保持一定的安全距离，中间用隔离墙隔开。由于氮的性质较稳定，故液氮贮存场地通常与液氧贮存场地毗邻。典型的低温推进剂库布局示意如图 8-12 和图 8-13 所示。

对于卧式贮罐或贮罐组，为避免遭受日晒及遮挡雨、雪，贮罐位置有时设有四面通风的简易建筑，其屋顶为轻型屋顶。为了防止因突发故障而造成液氢大量泄出而向

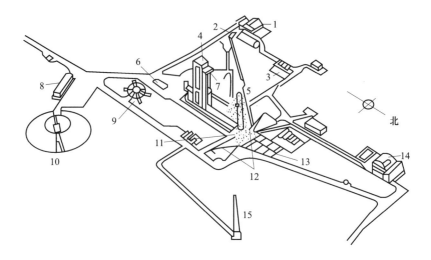

图 8-12　阿里安库鲁发射场推进剂库布局示意

1—偏二甲肼库；2—水塔；3—液氢库；4—服务塔；5—火箭；6—氦气瓶库；

7—脐带塔；8—办公大楼；9—冷却水设备；10—发射工位掩体；11—液氧库；

12—导流槽；13—液氮库；14—四氧化二氮库；15—气象塔

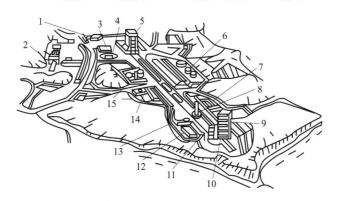

图 8-13　种子岛发射场推进剂库布局示意

1—发动机试验控制中心；2—LE-7试车台；3—动力中心；4—发控中心；5—火箭总装厂房；

6—液氢库；7—氢处理设施；8—活动发射平台；9—勤务塔；10—发射台台基；

11—电视塔；12—发射建筑；13—瞄准操作间；14—液氧库；15—高压气体贮存库

四周流淌，一直以来都主张在贮罐周围设置围堰，且围堰高度下的空间容积应不小于罐内液氢的容积。但近年出现了不同观点，认为这样不利于液氢的蒸发，不如在地面上铺满砾石或陶瓷碎片，增大蒸发面积，使泄到地面的液氢迅速蒸发。

液氢与液氧贮存场地之间、液氢与液氧贮存场地与发射工位及其他场地、设施和点火源之间都要保持一定的安全距离，目的是避免此处着火而引燃彼处以及避免此处爆炸的冲击波和碎片危及彼处。通常要求贮罐距明火烟囱和其他火源的距离不小于60 m，距液氧贮罐的距离也应不小于60 m。当贮存场地着火时，通常认为150 m范围外是十分安全的。安全距离的参考值见表 8 – 3 和表 8 – 4。

表 8 – 3　液氢贮存的安全距离

液氢贮量/kg	贮存场地与建筑、铁路、公路之间距离/m	
	无防护墙	有防护墙
45 ~ 91	183	30
91 ~ 136	183	34
136 ~ 181	183	37
181 ~ 227	183	40
227 ~ 272	183	41
272 ~ 318	183	43
318 ~ 363	183	44
363 ~ 408	183	46
408 ~ 454	183	46
454 ~ 1 361	183	58
1 361 ~ 1 814	183	61
1 814 ~ 2 268	183	64
2 268 ~ 2 722	183	67
2 722 ~ 3 175	183	69
3 175 ~ 3 629	183	70

表 8 – 4　典型发射场液氢和液氧贮存库安全距离

发射场	液氢贮存库与火箭之间的距离/m	液氧贮存库与火箭之间的距离/m	注
西昌发射场	304 ~ 350	150 ~ 200	分布在火箭两侧
库鲁发射场 AR1 和库鲁发射场 AR2 发射工位	300	300	分布在火箭两侧
库鲁发射场 AR3 发射工位	400	400	分布在火箭的同一侧,中间隔一土墙
库鲁发射场 AR4 发射工位	400	400	分布在火箭两侧
库鲁发射场 AR5 发射工位	200	200	
种子岛发射场 H – 2 发射工位	250	250	
肯尼迪空间中心 39 号发射工位	440	440	

8.4 推进剂加注

8.4.1 对加注的要求

箭（弹）对低温推进剂加注的要求包括环境适应性要求、加注流量和加注量要求、加注量定量要求、推进剂使用指标要求、进入贮箱的推进剂温度和品质要求、补加方式和补加量要求、连接器脱落时间要求、贮箱和发动机预冷要求、加注工序和时间要求及主要参数和信号传递要求等。

由于低温推进剂饱和温度极低，容易汽化，加注时容易在管路内产生液-气两相流，流入贮箱的推进剂也会因压力降低而发生蒸发，这样，流经地面流量变送器的推进剂量并不等于贮箱存下来的推进剂液量。因此，无论加注基本量还是补加量均需要由箭上贮箱的液位传感器定量。低温推进剂贮箱的液位传感器通常为分节电容式的液位传感器，节与节之间的间距约为 2 mm，可连续地传感贮箱的液位，也可较精确地标定规定点的液位即点式液位。因此，大流量加注和补加时，加注量均由贮箱液位传感器定量，即使如此，加注系统仍需密切监测加注时推进剂在管内的流动状态和流量，并要通过精准地操作和控制，满足在规定的时刻加到规定液位的要求。

箭（弹）要求的加注量是指点火发射前贮箱应贮有的推进剂量。如前所述，对于常温推进剂，即使在发射前一天或十几小时结束加注，加注后贮箱所达到的液位仍能一直保持到火箭点火发射。而低温推进剂容易蒸发，只要一停止加注，贮箱内的液位就会下落。因此，对于低温推进剂加注，为了使规定的液位一直保持到发射前，要求加注延续到射前 2~3 min 才能结束。

为了尽量缩短整个加注过程时间，保持液面稳定和贮箱的压力稳定，通常要求在某个液位以下实施大流量加注即全速加注，而达到某个容积值时减速加注。另外，要求加注以前先要预冷贮箱，使之接近推进剂的饱和温度，通常要求预冷到贮箱达到某一液位为止。因此，加注系统需具有流量调节功能，以满足对预冷流量、大流量、小流量和补加流量的需求。

有些箭（弹）（如美国的"土星 V"火箭和航天飞机以及俄罗斯"联盟号"火箭等）只要求加注大气压下饱和的液氢和液氧，而有些箭（弹）则要求加注和补加达到过冷温度的推进剂，如美国"土星 I"火箭、苏联的"能源号"火箭要求补加或加注和补加的液氢为过冷液氢，而苏联"质子号""能源号""N-1""天顶号"火箭和"暴风雪号"飞船以及日本的"H-2"火箭等均要求补加过冷液氧。在贮箱容积一定的情况下，采用过冷的液氢和液氧可提高其密度，从而增加推进剂的质量。

由于低温推进剂要加注到射前几分钟，故用于地面管路与贮箱连接的连接器须在射前或在火箭起飞时可靠脱落，以确保火箭的正常起飞和安全。射前脱落时，由于现场已无人值守，故必须能通过远程控制使其脱落。对于液氢加泄连接器，通常要求脱落后能将加注管路末端封闭，以防止管路内的液氢外泄或氢蒸气逸出，避免火箭起飞发生燃烧和爆轰。另外，如火箭需要，加泄连接器还应具有打开和关闭贮箱活门的功能。

一旦要终止发射，要求加注系统能及时地排出贮箱气枕的推进剂混合蒸气及泄出贮箱内的推进剂，防止贮箱因推进剂蒸发而造成超压。与常温推进剂不同，低温推进剂加注完成后如要终止发射，贮箱内的推进剂必须泄回到库房的贮罐中。

对加注测试与控制的要求是，既要能远距离完成加注测试与指挥控制，还能在库房控制间完成加注的现场指挥控制，既能自动，又能手动。

所要加注的推进剂必须符合使用指标要求，其温度应在规定的范围内。为了防止多余物进入贮箱，要求推进剂进入贮箱以前要经过过滤器过滤，以滤去固态多余物，过滤精度要符合规定。过滤精度要求是根据火箭发动机及其输送系统的状态提出的，不同火箭和不同推进剂系统，对过滤精度的要求也是不一样的，通常为 10 ~ 70 μm。同时，由于杂质气在低温下会变成固态多余物，故在加注前要用气体置换管路和贮箱。

除了上述要求以外，还要求在规定的时间内顺利和安全地完成加注，包括避免出现故障、防止发生泄漏、避免直接向外排放废液和废气等。

8.4.2　加注方式和技术原理

液氧和液氢加注也有机动式加注和固定式加注两种方式。因要排放废液和废气，故加注通常采用开路加注方式，即管路和火箭贮箱都设有向外界排气的排气口和管路，在管路预冷、发动机预冷和补加前的准备工序中，管路内产生的推进剂蒸气和温度较高的推进剂均通过这些管路排出。对于液氢系统，贮箱的推进剂蒸气通常采用高空排放或排放到燃烧池燃烧的方式处理，管路内的推进剂蒸气或温度较高的推进剂一般采用排放到燃烧池燃烧的方式处理。对于液氧系统，贮箱的推进剂蒸气和管路内的推进剂蒸气或温度较高的推进剂一般通过管路引向远处排放的方式处理。

加注的动力方式也有挤压式和泵式两种，挤压式加注有外气源挤压式和汽化器增压式。液氢加注一般只有挤压式。液氢的密度极小，即使要求的流量较大和加注管路较长，加注所需的挤压压力也较低，采用泵式不仅没有必要，而且会带来诸如轴密封和防爆等问题不易解决、流量不易调节和断续补加不易控制等。液氧和液氮加注一般采用挤压式和泵式。液氧的密度较大，如流量较大时仍采用挤压式加注，则所需的挤压压力较高，用气量较大，所需的贮罐壁厚也较厚。因此，只有在要求的流量较小时才采用挤压式加注，流量较大时则要采用泵式加注。

用于挤压液氢的气体有氦气和氢气，氦气价格昂贵，来源稀少，大多数情况下采用氢蒸气，个别情况下采用外气源。例如，"H－2"火箭的液氢加注就是采用外气源挤压方式，汽化器将液氢汽化并压入贮气罐贮存，加注时利用罐中的氢气对加贮罐进行挤压。

用于挤压液氧的气体有氧气和氮气，所用氧气通常来自外气源或由汽化器产生，所用氮气通常来自外气源。使用氮气挤压尤其是挤压压力较高时，氮气会溶解于液氧中，使液氧中的氧含量降低。

低温加注需要不同的流量，通常有管路和贮箱预冷流量、大流量、减速加注流量和补加流量，这些流量要通过调节才能获得。当采用挤压加注时，一般采用调节贮罐增压压力的方法来调节流出贮罐的推进剂流量。采用外气源挤压加注时，加注罐的增压压力通常采用充气和放气的方法进行调节，而对于汽化器增压加注，则通过调节供给汽化器的推进剂流量进行调节，故汽化器的入口（或出口）管路上通常要设置一个调节阀。

为了使泵在额定工况点下运行，以保持较高的效率和降低泵内温升，泵式加注一般不采用节流调节的方法调节流量，即主管路上一般不设置调节阀。大多数情况下，泵式加注系统采用配置大、小泵的方式或配置大、小泵加上调速的方式来调节流量。

对加注量定量方式有两种：一种是由设在贮箱的液位传感器控制，当到达某一液位时传感器发出信号，相应的液位信号灯亮，操作人员操作加注测控台上的相应按钮令加注停止；另一种是专门设置监视贮箱压头和控制加注的计算机，计算机将监视到的贮箱压头值换算成液氧质量。当压头达到预定的数值时，计算机就会发出指令停止加注。如果所要求的液氧质量有变化，则可借助计算机仪表板上的电话型拨号盘和肘节开关修改。这两种方式都是箭上定量、地面流量计监测。

使推进剂过冷的方式有两种：一种是在管路中设置带换热器的过冷器，另一种是通过抽真空的方法使贮罐内的推进剂温度降低。因为后一种方式容易导致外界空气进入贮罐内，故很少采用。如采用推进剂本身作为制冷剂，通常要对过冷器容器抽真空。

在规定的射前时间达到或维持100%液位的方式有四种：①以恒定的流量间歇补加，当补加到100%液位时停止，一旦液位下落、液位信号消失再进行补加。如此反复，直到规定的射前时间结束。②以大小两种流量交替连续补加，使液位维持在低于100%和高于99%的范围内，到了规定的射前时间再迅即补加到100%。③连续补加－回流，即补加进入贮箱的推进剂有部分回流到地面贮罐，使留在贮箱的推进剂量正好补偿蒸发损失。④回流－恒温方式，即大流量加注经过过冷的推进剂，并加注到100%液位，然后以小流量补加过冷的推进剂，贮箱中温度稍高的推进剂以同样的流量回流到地面贮罐。

液氧和液氢在管内流动时会因吸收外界漏入的热量和因流阻损失而温度升高。如图 8 – 14 所示，当流到管路某位置的推进剂温度达到甚至超过该处压力对应的饱和温度，即图中 A 点落在饱和温度 – 饱和压力曲线 p_v – T_v 上或右侧时，部分推进剂就会在此处汽化，形成液 – 气两相流。因此，要实现顺利加注，保证推进剂以液相流入贮箱，使加注参数可测可控，就必须使 A 点落在饱和温度 – 饱和压力曲线 p_v – T_v 的左侧，即使流至管路末端的推进剂温度低于该处压力对应的饱和温度即 $T_e < T_v(p_e)$。在管路内各处压力一定的情况下，这个条件只有通过尽量减小推进剂的温升予以满足。

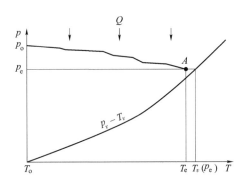

图 8 – 14　加注时管内液流的压降和温升

对于挤压式加注和泵式加注，流至管路末端的推进剂温度分别为

$$T_e = T_r + \Delta T_Q + \Delta T_{\Delta p} \tag{8 – 3}$$

$$T_e = T_r + \Delta T_Q + \Delta T_{\Delta p} + \Delta T_b \tag{8 – 4}$$

式中　T_e ——流至管路末端的推进剂温度，K；

　　　T_r ——推进剂流入管路时的温度，K；

　　　ΔT_Q，$\Delta T_{\Delta p}$，ΔT_b ——分别为漏热、压降损失产生的温升和经过泵时产生的温升，K；

$$\Delta T_Q = Q/q_m c_p，\quad \Delta T_{\Delta p} = \Delta p_\lambda / \rho_L c_p + \Delta p_\zeta / \rho_L c_p，$$
$$\Delta T_b = (1 - \eta)Hg/\eta c_p$$

　　　Q ——外界漏入整条管路的总热量，W，$Q = \sum Q_i$；

　　　Q_i ——外界漏入各管路组件的热量，W；

　　　q_m ——推进剂的质量流量，kg/s；

　　　c_p ——推进剂的定压比热，J/（kg·K）；

　　　ρ_L ——气枕增压压力下的推进剂密度，kg/m³；

　　　Δp_λ ——由管路始端到管路末端的沿程阻力损失压降，Pa；

　　　Δp_ζ ——由管路始端到管路末端的局部阻力损失压降之和，Pa；

　　　η ——泵的效率，%；

H ——泵的扬程，m；

g ——重力加速度，m/s^2。

由式（8-3）可知，在管路长度、组成和加注压力、流量一定的条件下，减小推进剂温升的唯一途径就是尽量减少漏热，而减少漏热的途径则是采用绝热性能良好的绝热形式、结构和材料，尽量减少法兰连接的接头数量和选用合理的流速（或管路流通直径）。除了上述途径以外，通常还要采取如下措施：①准备加注和补加时将贮罐泄压，只保留略高于大气压力的余压，待加注和补加前再充气增压，推进剂流入管路时的温度 T_r 保持为增压压力下的过冷温度；②在大流量加注结束后至补加前，将停留在管路内的"热氢"和"热氧"向外排放掉。

当管路组成和热流密度一定时，对于每种直径的管路对应有一个最优流速 v_y，管路流通直径越大，最优流速也越高，如图8-15所示。图中曲线 a 为 $\Delta T_Q - v$ 关系曲线，b 为 $\Delta T_{\Delta P} - v$ 关系曲线，c 为该两曲线的叠加。曲线 c 最低点对应的流速为最优流速，在该流速下推进剂的温升最小，大于或小于该流速时推进剂的温升都会增大。

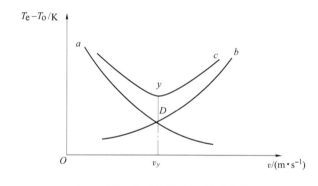

图 8-15　温升与流速的关系曲线

有些火箭只要求加注大气压下饱和的推进剂，但限制补加进入贮箱的推进剂温度。有些火箭则要求加注进入贮箱的推进剂温度为大气压力下的过冷温度，即比其在大气压下的饱和温度低（此时就要采取过冷措施）。因此，除了要满足单相流条件外，还应满足下列条件：

$$T_e \leqslant T_s$$

式中　T_s ——允许进入贮箱的推进剂温度上限，K。

即使管路绝热性能良好，加注以前管路和贮箱也必须先经过预冷，这是由于管路平时处于常温状态，热容量大。加注通常以大流量加注开始，如果管路和贮箱事先不经过预冷便开始大流量加注，推进剂进入管路后将会剧烈汽化，大量蒸气不能顺畅地从管路末端排出，就会在管路的某位置产生较高的压力峰，阻塞流动，形成"气堵"，大量蒸气不能顺畅地从管路末端排出，严重时还可能造成管路破坏。试验表明，所产生的压力峰值为加注压力的 1.5 ~ 2.0 倍。因此，预冷流量通常较小，预冷所产生的冷蒸气从管路末端或贮箱活门排出，从而将外界漏入的热量及管路和贮箱的热容量带走，直至达到推进剂的温度。其中，外界对管路系统的瞬时热流是变化的，管路组件材料的比热也各不相同，通常取预冷过程中外界对管路的平均热流为稳态（预冷终了时）热流的 1/2，即 $\dot{Q}_{\text{exi}} = 0.5\dot{Q}_{\text{ss}}$，而组件材料的比热取平均比热，则预冷过程中传至推进剂的热量为

$$Q = 0.5\dot{Q}_{\text{ss}}t_{\text{ss}} + \sum m_{\text{w}}\bar{c}_{\text{w}}(T_0 - T_{\text{ss}}) \tag{8-5}$$

式中　$\dot{Q}_{\text{ss}}$ ——预冷终了时外界对管路系统的热流，J/s；

m_{w} ——管路组件的质量，kg；

$\bar{c}_{\text{w}}$ ——管路组件材料的平均比热，J/（kg·K），$\bar{c}_{\text{w}} = \sum m_{\text{w}}c_{\text{w}}/M_{\text{w}}$；

M_{w} ——管路的总质量，kg；

T_0 ——预冷开始时管路系统的温度，K；

T_{ss} ——预冷终了时管路出口介质的温度，K。

但是，若预冷流量太小，预冷时间将无限长。预冷流量至少要满足下列不等式：

$$\dot{m}_{\text{g2}} > \dot{Q}_{\text{ss}}/[2(\bar{h}_{\text{g2}} - h_{\text{fl}})] \tag{8-6}$$

式中　$\dot{m}_{\text{g2}}$ ——预冷管路所需的出口蒸气质量流量，kg/s；

$\bar{h}_{\text{g2}}$ ——管路出口蒸气在平均温度 T_{g2} 下的焓平均值，J/kg，$T_{\text{g2}} = (T_{\text{ss}} + T_0)/2$；

h_{fl} ——预冷终了时管路出口饱和液体的焓，J/kg。

由于低温推进剂的黏度极低，即使在单相流条件下，其在泵和涡轮流量变送器内的流动特性与常温液体相比也存在某些不同。例如，同一台泵在同一扬程下，泵送液氧时流量要比泵送水时少 5% ~ 10%，在同一流量下两者的扬程也差 5% ~ 10%。在液氢中使用时，涡轮流量计的仪表常数与用水标定的数值相差约 ±0.2%，在液氧中使用时相差约 ±0.5%。另外，因低温推进剂容易汽化，在阀门入口和盲管（如封闭的分支管和阀门内腔等）位置容易存有气体，加注中容易诱发含气水击和二次水击。

在保证单液相流动的前提下，低温推进剂流动摩擦特性与常温推进剂相同，加注所需泵的扬程和挤压压力分别按式（7-1）和式（7-5）确定，其中管路组件的阻力系数要通过计算或试验确定。当流动处于阻力平方区时，阻力系数与推进剂种类、流速大小无关，只与管径大小和表面粗糙度有关。因此，在阻力平方区内，同管径的液氢、液氧管路的阻力系数相同，管径越大，沿程流阻系数越小，但变化幅度不大。通径为 75 mm 液氧管路组件的流阻系数见表 8-5。对于液氢，也可按式（8-7）和式（8-8）粗略估算流阻压降：

$$\Delta p_{\text{f}} = 0.010\,22(q_m)^{1.821}(L/d^{4.82}) \tag{8-7}$$

$$\Delta p_\zeta = 1.57 \sum \zeta (q_V^2 / d^4) \times 10^{-6} \qquad (8-8)$$

式中 $\Delta p_f, \Delta p_\zeta$ ——分别为沿程流阻压降和局部流阻压降，MPa；

         q_m ——质量流量，kg/s；

         q_V ——体积流量，L/min；

         L, d ——分别为管路长度和流通直径，cm。

表 8-5   通径为 75 mm 液氧管路组件的流阻系数

项 目	阻力系数或压降
硬直管	$\lambda_1 = 0.0127$
金属软管	$\lambda_2 = 0.11$
90°弯头	$\zeta = 0.015$
140~65 μm 斜插式过滤器	$\zeta = 8.5$
40 μm 折叠式过滤器	$\zeta = 40$
14 μm 折叠式过滤器	$\zeta = 38$
涡轮流量变送器	$\Delta p = 0.0275$ MPa
加注连接器	$\zeta = 0.5$
贮罐出口	$\zeta = 3.1$
贮箱入口	$\zeta = 1.0$
贮箱活门	$\zeta = 5.0$

8.4.3   液氢加注流程和加注系统

1. 液氢加注流程

合理的流程方案可简化系统配置和操作。如前所述，液氢加注无一例外地都采用挤压方式。采用汽化器增压、向单级贮箱加注和补加液氢的典型流程原理如图 8-16 所示。该流程的特点是：大流量加注和补加共用一个（或同一组）加注罐和一条管路，只是在下游位置局部并联了一条旁通管，旁通管路上设有一个节流阀。大流量加注时液氢同时流经并联管路，而补加时只流经旁通管。

共用一个（或同一组）加注罐和一条管路的好处是系统配置和操作简化，补加前无须再进行管路预冷。由于补加流量一般比大流量小，为大流量的 1/3~1/2，在外界通过管路漏入的热量一定的情况下，补加时由于吸热而产生的温升要大些，但因流阻损失产生的温升要小。

由于采用了间歇补加方式，故补加过程中推进剂是间歇进入贮箱的。补加到 100% 液位时关闭阀门（图 8-16 中 7 号阀），推进剂停止进入贮箱。当贮箱液位低于 100%

时打开阀门再补加，到 100% 液位时停止。如此往复，直到规定的射前时间点。

在该系统中，贮罐和贮箱产生的蒸气以及预冷、加注过程中管路内产生的蒸气或"热氢"，都是通过相应的地面管路排到燃烧池进行燃烧处理的。

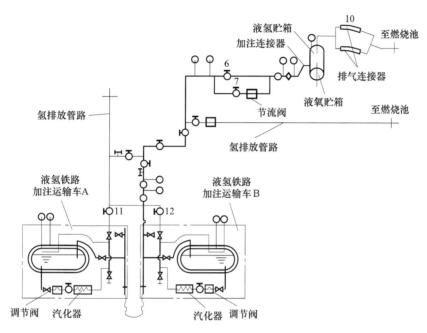

图 8 - 16　采用汽化器增压、向单级贮箱加注液氢的典型流程原理

如图 8 - 17 所示流程也是使用同一个加注罐和同一条公用管路向单级贮箱进行加注和补加的流程，不同的是，由于要求补加过冷液氢并为地面供配气系统的冷氦热交换器的容器加注液氢，系统上设置了以液氢为制冷剂的过冷器。大流量加注时液氢从加注罐流出，经过冷器（图中 A3752）的蛇形换热管（此时过冷器上的真空泵不工作）后分成三部分，其中大部分流到贮箱，其余一部分流入过冷器的容器，一部分流入冷氦热交换器的容器。补加时液氢经同一条主管路后流入过冷器的蛇形换热管，此时过冷器上的真空泵对过冷器的容器抽真空，使蛇形换热管内的液氢温度降低 1.5 K。液氢从过冷器蛇形换热管流出后不再分配给过冷器和冷氦热交换器容器，而是全部流向贮箱。

向两级贮箱同时加注和补加液氢的典型流程原理如图 8 - 18 所示。由图可知，为了简化系统配置和操作，通常不采用一个（或一组）加注罐和一条管路对应一个贮箱的方式，而采用一个（或一组）加注罐和一条公用管路对应两个贮箱的方式，加注和补加时液氢先流经两级贮箱的公用管路，然后通过分支管路流入对应的贮箱。流经公用管路的流量为两级贮箱要求的流量之和，在各分支管路上通常要设调节阀，通过调节阀进行两分支管路的流量分配。

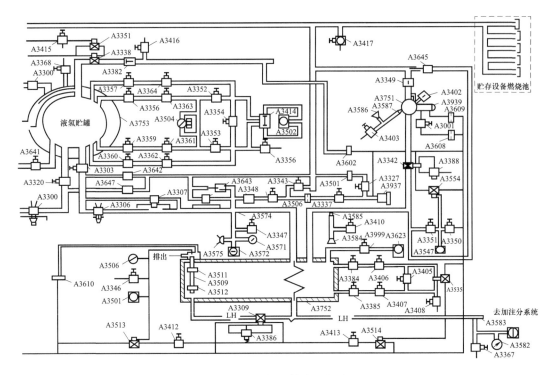

图 8 – 17 "土星 I"火箭液氢加注流程原理

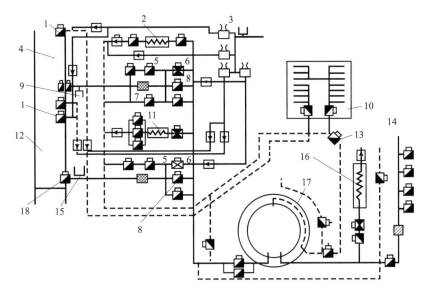

图 8 – 18 向两级贮箱同时加注和补加液氢的典型流程原理

1—排气连接器；2—三级热交换器；3、9、15—氢气管路；4—三级液氢贮箱；5—塔架上的排放管路；

6—加注阀门；7—过滤器；8—主加注阀门；10—燃烧池；11—二级热交换器；12—二级液氢贮箱；

13—放气阀门；14—加注管路上的排放管；16—汽化器；17—液氢贮罐；18—加泄连接器

如图 8 – 19 所示"H – 2"火箭的液氢加注流程原理特点是：①采用外气源挤压；②大流量加注罐和补加罐分开设置，而且大流量加注罐设在地面上而补加罐设在塔架上。补加罐设在塔架上可大大缩短补加时液氢的流程，减少外界漏入的热量和流阻压降，容易满足对液氢温度和品质的要求，但会带来安全问题。另外，贮箱蒸气的排放流程与其他流程也有所不同，由贮箱排出的蒸气先充入接收容器内，然后再通过管路排放。当排放量较少时采用高空排放，排放量较大时则通过地面管路排到燃烧池，进行燃烧处理。

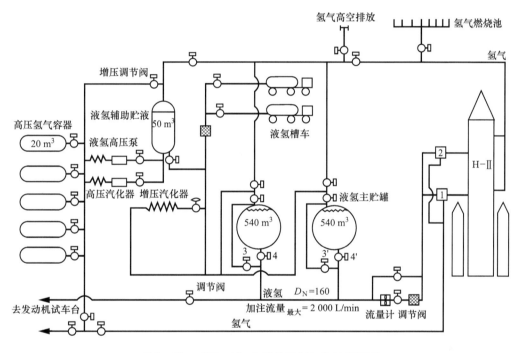

图 8 – 19　"H – 2"火箭的液氢加注流程原理

为了使贮箱在射前达到规定的液位，除了采取单向（从加注罐流向贮箱）补加方式以外，还有一种回流 – 恒温方式。采用补加方式时，液氢从地面加注罐流往贮箱，而采用回流 – 恒温方式时，液氢从地面加注罐流往贮箱后，贮箱中的部分液氢则流回地面贮罐。"能源号"火箭的液氢加注就采用了回流 – 恒温方式，如图 8 – 20 所示。

该系统在大流量（23 474 L/min）加注时，液氢流经过冷器的换热管时设在容器上的喷射泵工作，使作为制冷剂容器内的液氢温度降低，流经换热管的液氢换热后温度降为 17 ~ 17.5 K。过冷后的液氢大部分流向贮箱，8% ~ 10% 流量流入过冷器容器以作为制冷剂，另有很少部分则流入回流 – 恒温管路以保持较低温度，为后来的回流 – 恒温做准备。

由于大流量加注的液氢是过冷液氢，在贮箱停留期间，液氢温度虽会稍有升高，

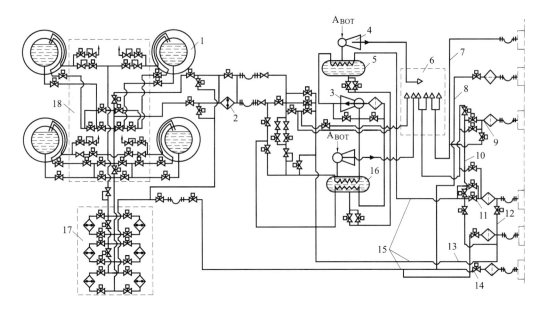

图 8 - 20   "能源号" 火箭的液氢加注流程原理

1—贮罐；2—对流换热的换热器；3，4—喷射泵；5，16—液氢过冷却器；

6—氢燃烧场；7—排放管；8，13，14—氢气输送管；9，11—带过滤器的阀组；

10—恒温管；12—泄出管；15—主管路；17—汽化器组；18—阀件组

但仍远低于其饱和温度，即贮箱液位保持不变。射前回流 - 恒温时，经过过冷后的液氢以 16 000 L/min 左右的流量沿加注管路流入贮箱，同时，从贮箱流出的液氢经先前预冷好的恒温管路和主管路流回地面上的空罐，回流流量也为 16 000 L/min 左右。恒温调节在射前 2 ~ 3 min 时结束，结束前 0.5 h 开始，液氢经恒温管路流入贮箱，而贮箱内的部分液氢从贮箱流出，沿加注管路流回贮罐。通过回流 - 恒温，使已加入到贮箱内的液氢温度分布均匀，并恒定在较低温度下（约 18 K）。

2. 液氢加注系统和设备

液氢加注系统通常由液路分系统、排放和处理分系统、气路分系统和测控分系统组成。相应的设施有液氢库和加注场地、管廊、管沟、测控间和燃烧池等。

1）液路分系统。

液路分系统通常由加注罐、管路、阀门、流量变送器、过滤器、连接器等部分组成，有些系统还设有过冷器。所采取的加注方式、流程原理、工况流量调节方案和对推进剂品质要求（是否要求过冷）等不同时，其系统组成也有所区别。

除了专门用于运输的贮罐外，贮罐通常也用作加注罐，加注罐通常设有满足加注增压用的汽化器装置。需增压时，由加注罐为汽化器供液，汽化后返回到加注罐气枕。这样的汽化器装置通常称为汽化器自增压装置（或系统），有些系统由另外的容器给汽化器供液。

汽化器的入口或出口管路上通常设有调节阀，用于调节从贮罐流入汽化器的液氢流量，从而调节贮罐气枕的增压压力，最终达到调节贮罐输出流量即加注流量的目的。

采用汽化器自增压加注时，要达到所需的挤压压力，除了汽化器的换热能力要足够外，流入汽化器的推进剂应保证为液相且流量足够。由于从汽化器流入贮罐气枕的增压气体会在气枕内发生传热和传质，因此，由贮罐流入汽化器的推进剂流量即供液量要满足不等式（8-9）：

$$W_L \geqslant q_L/(\rho_L/\rho_g - 1) \tag{8-9}$$

式中　W_L——所需流入汽化器的推进剂容积流量，L/min；

$\quad\quad q_L$——加注流量，L/min；

$\quad\quad \rho_g$——进入贮罐气枕的气体的密度，kg/m³；

$\quad\quad \rho_L$——气枕增压压力下的推进剂密度，kg/m³。

流入汽化器流量的大小取决于贮罐液面至汽化器入口水平中心线之间的高度差和汽化器装置（汽化器及其进出口管路）的流阻。要保证上述供液量，必须使汽化器装置的流阻损失不大于罐内最低液面至汽化器入口的高度，即

$$(h_1 + h_2) \geqslant h_{f1} + h_{f2} + h_{f3} \tag{8-10}$$

式中　h_1，h_2——分别为罐内最低液面（即加注结束前的液面）至供液出口和贮罐供
　　　　　　　液出口至汽化器入口的高度，m；

$\quad\quad h_{f1}$，h_{f2}，h_{f3}——分别为汽化器入口管路、汽化器和汽化器出口管路在所需供液
　　　　　　　流量下的流阻损失，m。

对于卧式贮罐，由于高度（$h_1 + h_2$）一般较小，故其对汽化器的供液量是有限的，汽化器的自增压能力因而也受到了限制。为了增大供液量、提高增压能力，有时采用专门的立式贮罐或容器给汽化器供液（图 8-6），采用立式贮罐或容器可增加（$h_1 + h_2$）的高度。采用专门贮罐或容器供液时，由于汽化器汽化后产生的蒸气不是返回本贮罐或容器的气枕，而是充入加贮罐的气枕。因此，还可以通过外气源挤压的方式增大供液流量。另一种增大供液量的方法就是泵送法，即贮罐中的推进剂不是通过自流流入汽化器，而是通过泵输送的，俄罗斯"联盟号"火箭的液氧加注就是采用这种方法。

采用专门的贮罐或容器为汽化器供液，或采用外气源挤压方式时，挤压所需的氢气量为

$$\Delta m_g = V_f \rho_g^0 \{[(T_0/T_{sat}) - 1]F_1 F_2 + 1\}\exp(-F_3) \tag{8-11}$$

式中　V_f——挤压排出的液体容积，m³；

$\quad\quad \rho_g^0$——温度为 T_0 及增压压力下的蒸气密度，kg/m³；

$\quad\quad T_0$——进入气枕的气体之温度（通常为环境温度），K；

$\quad\quad T_{sat}$——初始压力下气枕蒸气的饱和温度，K；

$\quad\quad F_1 = 1 - \exp(-0.330N_1^{0.281})$；

$$F_2 = 1 - \exp(-4.26 N_2^{0.857});$$

$$F_3 = (N_3 N_2^{0.25}) / \left[(1 + N_1)(1 + N_2) \right]^{0.25};$$

其中 $\quad N_1 = (\rho_w c_w^0 t_w T_{sat}) / (\rho_g^0 c_g^0 D T_0)$

$\qquad N_2 = (h_c \theta T_{sat}) / (\rho_g^0 c_g^0 D T_0)$

$\qquad N_3 = Q_a \theta / (\rho_g^0 c_g^0 D T_0)$

ρ_w ——内罐或内容器材料的密度，kg/m^3；

c_w^0 ——内罐温度为 T_0 时其材料的比热，$J/(kg \cdot K)$；

t_w ——内罐或内容器的壁厚，m；

c_g^0 ——温度为 T_0 时挤压气体的比热，$J/(kg \cdot K)$；

D ——内罐或内容器的内直径，m；

h_c ——罐壁与气枕气体之间的导热系数，$W/(m \cdot K)$；

θ ——排出液氢的时间，s；

Q_a ——外界从单位面积罐壁传入的热量，W。

常用的调节阀为具有等百分比调节特性的气动薄膜调节阀，这种调节阀的调节性能好，在不同的行程上具有相同的调节精度，且既可手动调节开度，又可通过电 – 气转换调节，实现远程控制。典型气动薄膜调节阀的调节原理如图 8 – 21 所示，配气台分别对电 – 气转换器和调节阀的定位器供气，测控台对电 – 气转换器输出 4 ～ 20 mA 电流，控制电 – 气转换器输出不同的压力信号，从而改变调节阀的开度和流通截面积。

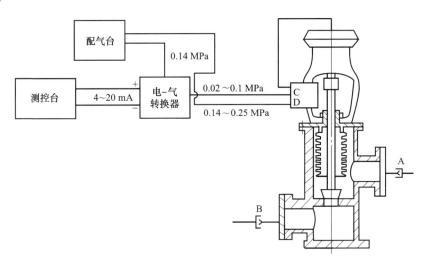

图 8 – 21　典型气动薄膜调节阀的调节原理

如图 8 –17 所示的 "土星 I" 火箭液氢加注系统是为单级贮箱加注的系统，该系统采用固定加注方式，大流量加注和补加均采用汽化器自增压。为了使补加的液氢达到过冷温度，在主管路中串联了一台过冷器，过冷器由换热器和内外容器组成，换热器为蛇形管结构。过冷器采用真空绝热，夹层真空压强为 5.3 Pa。过冷器以液氢作为制冷剂，通过降低容器内的压强（抽真空）来降低制冷剂的温度。流过蛇形管的液氢经过制冷后，流出时的温度为 20.37 ~ 16.5 K。

如图 8－16 所示系统采用机动加注方式，图中的两个贮罐为两辆铁路加注运输车上的贮罐，铁路加注运输车既是液氢的运输设备，又是液氢的短期贮存设备和主要加注设备。两辆车中的一辆作为大流量加注车，另一辆作为补加车，也可用其中一辆车完成大流量加注和补加。铁路车上设有汽化器，通过汽化器给贮罐增压完成管路与贮箱预冷、大流量加注、减速加注和补加，大流量加注时增压压力约为 0.3 MPa，流量为 1 500 L/min。补加分前期补加和射前补加，前期补加采用连续补加方式，射前补加则采用断续补加方式。补加时增压压力约为 0.17 MPa，流量为 200 ~ 500 L/min，总加注量约为 45 m³。

该系统的加注管路由 70 多根硬管和软管管段组成，各管段之间通过法兰连接。绝大多数管段采用了高真空多层缠绕绝热结构，管段两端的法兰为平面绝热法兰，其中硬管的直管部分（除接头外）的漏热约为 1 W/m。

"土星 V"火箭的液氢加注系统（图 8－18）为火箭的 S－Ⅱ级（芯二级）和 S－ⅣB 级（芯三级）贮箱加注液氢，S－Ⅱ级贮箱的液氢加注量约为 989 m³，S－ⅣB 级贮箱的液氢加注量约为 274.5 m³。加注罐为一个固定式的大型球罐，最高工作压力为 0.72 MPa。球罐设有汽化器自增压装置，汽化器为蛇形管结构，管径为 100 mm，热源为周围空气。汽化器除要向球罐增压提供氢气以外，还要提供温度为 116 K 的氢气预冷贮箱。液路分系统的主管路流通直径为 250 mm，管路全长约为 400 m，采用高真空绝热结构。主管路伸至塔架位置后分支成两条平行管路，通过快速脱落加泄连接器分别与 S－Ⅱ级和 S－ⅣB 级贮箱相连。由于火箭所需的冷氢气都是通过液氢使常温氢气制冷而获得的，故在每条通向贮箱的分支管路上都并接了一台热交换器。

"H－2"火箭液氢加注系统的主要任务是向火箭一、二级贮箱加注和补加液氢，大流量为 2 000 L/min，一、二级加注总量为 204 m³。除向火箭加注外，该系统还承担为发动机热试车输送液氢的任务。加注罐为罐组，由设在地面场地的两个球罐和设在塔上的两个容器（图 8－22）组成，其中球罐用作大流量加注罐，塔上的两个容器用于补加。另外，地面场地上还设有一个圆柱形贮罐，用于给汽化器供液，供液时采用外气源增压方式，以保证足够的供液量。外气源为氢气，氢气由 5 个高压贮存容器提供。

当火箭要求加注或补加的推进剂为大气压下过冷的推进剂时，管路分系统中就要设置过冷器。液氢过冷器通常采用液氢做制冷剂，通过抽真空的方法使制冷剂的温度降低，向"土星 I"火箭和"能源号"火箭补加液氢就是采用这种方式使液氢过冷的。苏联"暴风雪号"飞船液氧加注系统的过冷器以低温氢气作为制冷剂，过冷后的

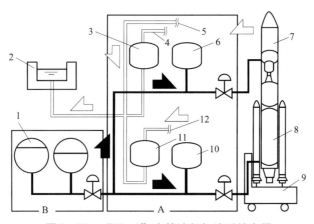

图 8 – 22　"H – 2"火箭液氢加注系统布局

A—勤务塔区；B—液氢贮存区

1—液氢贮罐；2—燃烧池；3—二级集液罐；4、6、12—液氢排放管路；5—氢气排放管路；
7—二级液氢贮箱；8——级液氢贮箱；9—活动发射平台；10——级补加贮罐；11——级集液罐

液氧温度为 55 ~ 56 K。为保证安全，氢气与液氧之间以氦气为中间载热体。

加注管路的流通直径通常由选定的流速确定，在规定的流量下，选定流速时要考虑减小温升，还要考虑发生水击时的安全性。管路允许的最大流速为

$$v_{max} = \Delta p_y \times 10^6 / a\rho_L \qquad (8 - 12)$$

式中　v_{max}——允许的最大流速，m/s；

　　　Δp_y——管路强度所允许的水击引起的压力增值，MPa，$\Delta p_y = p_s - p$；

　　　$p_s,\ p$——分别为内管的设计压力和实际工作压力，MPa；

　　　a——声音在推进剂中的传播速度，m/s，对于液氢 $a = 1\ 199$ m/s，对于液氧
　　　　　$a = 913$ m/s。

管段之间以及管段与管路组件之间的连接形式有法兰连接和焊接连接两种。法兰连接的接头形式有两种，即承插式接头和平面绝热接头，分别如图 8 – 23 和图 8 – 24 所示。承插式接头结构较简单，但因为要有足够长的热桥，其插头长度较长，故在拆卸管路时，管段之间必须拉开较大的距离。平面绝热接头结构较紧凑，拆卸管路较为方便，但加工较复杂。采取法兰连接的各管段通常在工厂完成组装和夹层抽真空，运到现场后只需连接起来便可使用。

如前所述，漏入管路的热量是漏入各管路组件的总和，而漏入各管路组件的热量大小与组件的流通直径、绝热结构和绝热性能等有关。对于真空缠绕绝热的平面绝热接头，外界漏入的热量包括从法兰和热桥传入的固体导热量、通过夹层的辐射传热量和夹层中残余气体的对流传热量。通过夹层的辐射传热量和夹层中残余气体的对流传热量最终通过缠绕层传至内管和推进剂。通过各种传热途径的漏热量分别为

$$Q_G = \lambda_C (T_o - T_i) S/L \qquad (8 - 13)$$

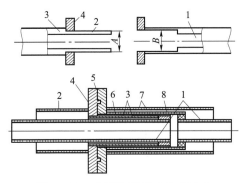

图 8 – 23　典型的承插式接头示意

1—内管；2—外管；3—真空夹层；4—法兰；

5—垫圈；6—气体；7—热桥；8—密封

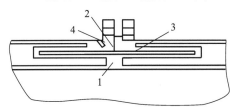

图 8 – 24　典型的平面绝热接头示意

1—内密封；2—外密封；3—热桥；4—检漏孔

$$Q_{\mathrm{F}} = \sigma S_{\mathrm{x}}(T_{\mathrm{o}}^4 - T_{\mathrm{x}}^4)\varphi / \left[1/\varepsilon_{\mathrm{x}} + S_{\mathrm{x}}(1/\varepsilon_{\mathrm{oi}} - 1)/S_{\mathrm{oi}}\right] \tag{8-14}$$

$$Q_{\mathrm{C}} = (\gamma + 1)\sqrt{R}S_{\mathrm{x}}p(T_{\mathrm{o}} - T_{\mathrm{x}})/(\gamma - 1)\sqrt{8\pi MT}\left[1/a_{\mathrm{x}} + S_{\mathrm{x}}(1/a_{\mathrm{oi}} - 1)/S_{\mathrm{oi}}\right] \tag{8-15}$$

$$Q_{\mathrm{x}} = k_{\mathrm{n}}S_{\mathrm{m}}(T_{\mathrm{x}} - T_{\mathrm{i}})/\delta_{\mathrm{x}} \tag{8-16}$$

式中　Q_{G}，Q_{F}，Q_{C}，Q_{x} ——分别为固体导热、辐射传热、残余气体传热和通过缠绕层

　　　　　传热的热量，W，其中，

$$Q_{\mathrm{x}} = Q_{\mathrm{F}} + Q_{\mathrm{C}}；$$

　　λ_{C} ——材料的导热系数，W/（m·K）；

　　T_{o}，T_{i}，T_{x} ——分别为外管、内管和最外层缠绕层的温度，K；

　　L ——热桥长度，m；

　　S，S_{oi}，S_{x}，S_{m} ——分别为热桥与内管连接处的横截面积、外管的内表面积、最

　　　　　外层缠绕层的表面积和缠绕层的传热面积，m^2，其中，

$$S_{\mathrm{m}} = (S_{\mathrm{x}} - S_{\mathrm{io}})/\ln(S_{\mathrm{x}}/S_{\mathrm{io}})；$$

　　S_{io} ——内管外表面的传热面积，m^2；

　　σ ——斯蒂芬·玻尔兹曼常数，W/（m^2·K^4），$\sigma = 56.69 \times 10^{-9}$ W/（m^2·K^4）；

　　φ ——相对辐射角系数，一般 $\varphi = 1$；

ε_{oi}，ε_x——分别为外管内表面和最外层缠绕层表面的发射率；

R——普适气体常数，J/（kg·K）；

a_{oi}——外管内表面的气体适应性系数；

a_x——最外层缠绕层表面的气体适应性系数；

γ——夹层残余气体的比热比；

M——夹层残余气体的相对分子质量；

T——夹层残余气体的平均温度，K；

p——夹层气体的压力，Pa；

k_n——缠绕层的表观导热系数，W/（m·K）；

δ_x——缠绕层的总厚度，m。

法兰式管接头连接的部位不仅容易发生泄漏，而且外界漏入的热量也较大。例如，对于流通直径为 75 mm 的平面绝热法兰接头，每对接头的漏热量约为 38 W；流通直径为 180 mm 左右时，每对接头的漏热量约为 52 W。因此，减少漏入管路热量的有效途径之一就是尽量采用焊接连接，以减少法兰连接接头的数量。对于流通直径为 75 mm 的管路，焊接接头的漏热量为 12 W 左右，比同管径的法兰接头漏热量约小 2/3。焊接连接管路的主要缺点是，一旦管路绝热失效将无法更换。

焊接连接也有两种形式：一种是在工厂加工好夹层封闭的各管段并完成夹层抽真空，运抵现场后再焊接组装，组装后对接头部位的局部空间抽真空，这种焊接连接的管路和接头示意分别如图 8-25 和图 8-26（a）所示；另一种则是在工厂加工好夹层未封闭（热桥上开孔）的各管段，运抵现场再焊接组装，形成长度达 50~100 m、夹层连通的长管路，现场组装后再对夹层抽真空，如图 8-26（b）所示。焊接连接不仅可保证连接部位零泄漏，而且可明显地减少漏热，尤其是图 8-26（a）所示的连接形式。

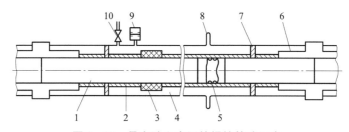

图 8-25　具有独立夹层的焊接管路示意

1—内管；2—绝热层；3—吸附泵；4—外管；5—内管的补偿波纹管；6—热桥；
7—支撑圈；8—外管补偿膨胀节；9—爆破膜；10—真空阀

液氢和液氧加注管路中的较长管段通常采用高真空多层缠绕绝热结构，长度很短的管段或管路组件有时也采用聚氨酯发泡绝热。高真空多层缠绕绝热管段由内管、外管、绝热层、内管支撑、补偿器和管接头等部分组成，内管外表面一般要交替缠绕若

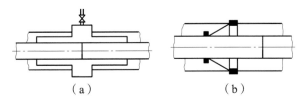

图 8-26　典型的焊接接头示意

（a）各管段夹层封闭并已在工厂完成抽空（接头部分现场抽空）的焊接接头；

（b）各管段夹层未封闭、现场焊接后再抽空的焊接接头

干层反射层和隔热层，反射层材料通常为铝箔，隔热层材料通常为玻璃纤维布和填碳纸等。通过对夹层空间抽真空，使其压强值和漏放气速率降低到某一程度。夹层内紧贴内管外表面的位置还放有吸附剂，用于吸附夹层的漏放气，以使夹层保持较低的压强值。与上述的平面绝热接头一样，通过接头以外直管段绝热层的漏热也包括辐射漏热、残余气体传热和固体热传导，其中固体热传导主要是通过内管支撑的热传导。对于流通直径为 75 mm 的直管段，通过绝热层漏入的热量约为 1 W/m。

高真空多层缠绕绝热软管的结构形式示意如图 8-27 所示，在管径、长度相同的情况下，通过软管（除接头外）绝热层漏入的热量约为通过硬直管绝热层漏入热量的 3 倍。

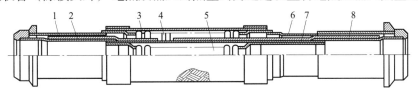

图 8-27　高真空多层缠绕绝热软管的结构形式示意

1—外管；2—缠绕层；3—带编织物的外金属软管；4—支柱；

5—带编织物的内金属软管；6—转接头；7—衬套；8—内管

由于夹层存在着漏气和材料放气现象，故抽空封口后夹层压强会随时间的推移而回升。为了使夹层能在较长时间内保持较低的压强值，除了在对管路夹层抽真空时尽量降低漏放气速率外，还要靠放置在夹层内的吸附剂在低温下的吸附作用来维持较低的压强。但是，当常温下的夹层压强回升到某一程度以后，即使通过吸附剂在低温下的吸附作用，夹层压强仍然较高，绝热层的表观导热系数仍然较大，外界漏入的热量就会超出允许值。因此，高真空多层缠绕绝热管路通常要在真空寿命期内使用，超过真空寿命期后要重新对夹层抽真空，以恢复绝热层的绝热性能。

在内外管和抽空封口阀等处无较大漏孔的前提下，夹层的真空寿命期为

$$t = (p_2 - p_1)V_j / 31.5 \times 10^6 Q_g \qquad (8-17)$$

式中　t——夹层的真空寿命期，a；

　　　p_2，p_1——分别为允许的压强回升值和抽空封口时的压强值，Pa；

　　　V_j——夹层容积，L；

Q_g——抽空封口时夹层的漏放气速率，Pa·L/s。

上述夹层的真空寿命期是在抽空封口时无外界气体进入、真空夹层一直保持良好密封的前提下得出的，如果封口时由于操作等原因造成气体进入，或者在使用中与夹层有关的焊缝或母体材料出现小孔或裂纹等漏孔、封口阀密封失效，都会造成夹层破空，即夹层压力回升到接近甚至达到大气压力，真空寿命结束，绝热性能明显降低（图8-10）。因此，每次正式加注前低温管路都要进行液氮调试，目的之一就是甄别有上述隐患的管段或阀门等管路组件。管段或阀门等管路组件一旦出现上述状况，在液氮温度下其整个外表面就会结霜。试验表明，对于采用真空多层缠绕绝热的设备，其在液氮温区与液氢温区时外界漏入的热量无太大变化。

管路上的截止阀是用于控制推进剂流动的开始与停止及控制流程和工序转换的主要部件，通常为球状阀瓣的截止阀（即球阀）和盘状阀瓣的气动截止阀，分别如图8-28和图8-29所示。这两种截止阀均采用真空绝热结构，抽空封口时的夹层压

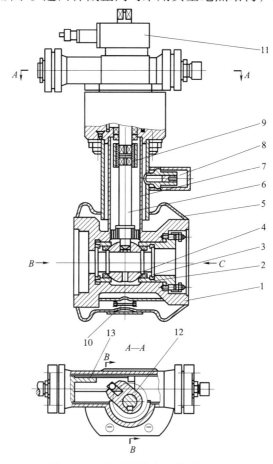

图8-28 典型的真空绝热球阀示意

1—本体；2—阀座；3—密封座；4—球形阀瓣；5—外壳；6—阀杆；7—阀箱；

8—抽空封口阀；9—隔热套；10—吸附剂；11—磁控开关盒；12—拨叉；13—活塞

强通常为 10^{-4} Pa 数量级，漏放气速率通常为 10^{-7} Pa·L/s 数量级。由于盘状阀瓣气动截止阀的阀体可采用焊接结构，其夹层可向上延伸，绝热性能较球阀好。球阀结构较紧凑，流阻较小，容易实现气动操作和手动操作，但阀瓣与密封座之间的摩擦磨损较大，密封副的预紧力难于补偿。盘状阀瓣气动截止阀的阀瓣与密封座之间的摩擦磨损较小，密封副的预紧力补偿方便，适于焊接在管路上。但这种截止阀结构尺寸较大，即使全开时也存在较大的流阻，要实现既能气动操作又能手动操作，其操纵机构较为复杂。

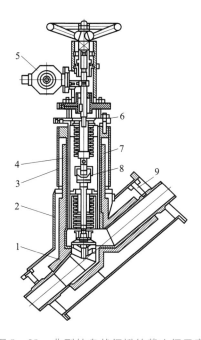

图 8 - 29　典型的盘状阀瓣的截止阀示意

1—内阀体；2—外阀体；3—薄壁连接管；4—对接管；5—信号装置；

6—垫片；7—玻璃布绝热层；8—玻璃胶布衬垫；9—支座（玻璃胶布板）

截止阀要无内漏和在低温下能灵活开、关。在关闭状态下的内漏率通常不大于 1×10^{-5} Pa·m³/s。截止阀既可近程手动操作，也可远程控制。截止阀的执行机构上通常都设有开、关信号装置，开、关信号可远传。

对于真空绝热阀门，外界漏入的热量包括三部分，即从阀体真空夹层漏入的热量、通过阀杆漏入的热量和接头漏入的热量。漏入的热量为

$$Q_3 = (1.3 \sim 1.5)(Q_{31} + Q_{32} + Q_{33})$$

其中

$$Q_{31} = 2\pi\lambda(T_o - T_i)\sum l_i / \ln(D_{oi}/d_{oi}) \tag{8-18}$$

$$Q_{32} = (T_o - T_i)/(\sum L_i / \lambda_i S_i) \tag{8-19}$$

式中　Q_3，Q_{31}，Q_{32}，Q_{33} ——分别为漏入阀门的漏热、通过绝热层的漏热、通过阀杆的
漏热和通过接头的漏热的热量，W；

λ，λ_i ——分别为绝热层的表观导热系数和阀杆材料的导热系数，W/（m·K），
对于空气，$\lambda_i = 1.3 \times 10^{-2}$ W/（m·K）；

D_{oi}，d_{oi} ——分别为外阀体第 i 段的内直径和内阀体第 i 段的外直径，m；

l_i，L_i ——分别为内、外阀体第 i 段的长度和阀杆不同直径段的长度，m；

S_i ——阀杆各段的截面积，m^2。

为了使阀杆密封部位的温度不至于太低，避免密封失效和阀杆被冻结而阀门不能正常开、关，通常加长阀杆即加长热桥，或者采取隔冷措施。

与其他介质输送一样，推进剂加注时也容易发生水击现象，而且由于液氧和液氢容易蒸发，容易造成管路内的某些"死腔"含气，诱发含气水击。与液流产生的水击相比，含气水击的强度更大、更复杂。诱发水击的主要因素有截止阀的开、关和泵的启动、停止。美国和俄罗斯的某个液氧系统曾因阀门故障而使液流突然被截止，诱发了严重的水击，导致部分设备损坏和推进剂大量外泄。截止阀关闭过程时间与水击引起的压力增值成如下关系：

$$\Delta p = \rho_L (v - v_0) C \approx \rho_L v C T / t \qquad (8-20)$$

式中　Δp ——水击引起的压力增值，Pa；

ρ_L ——液体密度，kg/m^3，对于液氢，$\rho_L = 70.7$ kg/m^3；

v ——阀门关闭前管中的稳定流速，m/s；

v_0 ——阀门关闭后管中流速，m/s；

C ——水击波传播速度，m/s，$C = \left[\sqrt{(E_0 \times 10^6)/\rho_L} \right] / (1 + d_i E_0 / \delta E)$；

E_0 ——管中液体的弹性系数，MPa，对于液氢 $E_0 = 101.6$ MPa；

d_i ——管路流通直径，mm；

δ ——管壁厚度，mm；

E ——管子材料的弹性系数，MPa，对于不锈钢材料 $E = 2 \times 10^2$ MPa；

T ——水击波的相，s，$T = 2L_s / C$；

L_s ——截止阀上游管路的长度，m；

t ——阀门关闭过程时间，即阀门开始动作至停止动作的间隔时间，s。

由式（8-20）可知，延长阀门的关闭过程时间可将直接水击变为间接水击，使水击强度降低。延长阀门的关闭过程时间的方法通常是在阀门的操作气缸上设置阻尼器，并避免采用流关型的阀门。

对于液氢，即使其在管内的流动为单相流，液流中仍可能含有气体。为提高流量的监测精度，通常使用的流量变送器为质量流量变送器。用得较多的质量流量变送器

为密度变送器与涡轮流量变送器的组合，其中的涡轮流量变送器与使用于常温加注系统中的变送器基本相同，不同的是轴承等材料和外壳需绝热。

有些系统还在管路末端设置密度变送器，通过监测平均密度来鉴别流至管路末端的流态。随着压力的逐渐降低和温度的逐渐升高，流至管路末端的推进剂容易出现气 - 液两相流。密度变送器通常为同轴圆筒结构的电容式变送器，国外也有采用核子密度变送器的。电容式变送器和二次仪表组成电容式密度计，电容式密度计是通过测定推进剂的电容来测定推进剂的介电常数，再依据介电常数得出推进剂的平均密度和含气量的。测定依据下列关系式：

$$C = 2\pi L \varepsilon \varepsilon_0 / \ln(D_o/D_i) = A\varepsilon + C_s \tag{8-21}$$

$$\rho = (\varepsilon - 1)/[P(\varepsilon + 2)] \tag{8-22}$$

$$1/\rho = [(1-x)/\rho_L] + x/\rho_g \tag{8-23}$$

式中　C ——密度变送器输出的电容，pF；

L ——密度变送器长度，mm；

ε ——推进剂的相对介电常数（F/m）；

ε_0 ——自由空间的介电常数，$\varepsilon_0 = 8.854\,2 \times 10^{-12}$ F/m；

D_o ——变送器同轴圆筒中外圆筒的内直径，mm；

D_i ——变送器同轴圆筒中内圆筒的外直径，mm；

A ——结构常数；

C_s ——寄生电容，pF。

ρ ——气 - 液相状态下推进剂的平均密度，kg/m³；

x ——气相与液相的质量比值（%），$x = m_g/m_L$；

m_g ——气相组分的质量，kg；

m_L ——液相组分的质量，kg；

P ——推进剂的比极化率，对于氢，$P = 1$；

ρ_L ——液相组分的密度，kg/m³；

ρ_g ——气相组分的密度，kg/m³。

为了监测管路内的推进剂温度，通常要在管路始端、质量流量变送器入口、管路中间位置和管路末端设置温度传感器，其中测定质量流量变送器入口处的温度是为了对测定的质量流量进行补偿。常用的温度传感器为铂电阻温度传感器，典型的铂电阻温度传感器示意如图 8 - 30 所示。

2）排放和处理分系统。

液氢和氢气的排放与处理分系统由管路、阀门、连接器、燃烧池（或燃烧池加上高空排放管）等部分组成，燃烧池设有燃料输送系统和点火装置。排放管路由两部分

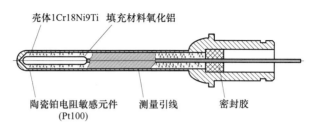

壳体1Cr18Ni9Ti　填充材料氧化铝

陶瓷铂电阻敏感元件　　　测量引线　　　密封胶
(Pt100)

图 8 - 30　典型的铂电阻温度传感器示意

管路组成，一部分为由加注罐和加注管路通向燃烧池的管路，另一部分为由贮箱通向燃烧池的管路，后者通过排气连接器与贮箱连接。贮箱氢气的排放有地面排放和高空排放两种方式，大多采取地面排放和燃烧处理的方式。

　　燃烧池通常由水池、单向阀、分配主管、竖管、泡罩帽和点火装置等部分组成，典型的燃烧池和泡罩帽结构示意分别如图 8 - 31 和图 8 - 32 所示。水池通常为混凝土结构，水池中的水位要比泡罩帽底部高出一定高度，采用水封是为了保证安全。为了维持热平衡和保持水位恒定，池中的水要不断地循环和补充。点火装置分布在水面上的不同位置，离水面保持一定的距离。也有些试验场不设带有水封的燃烧池，而是直接排放燃烧，如图 8 - 33 所示。

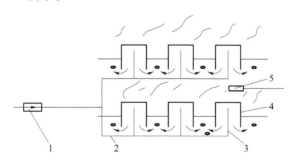

图 8 - 31　典型的燃烧池结构示意

1—单向阀；2—分配主管；3—竖管；4—泡罩帽；5—点火装置

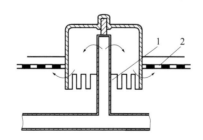

图 8 - 32　典型的泡罩帽结构示意

1—泡罩帽下缘的出气栅孔；2—带孔隔板

　　"土星 V" 火箭液氢系统的地面排放管路流通直径分别为 300 mm 和 400 mm，排放管路与 S - Ⅱ 级贮箱和 S - ⅣB 级贮箱之间分别采用两个和一个排气连接器连接，贮箱

图 8 - 33　拜科努尔发射场低温中心的氢排放燃烧场

的蒸气通过排放管路引向燃烧池。燃烧池为一个水泥筑成的水池，面积约 930 m²（30.5 m × 30.5 m），水池深约 1 m。从贮罐、贮箱和管路排出的液氢或氢气先由设在地面的泄出接收容器接收，然后通过管路引向燃烧池燃烧。

当"H - 2"火箭一级和二级贮箱排放的氢气量较少时采用高空排放方式，排出的氢气量较大时则通过地面管路排到燃烧池燃烧。燃烧池尺寸为 29 m × 14 m，水池深 1 m，处理氢气的能力为 80 000 m³/h。另外，在调节和控制进入两个贮箱的液氢流量时，有时需从分支管路中排放部分液氢，这些液氢分别由塔上的两个容器接收（图 8 - 22），容器内的蒸气则通过地面管路排向燃烧池。

3）加注和排气连接器。

地面加注管路和排气管路通过连接器与火箭活门连接，形成所谓的"脐带"。根据火箭各级箭体的加注活门和排气活门的设置位置、要求脱落的时间以及用途等的不同，连接器的种类、结构、功能和控制方式也不一样。按功能分，有液氢加泄连接器、液氧加泄连接器、液氢排气连接器、液氧排气连接器、液氢箱紧急泄压连接器、液氧箱紧急泄压连接器和组合式连接器等。按控制方式和脱落时间分，有点火前人工远程控制脱落的连接器和火箭起飞时自动脱落的连接器。

如图 8 - 34 和图 8 - 35 中所示连接器为点火前人工控制脱落的加泄连接器，这两种连接器都是悬挂在支架上，支架固定在塔架摆杆的前端。与活门连接时，摆杆摆动到靠近火箭的位置，连接器脱落后摆杆摆开，使之远离火箭。

图 8 - 34 所示为典型的液氢加泄连接器，它通过前端 3 个"爪子"的动作实现连接、锁紧和解锁。"爪子"的动作由作动气缸操纵，气缸设有"锁紧腔"和"脱落腔"。连接时，连接器插入活门，向"锁紧腔"供气，气缸便推动"爪子"由张开状态向中心收拢，从而"抓紧"活门法兰，将连接器锁定在活门上，并使连接器与活门之间的密封获得足够的预紧力。脱落时，向"脱落腔"供气，3 个"爪子"张开，连接被解锁。在一端固定在支架上的拉簧或拉索的作用下，连接器从活门中脱出并被拉回到摆杆内，随摆杆摆开而远离火箭。排气连接器结构和动作原理与加泄连接器基本

相同，且都在射前 2 min 脱落。

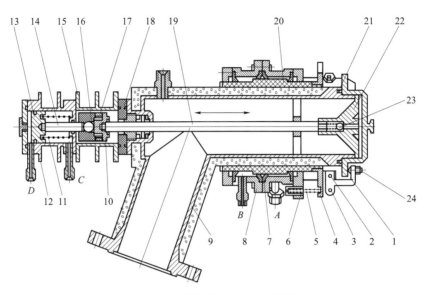

图 8 - 34 典型的液氢加泄连接器示意

1—钩爪；2—内销轴；3—外销轴；4—固定架；5—小弹簧；6—顶盘；7—大皮碗；

8—活动气缸；9—本体；10—限位套；11—弹簧；12—气缸；13—活塞；14—后顶杆；

15—连接体；16—塑料件；17—环形磁钢；18—隔冷垫；19—前顶杆；20—活塞套；

21—O 形密封圈；22—活阀；23—钢球单向阀；24—调节螺钉

贮箱活门在加泄连接器和排气连接器脱落前关闭，关闭后贮箱处于封闭状态。连接器脱落后如要终止发射，贮箱内的推进剂就会因吸热而蒸发，压力不断升高，如不及时泄放，就有可能发生超压。另外，终止发射后，通常要将贮箱内的低温推进剂泄回到地面贮罐中，等待重新组织发射。要及时泄放贮箱的压力及泄回贮箱内的推进剂，就必须及时地将脱落后的连接器重新对接到活门上去，尤其是对接排气连接器。为了保证重新对接后连接器与活门连接部位的密封，并确保使用安全，重新对接前需经过一系列处理程序，如对连接器和活门的连接部位进行除霜或除冰、回温和进行置换等，必要时还要更换密封件。需重新对接时，有关人员要从撤离地点迅速返回现场，先进行上述处理，然后才能对接、锁紧连接器，再打开贮箱活门开始排气。由人员返回至重新对接好并开始排气，整个过程时间必须不超过贮箱压力由终止发射时的压力升至允许最高压力所需的时间，否则，超压风险不能破除。

为避免脱落后一旦终止发射要重新对接，有些火箭的连接器采取了如下配置方式：①加泄连接器在火箭点火发射前脱落，排气连接器则在火箭起飞时脱落；②加泄连接器和排气连接器都在火箭起飞时脱落。

第①种方式如图 8 - 35 所示，其中 1 为飞离式排气脐带，其连接器斜插在火箭活门上，连接器被一端系在勤务塔的绳索牵引。火箭起飞至某一高度时绳索被拉直，在绳索拉力作用下，连接器被从火箭活门中拉出，在重力和拉力作用下飞离火箭。

图 8 - 35　"H - 2"火箭的连接器配置

1—飞离式排气脐带；2—摆臂式脐带

　　"土星 V"火箭 S - Ⅱ级的连接器采用了上述第②种方式，如图 8 - 36～图 8 - 38 所示。图 8 - 36 所示为液氢、液氧加泄连接器；图 8 - 37 所示为组合连接器，它将排气、供气连接器和电连接器组合在一个支撑装置上，支撑装置上设有连接火箭和锁紧、解锁的机构，这些机构和动作原理与图 8 - 36 所示连接器相同。这两种连接器都在火箭起飞时自动脱落。

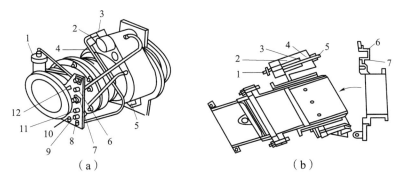

图 8 -36　"土星 V"火箭 S - Ⅱ级液氢、液氧加泄连接器示意

（a）外形图

1—蝶阀开关作动气缸；2—连接锁紧作动气缸；3—连接锁紧信号变换器；4—推离火箭的作动气缸；

5—吹除气排气口；6—锁紧气缸通气口；7—蝶阀吹除通气口；8—锁紧信号电缆插头；

9—加注管路吹除通气口；10—推离气缸打开腔通气口；11—夹层吹除通气口；12—推离气缸关闭腔通气口

（b）剖视图

1—手动解锁杆；2—锁紧气缸活塞；3—锁紧螺栓；4—锁紧钢球；

5—锁紧销；6—火箭上的插座；7—火箭上的锁紧套

　　除了加泄连接器和排气连接器以外，需要在点火前或起飞时脱落的连接器还有某些供气连接器和电连接器。采用低温推进剂的火箭级数越多，需要配置的连接器数量和种类也越多。如果这些连接器逐个与火箭连接，点火前或起飞时逐个控制脱落，不

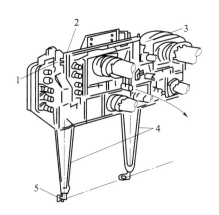

图 8 – 37   "土星 V" 火箭 S – Ⅱ 级顶部的组合连接器示意
1，3—锁紧机构；2—解锁连杆；4—支腿；5—火箭上的支座

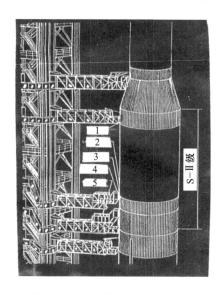

图 8 – 38   "土星 V" 火箭 S – Ⅱ 级的加注连接器配置
1—顶部的组合式连接器；2—液氢加泄连接器；
3—中间部位的组合连接器；4—液氧加泄连接器；5—塔架摆杆

仅会给操作和控制带来麻烦，而且会降低可靠性。采用组合连接器实现多个连接器与活门同时连接，同时锁紧、解锁和脱落，不仅简化了操作和控制，而且提高了脱落的可靠性。但是，组合连接器要解决如何使各连接器与活门对中以及如何保证连接后各连接部位的密封性等问题，且各连接器的工作压力和连接部位密封所需的密封比压通常也是不同的。

图 8 – 36 所示的加泄连接器与活门对接时，连接器支腿支撑在设在火箭的支座上，通过给锁紧作动气缸的"锁紧腔"供气，使锁紧销插入火箭上的插座内，并通过钢球式锁紧机构将连接器锁紧在活门上。在发射前 30 s，气动关闭连接器内的蝶阀，防止发

射时扬起的多余物进入管路。按点火按钮时自动开始脱落程序，程序供气阀自动按程序向锁紧作动气缸的"解锁腔"供气，活塞向后运动，钢球解锁。如气动解锁出现故障，则可通过系在解锁杆上的手动拉索解锁。在解锁的同时，通过程序供气阀向推离气缸供气，推离机构将连接器推离火箭活门并绕火箭上的支座轴向下翻转。当火箭起飞到 1.9 cm 高度时，连接器脱离火箭上的支座并被拉索拉回到摆杆上。

当火箭的助推器和芯一级采用低温推进剂时，加泄活门和安溢（排气）活门通常设在箭体和助推器的底部，或设在箭体和助推器尾端的一侧，而不设在箭体和助推器的中部或上部。设在底部或尾端的一侧时，连接器就可以由落地的装置进行支撑和回收。如果活门设在箭体和助推器的中部或上部，连接器就必须在高空与箭体和助推器连接，在这些高度位置，塔架通常不设摆杆，因为设了摆杆也无法靠近助推器和芯一级。

当活门设在芯一级箭体和助推器底部时（如"H-2"火箭芯一级和"能源号"火箭助推器），连接器容易实现起飞时脱落，只要保证点火前可靠解锁。当活门设在底部时，连接器通常在发射平台内垂直与火箭对接，连接器的支撑和回收装置通常设在发射平台的底部，或设在尾端的一侧。回收装置设在发射平台的底部时，脱落后的连接器在重力作用下坠落到回收装置中。图 8-39 中箭头所示为设在箭体尾端的维护支架，对接连接器时，维护支架从水平方向将连接器送入箭体底部，靠人工操作或自动控制将连接器插入到活门中去，并锁紧在活门上。在加注过程中，维护支架一直支撑着连接器。火箭起飞至一定高度后，连接器与火箭分离，连接器脱落，维护支架从水平方向将连接器收回到保护装置内。当活门设在芯一级箭体和助推器尾端的一侧时，连接器的支撑和回收装置只能设在靠近火箭的位置。

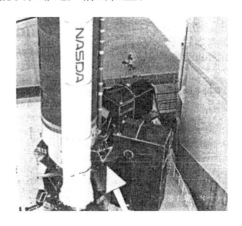

图 8-39 　"H-2"火箭底部的维护支架式脐带系统

无论回收装置设在发射平台底部还是设在芯一级箭体和助推器的一侧，连接器脱落后都会遭受火箭尾焰的烧蚀和气流的冲击，液氢加泄连接器和排气连接器还可能被引燃和引爆。因此，连接器脱落后要快速回收到一个保护装置中，并要用氮气吹除。

4）气路分系统。

气路分系统通常分为地面气路分系统和塔上气路分系统，均由管路、阀门和配气台等组成，其中地面气路分系统设在加注场地（也是贮存场地），其主要任务是为管路气密性检查、管路置换、吹除、阀门操作、汽化器外表面除霜和贮罐增压（采用外气源增压时）等供气。塔上气路分系统的主要任务是为塔上阀门、连接器的执行机构供气以及为连接器除霜供气等。气路分系统中的配气台通常属于地面供配气系统的用气单元，其气源来自地面供配气系统（第 9 章）。

5）测控分系统。

测控分系统的任务是测试、传递加注参数和信号以及进行加注控制。所要测试和传递的加注参数与信号包括加注罐的液位，加注罐气枕压力，管路内压力、流量、温度以及阀门的开关信号，箭（弹）贮箱加注活门开关信号，贮箱压力和液位信号以及故障信号等。加注控制主要是工序控制，包括对贮罐增压、阀门的开和关、加注流量和加注量以及连接器的连接锁紧、打开与关闭活门以及脱落等进行控制。控制通常是通过电 – 气转换方式实现的，即通过控制加电或断电使配气台的电磁截止阀状态转换，从而控制液路上阀门的开与关。另外，在氢环境下使用的传感器、变换器和电器设备通常为隔爆型或本质安全型。

在初始发展阶段，加注测控分系统比较简陋，一般由手动操作的测控台、仪表板、继电器柜和电缆等组成，测控时现场需有人值守，自动化程度低，安全性差。随着技术的发展和受控设备可靠性的提高，目前已普遍采用计算机进行远程测试和控制，现场人员可在低温加注开始前撤离。

远程测控一般采用分散控制、集中操作和管理的自动化测试与控制方式，测控分系统由前端测试和控制设备、后端设备和电缆网、光缆等部分组成。前端测试和控制设备布局在现场，包括推进剂库和靠近箭（弹）的位置，后端设备设在控制中心，前、后端设备之间通过网络系统进行通信和信号传递。

测控分系统通常具有以下功能：①根据加注过程的不同工况及实际需要，可以对压力等参数进行设定；②实时采集现场温度、压力、流量、液位等参数以及现场阀门状态参数；③以流程图的形式显示现场设备的各种参数，并可通过画面单击被控设备，实现设备的手动/自动控制切换；④由控制微机采集到的数据和设备状态等参数存入历史数据库，以便随时调用和查看；⑤控制微机采集的数据可形成温度、压力等参数的趋势曲线，便于分析控制状态；⑥当某些关键控制参数超过安全范围时发出报警，提醒操作者注意；⑦无论是现场控制机还是控制微机出现故障，系统都可以无扰动地切换到热备份机上，保证加注控制系统的安全与顺利运行。

以典型的远程测控分系统为例，其前端测控设备有设在现场的控制机 PLC（下位机）和 I/O 站及通信系统等，后端测控设备有设在中心控制室的监控微机（上位机）

和上网微机等（土星 V 的地面计算机为 RCA - 110 型，一台设在发射测控中心，另一台设在发射台底部），每台监控微机均配有 3 台大屏幕显示屏，如图 8 - 40 所示。

I/O 站和现场控制系统通过 Genius 网络建立二级控制系统，二级控制系统和控制间通过以太网网络组成一级控制系统，整个控制系统通过 Genius 网络和以太网组成了一个三级网络控制系统。一级控制系统通过 Genius 网络进行数据和控制参数交换。二级控制系统则实现控制参数和数据之间的交换。

上位机负责对整个控制系统的监控和管理，包括加注工序控制、阀门单点开关控制、自动程序下进行单点干预、设定加注液位和应急处理加注故障、通过 Genius 网向前端 PLC 发出测试和控制操作指令、接收前端传来的结果反馈信号与进行数据采集和显示、历史数据存盘和打印等。

I/O 站负责采集现场的控制参数和设备状态，另外，I/O 站还是控制命令的最终执行机构。下位机则负责过程控制和数据的处理，以及将 I/O 站采集的数据、设备运行状态等参数传送至上位机。

上网微机的功能是通过 Genius 网实时而动态地显示工序和压力、流量、液位、密度、温度等参数。

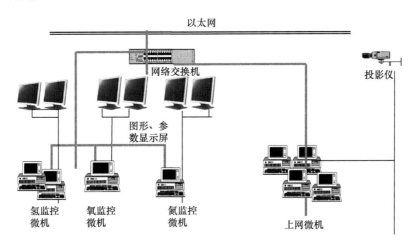

图 8 - 40　典型后端控制测量设备关系框图

大屏幕显示屏有主控显示屏、参数显示屏和流程图显示屏。主控显示屏主要显示加注工序、单点控制命令和状态参数等；参数显示屏主要显示加注参数；流程图显示屏主要显示当前的加注流程。

8.4.4　液氧加注流程和加注系统

1. 液氧加注流程

如前所述，液氧的饱和温度比液氢高，密度比液氢大十几倍，只有在要求的流量不太大时才采用挤压加注，而且多为外气源挤压。当要求的流量较大时，采用泵式加注是唯一且合理的选择。与液氢加注均采用挤压式不同，液氧加注的动力方式有挤压式、泵式加挤压式以及泵式。除了挤压式的加注流程与液氢加注流程基本相同以外，采用其他动力方式的加注流程通常比液氢加注流程复杂。

向单级贮箱加注液氧的典型流程原理如图8-41所示。在该系统中，管路预冷、大流量加注和补加均使用同一个卧罐和同一条公用管路。大流量加注采用泵式，补加采用外气源挤压式。大流量加注时，过冷器进、出口处的阀门关闭，液氧经过泵和公用管路流向贮箱。补加时，泵进、出口处的阀门关闭，液氧经过公用管路和过冷器的换热器流向贮箱。

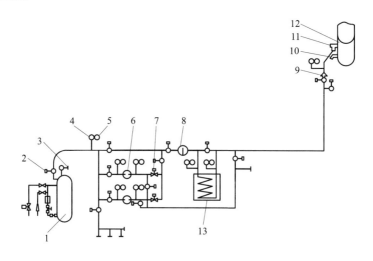

图8-41　向单级贮箱加注液氧的典型流程原理

1—固定贮罐；2，3—阀门；4—温度传感器；5—压力传感器；6—泵机组；7—泵出口阀；

8—涡街流量变送器；9—过滤器；10—排气连接器；11—加泄连接器；12—液氧贮箱；13—过冷器

当有两级以上的贮箱采用液氧做推进剂时，出于简化系统配置和操作、便于流量分配和调节的考虑，通常不采用一个加注罐、一条公用管路对应一个贮箱的方案，而是采用一条公用管路对应多个贮箱的方案。为了既简化系统配置和操作，又便于实现流量调节与分配，对应的贮箱最多为两个。向两个贮箱并行加注的典型流程原理如图8-42和图8-43所示。

如图8-42所示系统采用了并联两个加注罐、一条公用管路对应两个贮箱的方案。公用管路分为主管路和分支管路，主管路为两个贮箱大流量加注和补加的公用管路，而分支管路为一个贮箱的大流量加注和补加的公用管路。在一、二级的分支管路上并联了一条旁通管路，旁通管路上设有一台过冷器。大流量加注时液氧经主管路和各分支管路流入贮箱，补加时则经主管路和分支管路上的旁通管路流入贮箱，即液氧流经过冷器的换热器。另外，由加注罐、贮箱排出的氧蒸气以及加注过程中由管路排出的

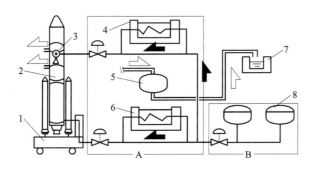

图 8 – 42　"H – 2"火箭的液氧加注流程原理

A—勤务塔区；B—液氧贮存区

1—活动发射平台；2——级液氧贮箱；3—二级液氧贮箱；4—二级液氧过冷器；

5—收集罐；6——级液氧过冷器；7—水池；8—液氧贮罐

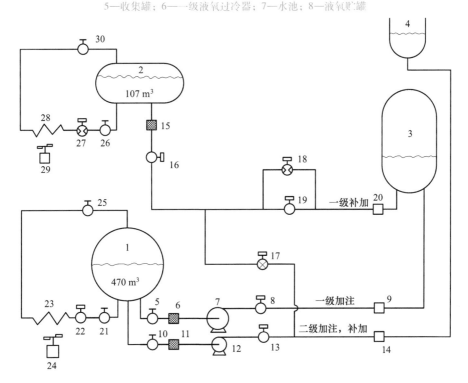

图 8 – 43　"土星 I"火箭的液氧加注流程原理

1—液氧球罐；2—液氧卧罐；3——级液氧贮箱；4—二级液氧贮箱；5，10，21，25，26，30—手动截止阀；

6，11，15—过滤器；7—大泵；8，13，16，19，22—气动阀门；9，14，20—流量变送器；

12—小泵；17—气动分流阀；18，27—气动调节阀；23，28—汽化器；24，29—风机

氧蒸气或"热氧"通过管路排入收集罐，然后再通过管路引向远处，直接排入大气。

图 8 – 43 所示流程为大流量加注和补加用罐与管路都分开的流程。分开的原因是加注罐的容积大（约 500 m³），补加所需的挤压压力高（约 1.33 MPa，泵式加注所需压力仅为 0.21 MPa），如果共用一个加注罐，罐的壁厚就要加大，挤压所需的气体流量

和用气量较大。

在该系统中，各贮箱的大流量加注采用了不同规格的定转速泵，其中大泵的额定流量为 9 462 L/min，用于一级贮箱的大流量加注；小泵的额定流量为 3 785 L/min，用于二级贮箱的大流量加注。因大、小泵的流量不同，不能共用一条吸入管路，出口管路也不能并联，故一、二级的大流量加注管路为两条平行的管路。因泵为定转速泵，故只能通过泵排出管路上的调节阀进行调节。当要进行较宽范围的调节时，将会导致泵在效率较低的工况点下运行，使流过泵的液氧的温升增加。由于泵为定转速泵，故大流量加注管路的预冷只能采用挤压式。大流量加注结束后，需要先预冷补加管路才能进行补加。

"土星Ⅴ"火箭要求的加注量（加注罐容积为 3 406 m³）和加注流量都比"土星Ⅰ"火箭的大，其流程原理如图 8 - 44 所示。与上述流程相比可知，该方案是在"土星Ⅰ"火箭的基础上，通过适应性修改和完善而形成的。在该流程方案中，管路预冷和补加由挤压式改为泵式；由使用不同的罐进行大流量加注和补加改为使用同一个球罐；大流量加注管路由一条管路对应一个贮箱改为一条公用管路对应两个贮箱；由两台不同规格的大泵对应不同的贮箱改为一台大泵（备份一台）对应两个贮箱；大、小泵的规格与"土星Ⅰ"火箭的相同，但由定转速改为可调速（配有电磁离合器）。

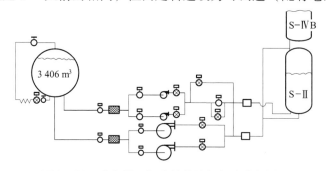

图 8 - 44   "土星Ⅴ"火箭的液氧加注流程原理

两个贮箱并行连续补加时，由于各贮箱要求的补加量、蒸发引起的液位变化等都不同，补加中要应对如下情况：某时刻两个贮箱都需要大流量、两个贮箱都需要小流量或一个需要大流量而另一个需要小流量。这些需求是随机变化的。为了适应这种变化，系统中采用了可变转速的泵机组，通过调整泵的转速来调整公用管路的总流量。另外，在各分支管路上设置了调节阀，用于将总流量分配给各分支管路。

图 8 - 45 所示流程也是向两级贮箱加注和补加的流程。在该系统中，主管路上并联了两台大的离心泵，用于大流量加注。另外，在其中的两个贮罐的出液管路上并联了两台小离心泵，用于为汽化器供液和循环 - 回流液氧。管路和贮箱预冷时先启动小离心泵，泵排出的液氧一部分流入汽化器，汽化器将其汽化后供给贮罐，为贮罐增压。另一部分则沿加注管路流向贮箱，以预冷管路和贮箱，预冷好后填充管路。此后启动

大离心泵，小离心泵转化为只对汽化器供液。大离心泵工作时，液氧沿两条平行的加注管路分别流向一级和二级贮箱，进行大流量加注。

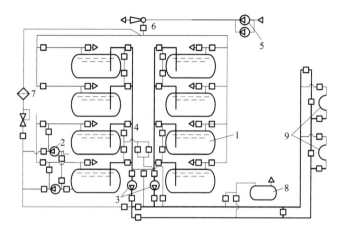

图 8-45　苏联"N-1"火箭的液氧加注流程原理

1—贮罐；2—小离心泵；3—大离心泵；4—阀门控制箱；5—离心压缩机；

6—引射泵组件；7—汽化器；8—排放容器；9—箭上贮箱

该流程的最大特点是补加采用了补加-回流的方式。补加时大离心泵停止工作，由小离心泵驱动液氧流动，使之在贮箱与贮罐之间连续循环，通过调节，使回流的流量小于进入贮箱的流量，并使两者的差值正好补偿贮箱的蒸发损耗，以保持所需的液位，直到射前。在加注和补加过程中，废液、废气通常经地面排放管路引向远处，从地面或高空直接向大气排放。

为发射"N-1"火箭而建立的液氧加注流程方案和加注系统中，为了过冷液氧，采用了用喷射泵对加注罐抽空的方法使液氧温度降低，而不是采用过冷器换热的方法。考虑到抽真空后空气和水分可能会进入加注罐，带来不安全因素，在后来发展的一些系统（如"能源号"火箭的液氢系统和液氧系统）中改为管路中设置过冷器来降低液氧的温度。

2. 液氧加注系统和设备

与液氢加注系统类似，液氧加注系统也由加注罐、加注管路分系统、排放和处理分系统、气路分系统和测控分系统组成。

加注管路分系统中的硬直管段、金属软管、阀门、连接器等组件的类型、结构形式和绝热形式通常与液氢加注管路分系统相同。由于如聚氨酯、聚酰亚胺和活性炭等非金属材料与氧不相容，在冲击和冲刷下容易发生燃烧和爆炸，因而所采用的非金属材料与液氢系统有所不同。同时，液氧系统大多采用泵式加注方式，补加的液氧往往需要过冷，故液氧加注管路分系统中大多设有泵机组和过冷器，造成管路分系统的构成往往比液氢系统复杂。另外，由于液氧和氧蒸气可直接排入大气，无须经过燃烧处理,故废液和废气通常是通过地面管路引向远处或高空进行排放。引向远处专门区域排放时,安全距离内不得存有有机物和火源。当排放口流动状态为紊流时,距排放口的安全距离由式(8-24)确定:

$$L = 200d\sqrt{T/T_{ox}} \qquad\qquad (8-24)$$

式中 L——安全距离,m;

　　　d——排放口直径,m;

　　　T——大气温度,K;

　　　T_{ox}——所排放氧的温度,K。

"土星V"火箭的S-I级采用煤油和液氧做推进剂,煤油加注量约为681 t,液氧加注量约为1 489 t。S-II级和S-IVB级均采用液氢和液氧做推进剂,S-II液氧加注量约为411 t,S-IVB液氧约为91 t。加注罐为大型双层球罐,采用真空粉末绝热。球罐内罐的内径为19 m,容积为3 406 m³,最高压力为0.084 MPa;外罐内径为21 m,材料为碳钢。球罐设有两条垂直向下的管路,分别为大泵和小泵的吸入管路。大泵吸入管路的通径为450 mm,排出管通径为350 mm,从贮罐到加注活门的管路长度约为442 m;小泵吸入管路的通径为200 mm,排出管路通径为150 mm。大泵的最高扬程约为216 m,通过电磁离合器驱动,流量可在9 460~37 850 L/min的范围内调节;小泵的最高扬程约为160 m,也通过电磁离合器驱动,流量可在567~3 785 L/min的范围内调节。液氧加注管路上未设过冷器,所补加的液氧为大气压下饱和的液氧。

"N-1"火箭的液氧加注系统是苏联当时规模较大的加注系统,液氧由8个容积为250 m³的卧罐贮存。系统中设置了大、小两种离心泵,大离心泵用于大流量加注,流量为600 m³/min,最大扬程为2.5 MPa;小离心泵用于为汽化器供液和补加时使液氧在贮箱与贮罐之间循环,以保持贮箱液氧液位。小泵流量为200 m³/min,最大扬程为1.5 MPa;系统中未设过冷器,而是通过贮罐抽真空的方法使罐内的液氧温度降低。贮罐由两级喷射泵抽真空,引射气源的压力为0.9 MPa,由离心空气压缩机提供,通过抽真空,贮罐内的液氧温度降到70 K。

与节流调节相比,通过调速来调节流量可使泵在较高效率的工况点下运行,为了减小推进剂的温升,除了泵壳要绝热以外,尽量提高泵的效率是非常重要的,因为即使泵壳绝热性能良好,低效率也会使推进剂流经泵后温度升得更高。扬程和流量与泵转速的关系分别为

$$H_1/H_2 = (n_1/n_2)^2 \qquad\qquad (8-25)$$
$$q_{V1}/q_{V2} = n_1/n_2 \qquad\qquad (8-26)$$

式中 H_1,H_2——分别为泵额定转速下和变至某一转速下的扬程,m;

　　　q_{V1},q_{V2}——分别为泵额定转速下和变至某一转速下的流量,L/min;

　　　n_1,n_2——分别为泵额定转速和变至的转速,r/min。

液氧加注泵通常为离心泵，典型的液氧加注泵如图 8 - 46 和图 8 - 47 所示。其中立式泵的轴密封为非接触式密封与填料密封的组合，填料密封为停车密封。卧式泵的轴端密封为机械密封（端面密封）。两种泵的额定扬程均为 90 ~ 100 m，额定流量为 1 000 L/min。

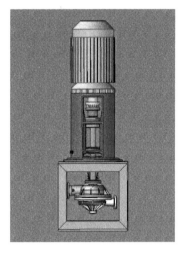

图 8 - 46　典型的立式液氧加注泵

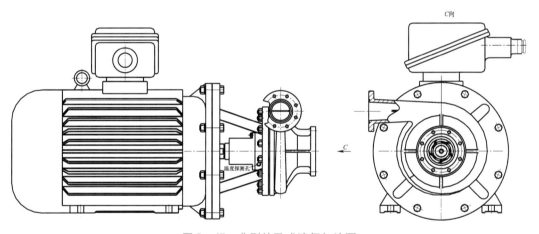

图 8 - 47　典型的卧式液氧加注泵

过冷器通常为浸浴式过冷器，这种过冷器由容器和换热器组成。容器盛装制冷剂，换热器浸浴在制冷剂中。由于液氮的饱和温度低于液氧，又较安全，故通常用它作为制冷剂。苏联"暴风雪号"飞船液氧加注系统的过冷器以低温氢气作为制冷剂，过冷后的液氧温度为 55 ~ 56 K。为保证安全，氢气与液氧之间以氦气为中间载热体。

换热器类型有两种，一种为盘管式或 U 形管式换热器，另一种为板式换热器，其原理如图 8 - 48 所示，不同换热器类型的典型过冷器分别如图 8 - 49 ~ 图 8 - 51 所示。图 8 - 49、图 8 - 50 中所示过冷器的容器几何容积为 4. 85 m³，工作压力为 0. 7 MPa，采用聚氨酯发泡绝热。换热器为板式换热器，补加时液氧流经换热器，流量为300 L/min。换热器的换热量约为12 400 W，液氧放热后温度可降低9～10 K，进入贮箱的液氧温度不高于82 K。

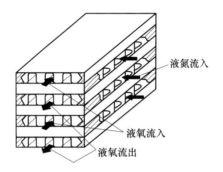

图8-48   板式换热器结构原理

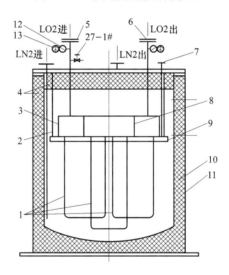

图8-49   管式换热器的过冷器示意

1—U形管；2—支承架；3—集液箱；4—聚氨酯发泡层；5—液氧入口管；
6—液氧出口管；7—点式液位传感器；8—隔板；9—管板；
10—内罐；11—外罐；12—压力传感器；13—温度传感器

过冷器的工作原理与供配气系统的冷氦热交换器相同，详见9.4节。当液氧流经换热器时放出热量，这些热量被换热器外液氮的制冷剂吸收，发生沸腾蒸发，从而将热量释放出去。达到要求过冷温度所需的换热量即液氧的放热量为

$$Q_H = \rho_L q_V c_P (T_R - T_C) / (60 \times 10^3) \qquad (8-27)$$

式中 Q_H ——所需的换热量，W；

q_V ——流经过冷器换热器的推进剂加注流量或补加流量，L/min；

T_R ——推进剂进入过冷器换热器时的温度，K；

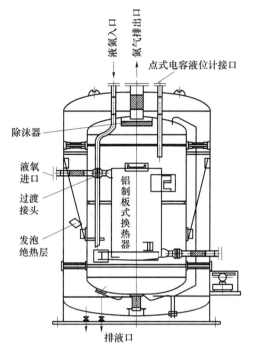

图 8 - 50　板式换热器的过冷器示意

图 8 - 51　装在管路中的过冷器

T_C ——推进剂流出过冷器换热器时的温度，K。

在热交换过程中，过冷器容器内的制冷剂会因吸收热量而蒸发，使容器内的液面下降。制冷剂消耗量为

$$V_\mathrm{x} = Q_\mathrm{H} t / \gamma \rho_\mathrm{L} \qquad (8-28)$$

式中　V_x ——制冷剂消耗量，m^3；

t ——补加时间，s；

γ ——制冷剂的汽化潜热，J/kg。

液氧加注测试与控制模式和测控分系统的组成通常与液氢系统相同。以图 8 - 40

系统的远程测控分系统为例，它与液氢测控分系统一样也采用分布式方案，前端测控设备有设在现场的控制机 PLC（下位机）和 I/O 站及通信系统等，后端测控设备有设在中心控制室的监控微机（上位机）和上网微机等，每台监控微机均配有 3 台大屏幕显示屏。典型的加注测控台和图形显示屏分别如图 8 - 52 和图 8 - 53 所示。

图 8 - 52 "能源号"火箭液氧加注测控台

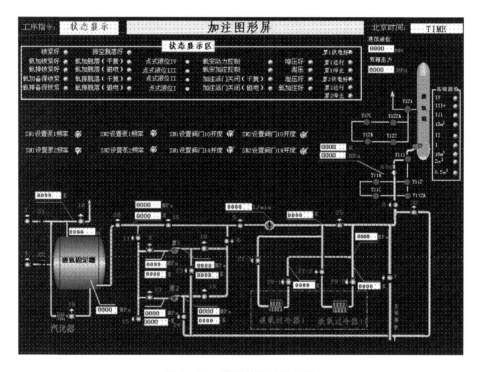

图 8 - 53 典型的图形显示屏

8.4.5 液氮加注流程和加注系统

如前所述，液氧加注系统通常采用设置过冷器的方法使补加的液氧过冷，而过冷器通常采用液氮作为制冷剂。液氮装在过冷器的容器内，补加的液氧则流经浸泡在液氮内的换热器，通过与液氮的换热，使液氧温度降至所要求的温度。在有些地面冷氮气供气系统中，其冷氦热交换器和纯化器也采用液氮（有时也采用液氢）作为制冷剂，内容见第 9 章。

达到要求温度所需的换热器换热面积是根据所需的换热量确定的，该面积应是被液氮浸没的面积。因此，所加注的液氮量必须能足以浸没整个换热器，并使液氧补加结束以前换热器仍被液氮所浸泡。显然，浸没的面积越大，换热量越大，换热后的液氧温度就越低。但是，由于容器装入液氮后必须留有 5% ~ 10% 的气枕空间，以防超压以及避免在沸腾换热时液氮从容器喷出，故加注的液氮量既要保证整个液氧补加过程换热量足够，又不能超出允许的最高液位。

换热所需的液氮量是由换热量确定的，换热器中的液氮量通常由设在过冷器容器内的液位传感器定量，液氮由液氮加注系统加注到容器内。过冷器容器一般设有最高和最低液位传感器，最高液位传感器用于控制最高液位；最低液位则为报警液位，低于该液位则需要补加液氮，否则换热量将不足，液氧就达不到所要求的温度。

液氮加注也有固定式加注和机动式加注两种方式，机动式加注通常采用公路加注和补加车，公路车既是运输车也是加注车。试验场通常都设有制氧站，氮是制氧工艺中的副产品。因此，采用固定式加注时，用公路槽车从制氧站运输液氮，然后再由槽车向固定罐转注。采用机动式加注时，公路加注和补加车运来液氮直接驻场加注。

由于要求的加注流量一般较小，外气源挤压较为方便，故加注和补加一般采用外气源提供的氮气进行增压。公路加注和补加车通常也设有汽化器自增压装置，但一般只用作转注的动力源。

液氮虽然是不燃不爆和无毒的介质，但液氮蒸发后形成的蒸气会降低空气中的氧含量，当空气中的氧含量低于 15% 时会使人窒息。另外，氮蒸气的密度较大，容易在地面沉积，不易扩散。因此，过冷器容器和管路的排放均采用高空排放方式，或通过地面管路引向偏僻处排放。高空排放和地面排放均是将蒸气或液氮直接向大气排放。

由于地面加注管路和排放管路无须在射前与过冷器分离，因此，管路与过冷器等的连接均采用法兰式的固定连接方式，这种连接一直要保持到设备撤收。火箭发射后，需将过冷器容器内剩余的液氮泄回到贮罐中，泄回操作完成后才能卸开管路的连接。泄回一般采用自流方式或挤压方式。

典型的液氮加注流程原理如图 8 - 54 所示，该流程为向液氧过冷器加注流程和向热交换器及纯化器加注流程，加注和补加用一条管路。

向过冷器加注和补加液氮时，气动截止阀 4 的阀门关闭，液氮从贮罐流出后经气动截止阀、过滤器、流量变送器和手动截止阀等流入过冷器的容器。向热交换器及纯化器加注和补加液氮时，气动截止阀 4 的阀门打开，气动截止阀 3 的阀门关闭，液氮从贮罐流出后经气动截止阀、过滤器、流量变送器和气动截止阀 4 的截止阀流入热交换器及纯化器容器。容器内的蒸气则通过单向阀和高空排放管排入大气，或者通过伸向远处的地面管路向大气排放。

　　与低温推进剂加注系统不同的是，无论是火箭正常发射后要终止发射还是推进剂加注后要终止发射，都要通过自流方式或挤压方式将过冷器、冷氦热交换器和纯化器内剩余的液氮与已加注的液氮泄回到地面贮罐中，以免在封闭状态下由于液氮蒸发而使内部压力升高，造成事故。

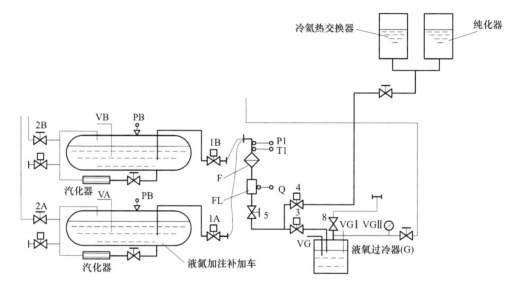

图 8 - 54　典型的液氮加注流程原理

　　液氮加注系统通常也由加注罐、加注管路分系统、气路分系统、排放分系统和测控分系统组成。

　　无论是固定式贮罐还是槽车上的贮运罐，通常均为卧式罐，采用高真空粉末绝热。贮罐通常也设有汽化器自增压装置，但一般只用作转注的动力源。

　　加注管路分系统由管路、阀门、过滤器和流量变送器等组成。如图 8 - 54 所示系统的管路为单壁管，流通直径为 50 mm。各管段之间采用法兰连接方式，管路总长度约为 120 m。管路中的硬管采用聚氨酯外发泡绝热，发泡层厚度约为 43 mm。用于管路拐弯处和需要拆卸部位的金属软管采用外表面包扎软发泡塑料绝热，而用于与公路槽车连接的金属软管则采用真空多层缠绕绝热。管路中的阀门为气动球阀，通径为 40 mm，气缸操作压力为 5.0 MPa。管路中设有涡街流量变送器，用于监测加注流量，其工作温度为 - 200 ℃ ~ 400 ℃，测量范围为 1:45（即可测得的最小流量与最大流量之比），精度 ≤ 0.75%。靠近管路末端位置设有斜插式过滤器，通径为 50 mm，最高工作压力为 1.2 MPa，滤网的过滤精度为 80 目，采用包扎软泡沫塑料绝热。

　　对于聚氨酯发泡绝热，外界通过绝热层漏入的热量为

$$Q = S_o(T_o - T_i)/\left[D_o\ln(D_o/D_i)/2k_t + 1/h_o\right] \qquad (8-29)$$

式中　Q ——外界通过绝热层漏入的热量，W；

　　　S_o ——发泡绝热层的外表面面积，m^2；

　　　D_o ——绝热层的外径，m；

　　　D_i ——绝热层的内径，m；

　　　k_t ——绝热层的热导率，对于新发泡的绝热层，一般 $k_t \leq 0.018$ W/（m·K）；

　　　h_o ——绝热层外表面处的转换系数。

以发泡层厚度为 25 mm 的聚氨酯发泡绝热管路为例，其外界漏入的热量约为 220 W/m^2。如使用中绝热层因反复受冷、热冲击而产生裂缝，且裂缝又暴露在大气环境，那么，外界的空气就会进入绝热层内，部分地取代原有的二氧化碳。新发泡的绝热层如发生这种情况，则数月后其热导率将增大 40% 以上。如继续使用，绝热层还可能吸入空气中的氢气和氦气，热导率将增大 3~4 倍。因此，采用聚氨酯发泡绝热时，通常要在绝热层外面缠绕锦丝尼龙绸，并涂反射材料。

上述系统采用两辆公路加注补加车运输和贮存液氮，液氮加注补加车贮罐为双层结构，贮罐内罐的几何容积为 10 m^3，充装系数为 95%，工作压力为 0.8 MPa。贮罐采用真空粉末绝热，粉末材料为珠光砂，夹层封口真空压力 ≤0.1 MPa，漏放气总速率 ≤1.33×10^{-2} Pa·L/s，昼夜蒸发率 ≤0.7%。车上设有汽化器装置，自增压能力 ≤300 L/min，用于液氮转注时为贮罐增压。该系统的主要技术指标为如下：

液氮贮运能力：两辆车贮运液氮 18 m^3；

加注量：约 5.3 m^3，其中过冷器为 2.5 m^3，冷氦热交换器为 1.5 m^3，纯化器为 1.3 m^3；

加注流量：18~220 L/min；

加注压力：0.7 MPa；

补加压力：0.7 MPa。

管路与过冷器、冷氦热交换器和纯化器预冷以及加注与补加均采用外气源增压方式，当过冷器、冷氦热交换器和纯化器的液位低于规定液位时，系统能自动连续补加。

加注与补加时，加注量由过冷器、冷氦热交换器和纯化器上的液位传感器定量，地面的涡街流量变送器监视。冷氦热交换器和纯化器的废气从伸出塔架外的管路直接向大气排放，而过冷器的废气则采取现场高空排放和通过地面管路引向远处排放。

8.4.6　加注程序和工序

加注程序和工序通常以液体流动开始，在此之前必须完成规定的准备工作，具备进入加注程序和工序的准入条件。准备工作包括管路和贮箱置换、吹除和推进剂与液氮成分化验等。

液氢加注管路和贮箱需经过氮气置换和氦气或氢气置换，以清除管路和贮箱内的杂质气，避免存有与氢不相容的成分和避免杂质气在液氢温度下结冰，成为固态多余物。置换分为前期置换和终期置换，前期置换一般在确定的发射日前 1～2 天内完成，而终期置换则在加注前完成。

前期置换分为氮气置换和氦气或氢气置换，顺序是先进行氮气置换，合格后再进行氢气置换。氮气置换时，通常由塔上动力系统供氮气给液氢贮箱增压，压力达到 0.2 MPa 时由各放气口放气至 0.01 MPa，如此重复 8 次左右，直至取样化验合格为止。氦气置换时，用氦气给贮箱增压，压力达到 0.1 MPa 时由各放气口放气至 0.01 MPa，如此重复 8 次左右，直至取样化验合格。加注前再对贮箱与加注管路进行终期氦气置换。

液氧和液氮管路需经过氮气吹除，以清除管路内的水分，通常以排出氮气的露点不高于 −53.3 ℃ 为合格。

加注前要从贮罐中取出推进剂样品进行化验。通常，液氢和液氧的取样化验分别在管路预冷前 12 h 和 24 h 时进行。取样化验结果应满足表 8−6～表 8−8 的指标要求。有些场合需要采用更高纯度的液氢和液氧，如苏联原准备用于探月的飞船"L−1"和"L−3"就采用了纯度不低于 99.999% 的液氢和纯度不低于 99.99% 的液氧。

表 8−6　液氮使用指标要求

项　目	使用指标要求
纯度/%	<98
氧体积分数/%	≤2.0
水分或露点/℃	≤−53.3

表 8−7　典型的液氧使用指标要求

项　目	要求指标
纯度/%	≥99.4
水分或露点/℃	≤−53.3
甲烷含量/（×10^{-6}）	≤67.7
乙炔含量/（mg·L^{-1}）	≤0.04
机械杂质含量/（mg·L^{-1}）	≤1.0
二氧化碳含量/（mg·L^{-1}）	≤8.0
油含量/（mg·L^{-1}）	≤0.4

表 8-8　典型的液氢验收和使用指标要求

项　目	进场验收指标要求	使用指标要求
氢含量（体积分数）/%	≥99.995	≥99.994
仲氢含量（体积分数）/%	≥95.0	—
氦含量（体积分数）	≤3.9×10⁻⁵	≤3.9×10⁻⁵
可固化的气体杂质总含量（体积分数）	≤1.0×10⁻⁵	—
氮、水和总碳含量（体积分数）	≤1.0×10⁻⁶	≤2.0×10⁻⁶
氮含量（体积分数）	≤9.0×10⁻⁶	≤2.0×10⁻⁵
水含量（体积分数）	≤4.0×10⁻⁶	≤8.0×10⁻⁶
总碳含量（体积分数）	≤4.0×10⁻⁶	≤1.0×10⁻⁵
氧（含氟）含量（体积分数）	≤1.0×10⁻⁶	≤2.0×10⁻⁶

通常的程序是先液氮开始流动的，依次是液氧、液氢，一般在射前几小时开始加注（液体开始流动），也有些系统同时开始液氢和液氧加注。例如，"H-2"火箭的液氢加注和液氧均在射前 4 h 左右开始。

液氧加注程序和工序通常有管路和贮箱预冷工序、管路排放工序、前期补加工序、发动机预冷工序、射前补加工序、排空脱落工序和全排空工序等。工序的设置和工序控制依不同的要求、不同的系统和不同的流程而有所差异，各工序的时间程序也不一样。

以图 8-41 所示系统的加注为例，其加注程序和工序如下：

加注管路和贮箱预冷工序：调节贮罐对汽化器的供液量以控制流入管路的液氧流量。先对并联的两台泵、地面加注管路和补加管路进行预冷，约 5 min 后开始预冷塔上管路及贮箱。当液氧贮箱的液位达到 2 m³ 时预冷结束。

大流量加注工序：用汽化器或外气源对贮罐增压，至所需压力并保持该压力，启动泵并调至额定工况点下运行，液氧以 1 000 L/min 的流量流向贮箱。当贮箱液位达到 20 m³ 时结束，贮罐放气泄压，避免罐内液氧因吸收外界漏入的热量而温度升高。

前期补加前的管路排放工序：用汽化器或外气源对贮罐增压至 0.46 MPa 并保持，挤压罐内温度较低的液氧流入管路，同时打开排放管路的阀门，将加注管路内温度较高的液氧和氧蒸气通过排放管路排向大气。

前期补加工序：用汽化器或外气源增压，使贮罐压力保持为 0.65~0.7 MPa，打开补加阀门，液氧以 200~300 L/min 的流量经过冷器和管路流入贮箱。当贮箱达到 Ⅱ 液位时前期补加结束。

发动机预冷工序：此时贮箱增压，预冷好后卸压。在此过程中，塔上及地面的加注管路与贮罐处于连通状态即不关闭阀门，且贮罐保持 0.65～0.7 MPa 的压力，以排掉加注管路内温度较高的液氧，并为进入下一道工序做好准备。

射前补加工序：采用控制阀门开与关的方法进行间断补加，使贮箱的液位在射前 5 min 时保持为Ⅲ液位，补加结束。

排空脱落工序：射前 4 min 塔上管路的液氧通过自流排空，1 min 后自动转入连接器脱落工序，脱落信号返回后，向动力控制台发出"脱落好"信号。

全排空工序：火箭起飞后排空地面加注管路内的液氧，至管路中的压力不高于 0.03 MPa 时为止。

"土星Ⅰ"火箭的液氧加注（流程如图 8-43 所示）设有大流量加注管路和贮箱预冷工序、大流量加注工序、发泡搅拌工序、补加管路预冷工序和补加工序等，补加管路预冷在大流量加注结束前进行。S-Ⅰ级大流量加注时，泵的流量为 9 462 L/min。当贮箱液位达到规定液位的 75% 时开始预冷补加管路。大流量加注在贮箱液位达到规定液位的 98% 时结束。接着是发泡搅拌工序，使氦气流过贮箱内的液氧以搅拌液氧，使之汽化和发泡，防止温度分层。发泡搅拌工序一直进行到射前 100 s。"土星Ⅰ"火箭的液氧补加不分前期补加和射前补加，而是采用连续补加方式，补加时交替地以大、小两种流量进行。S-Ⅰ级补加时，通过计算机控制调节阀开度，先以较大流量进行补加，一直补加到规定液位的 100%，然后减少流量，使之精确地补偿贮箱的蒸发损耗。S-Ⅳ级大流量加注时，泵的流量为 3 785 L/min，至贮箱液位达到规定液位的 98% 时结束。补加时先进行小流量补加，使贮箱液位保持在规定液位的 99.25%～99.75%，当贮箱液位降到规定液位的 99.25%，即小流量不足以补偿贮箱的蒸发损耗时，转为以较大流量进行补加，使贮箱液位达到规定液位的 99.75%，然后再转为小流量补加，如此往复，直到射前 150 s 时补到规定液位的 100% 为止。

"土星Ⅴ"火箭在发射日前一天向 S-Ⅰ级加注 RP-1 煤油，发射日射前 7 h 开始加注液氧（流程如图 8-44 所示），先加 S-ⅣB 级，然后再加注 S-Ⅱ级和 S-Ⅰ级，在加注其中一级的同时对另一级贮箱进行预冷。在加注 S-Ⅱ级过程中，当加注至全液位的 40% 时暂停，进行贮箱检漏，历时 30 min。确认无渗漏后以 18 800 L/min 的流量加至液位的 96%，然后转为自动补加，直至发射为止，补加流量为 752 L/min。

"N-1"火箭的液氧加注（流程如图 8-45 所示）设有管路和贮箱预冷工序、大流量加注工序和补加工序。与其他系统不同的是，该系统采用泵式预冷，补加采用了连续和回流的方式。预冷前先启动压缩机和引射泵对贮罐抽真空，使罐内液氧温度降到 70 K，然后启动小离心泵，泵工作时将部分液氧送入汽化器，为汽化器供液，而将另一部分液氧送入加注管路，以预冷管路和贮箱。大流量加注时启动大离心泵，此时小离心泵转为仅对汽化器供液。大流量加注至规定液位为止。大流量加注结束后，小离心泵驱动液氧在贮箱和贮罐之间循环，即液氧进入贮箱后，部分液氧沿回流管路返回到地面贮罐。通过调节回流流量，使之与进入贮箱的流量之差正好补偿贮箱的蒸发损耗，从而保持规定的射前需达到的液位。

液氢加注工序一般包括管路和贮箱预冷、大流量加注、前期（含液氢贮箱排放管路预冷前和发动机预冷前）补加、管路内温度较高的液氢排放、液氢贮箱泄压、管路内的液氢排空、泄回工序、连接器脱落和管路吹除工序等。

开始加注即液体开始流动的初始阶段实际上是管路和贮箱预冷阶段，预冷的目的是使管路由常温状态冷至所要求的温度或冷至贮箱出现液位。由于预冷时流入管路的液氢流量一部分因要冷却管路而变成蒸气，另一部分则吸收外界漏入的热量而蒸发，因此，若预冷流量太小，管路和贮箱将永远冷不透，管内液流将永远不能到达贮箱。反之若流量过大，就会在管内某处出现压力峰，形成所谓的"气堵"。有关试验表明，第一次压力峰的峰值为管路入口压力的 1.5 ~ 2.0 倍。预冷时，通常以贮箱出现某个液位作为预冷结束的标志，"土星 V"火箭则以贮箱温度不高于 163 K 为标志。

"H-2"火箭的加注程序和工序如图 8-55 所示，正式加注前同时预冷液氢和液氧管路，射前 4 h 结束。射前 4 h 同时开始一级和二级的液氢加注与液氧加注，两级的液氢和液氧大流量加注流量分别为 5 800 L/min 和 1 880 L/min。射前加注至贮箱的 100% 液位，至射前 3 h 结束。射前 1 h 以后同时进行液氢和液氧补加。

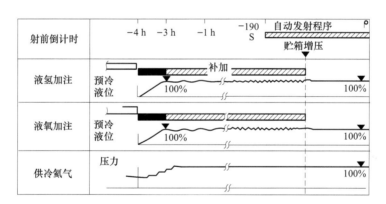

图 8-55　"H-2"火箭的加注程序和工序

如图 8-16 所示的系统发射前 4.5 h 开始液氢预冷工序，此时打开加注活门及各阀门，由汽化器给液氢铁路车贮罐增压，使其压力由 0.03 MPa（原正压保护压力）逐渐提高至 0.1 MPa，使流入管路的液氢流量不大于 300 L/min。整个预冷过程时间一般不少于 40 min。当液氢贮箱压力大于 0.03 MPa 时，打开氢排气活门泄压。当液氢贮箱出现 4 m³ 液位信号时结束预冷工序。

射前约 3.5 h 进入大流量加注工序。汽化器给液氢铁路车贮罐增压至 0.3 MPa 并一直保持该压力，使输出流量恒定为 1 500 L/min 左右。当液氢贮箱发出 41.5 m³ 液位信号时，将液氢铁路车贮罐的压力泄至 0.17 MPa，转为减速加注工序，流量 850 ~

1 000 L/min。当贮箱达到Ⅱ液位（43.896 m³）时减速加注结束。大流量加注和减速加注共需时间约 30 min。

补加前的换车或倒罐工序。当使用两辆 85 m³ 液氢铁路加注运输车驻场加注时，通常将其中一辆作为主加注车，另一辆作为补加车。减速加注结束、准备补加前需进行换车，即转换为另一辆铁路车为加注车。换车时关闭主加车的加注阀门并使贮罐放气泄压，使补加车汽化器工作，将该车贮罐的压力增至 0.17 MPa，并一直保持。

当使用一辆 85 m³ 和一辆 100 m³ 液氢铁路加注运输车驻场加注时，前者一般要作为主加注车和补加车使用。减速加注结束、准备补加前，需将 100 m³ 液氢车贮罐内的液氢转注到 85 m³ 液氢车贮罐内，加注车的贮罐压力保持为 0.17 MPa。

射前 60 min 进行氢排管预冷前补加工序，补加至Ⅲ液位时开始预冷液氢贮箱。预冷时由动力系统控制氢排放活门的开与关。

射前 40 min 进行发动机预冷前补加工序，补加至Ⅲ液位。

射前 27 min 进入准备发动机预冷工序，关闭加注活门，接到液氢贮箱增压好信号时（约射前 22 min），单点控制塔上排放管路的截止阀，断续排放加注管路中温度较高的液氢，排放流量控制在 300 L/min 左右，直至贮箱开始泄压（约射前 16 min）时停止。液氢贮箱泄压好后（约射前 15 min）打开加注活门。

射前 14 min 进入射前补加工序。贮罐压力保持为 0.17 MPa，由Ⅰ液位以下补加至Ⅱ液位，液流不经过节流阀，流量约为 1 000 L/min，再由Ⅱ液位补加至Ⅲ液位，液流流经节流阀，流量约为 700 L/min。然后根据液位下降情况进行随时补加。射前 5 min 液氢补加好，关闭加注活门和排气活门。

射前 4 min 进入排空脱落工序。补加车贮罐泄压，加注管路内剩余的液氢自流排空，1 min 后远控加、泄连接器脱落。

吹除工序。火箭起飞后，由液氢氦气配气台供 0.5 MPa 氦气，对加注管路进行吹除，吹除时间不少于 10 min。

加注后一旦要终止发射，就要将贮箱内的液氢泄回到铁路车的贮罐中。泄回采用自流法，即将液氢铁路车贮罐泄压至 0.01 MPa，由外气源对贮箱充氦气增压，使贮箱保持一定的压力并使液量小于 300 L/min，以防贮箱产生负压。贮箱液位降至 0.5 m³ 时再经过 2 min，随即停止泄回。

第9章 地面供配气技术

9.1 概 述

在箭（弹）测试、发射中，需要用特种气体对箭（弹）上和地面发射支持系统中的许多设备进行吹除、气密性检查、置换、增压、气封、测试以及驱动与控制等；箭（弹）飞行中也要用气，所需气体在发射前由地面供配气系统充入箭（弹）上的气瓶中。另外，设备的清洗、维护、试验、训练和故障排除等也需要用特种压缩气体。因此，供配气系统和设备是发射支持系统中的主要系统之一，其任务是制取、贮运所需的各种气体，并按时、按要求向各用气单元供给和配送气体。

箭（弹）、地面发射支持系统以及试验场设施有着诸多的用气单元，而每个用气单元又有诸多的用气项目。主要的用气单元分为三部分，第一部分为箭（弹）上的用气单元，包括箭（弹）的发动机舱、贮箱、气瓶、伺服机构、惯性平台、活门和飞船的生命保障系统等，这些单元通常由地面供配气系统的配气台供气；第二部分为供配气系统自身的用气单元，如气管连接器的锁紧、脱落执行机构等；第三部分为其他地面发射支持系统的用气单元，主要是各加注库房和加注系统的配气台、发射台以及其他一些设备和设施等，供配气系统为这些配气台提供气源，由这些配气台将气体配送给系统的各用气单元，包括地面贮罐、加注管路、阀门执行机构、泵、加泄连接器、溢出（或排气）连接器等。另外，在设备的清洗、维护、试验和故障排除时会随机出现一些临时性的用气单元和用气项目。

对于不同型号的箭（弹）和不同的用气单元，其要求供给的气体种类、气体品质和温度、压力、流量、供气时序和用气量等是不一样的，各用气单元的用气时间和用气项目也各有区别。

在试验场发射箭（弹）时的用气单元和用气项目较多，用气量也较大，因而，试验场通常都设有特种气体的贮存库和地面供配气系统。机动发射导弹的用气单元、用气项目和用气量均较少，通常都采用机动式的气瓶车和供配气设备来供配气，这样便于提高贮气、供配气设备乃至整个系统的机动性及快速反应能力。

9.2 常用气体的特性

空气是一种复杂的混合气体，主要成分为氧气和氮气，故常用来制备氧气和氮气或液氧和液氮。常温常压下的空气无色无味，在低温下会形成液态空气，液态空气是一种容易流动的浅蓝色液体。

氮是一种中性物质，在空气中的体积含量约为78%，大部分以有机化合物的形态存在。由于氮气无色无味，化学性质不活泼，无毒和不燃不爆，也不能助燃，故被大量地用于箭（弹）的发射中。但氮气能降低空气中的氧含量，使之缺氧。当空气中氧的体积含量降低到19%以下时会使人窒息，故在封闭和半封闭的大楼或厂房内进行箭（弹）安装和测试时，所使用的气体通常为压缩空气而不采用氮气。

氦的沸点很低，化学性质极其稳定，不燃不爆，也不能助燃，在通常情况下不与任何元素化合，是液氢温度下唯一不会发生冷凝的惰性气体。

氧是地球上分布最广的元素，空气中成游离态的氧的体积含量约为21%。氧无色无味，化学性质活泼，有很强的氧化和助燃作用。氧具有强烈的顺磁性，在氮浓度较大的环境下，常常依据此性质来测定气体的氧含量，以保证进入该环境中工作人员的安全。

氢气无色、无味、易燃易爆，其泄漏速度约为空气的两倍。氢气本身难于着火，但与空气混合后其着火性质会发生显著变化，当氢气与空气或氧气混合且达到一定浓度（与空气混合的可燃浓度为4%～75%，与氧气混合的可燃浓度为4.5%～95%）时，一般的撞击、摩擦、不同电位之间的放电、各种起爆物、明火、热气流、烟、雷电感应和电磁辐射等均可点燃混合物。氢气与空气混合的爆轰浓度为18.3%～59%，与氧气混合的爆轰浓度为15%～90%。大量氢气的存在也会使人窒息。

几种常见气体的物理特性见表9-1。

表9-1 几种常见气体的物理特性

特 性		空气	氮气	氦气	氧气	氢气
分子式		—	N_2	He	O_2	H_2
相对分子质量		28.96	28.016	4.003	31.999	2.016
临界参数	温度/K	132.5	126.2	5.19	154.6	32.976
	压力/kPa	37.17	33.50	226.97	5 045.98	12.76
	压缩系数	—	0.29	0.301	0.288	—
气体常数/（kJ·kg^{-1}·K^{-1}）		0.287	0.296 8	2.079	0.259 9	4.122

特　　性		空气	氮气	氦气	氧气	氢气
绝热指数		1.40	1.40	1.66	1.40	1.412
汽化潜热（标准大气压下）/（kJ·K^{-1}）		205.0	197.6	20.2	212.3	446.65
标准状态下 （273 K， 101.3 kPa）	沸点/K	78.8	77.4	4.21	90.2	20.38
	定压比热（kJ·kg^{-1}·K^{-1}）	1.006	1.041	5.275	0.916	14.302
	导热系数/（W·m^{-1}·K^{-1}）	0.024 2	0.024	0.150 1	0.024 4	0.166
	密度/（kg·m^{-3}）	1.293	1.252	0.179	1.430	0.089 88
	动力黏度/（×10^{6}Pa·s）	17.11	16.58	19.53	19.19	13.5

9.3　气体的制备、供应和贮运

9.3.1　气体的制备和供应

箭（弹）发射所需气体的制备和供应有两种方式：一种是由有关生产厂制备和供应的，另一种是由试验场自行制备和供应的。氮气、氧气和压缩空气原料气为空气，取之方便，制备工艺也不复杂，许多试验场都设有空气压缩机站和制氧（制氮）站，自行制备发射所需的氮气（或液氮）、氧气（或液氧）和压缩空气。氦气的原料气为空气或天然气，但空气和天然气中的氦成分很少，提取十分困难，且制备工艺也较复杂，故试验场一般都不自行制备，而是用气瓶车从有关生产厂运来，然后用膜片压缩机将氦气压入到气瓶内贮存。

高纯度压缩空气制备的通常方法是：压缩机将空气压缩、冷却和分离油水后，再使之经过干燥器和过滤器，进一步清除空气中的油、水蒸气和机械杂质，最后获得符合表 9 – 2 要求的压缩空气。

表 9 – 2　各种气体的使用指标要求

项　　目		使用指标要求				
		氮气	氦气	空气	氢气	氧气
纯度/%	一般	<98	<99.99	<98	<99.99	<99.9
	特殊	<99.999	<99.999			
O$_2$含量（体积分数）		—	≤1×10^{-5}	—	1×10^{-5}	—
H$_2$含量（体积分数）		—	≤1×10^{-5}	—	—	—

项　　目		使用指标要求				
		氮气	氦气	空气	氢气	氧气
CH_4 含量（体积分数）		—	$\leq 2 \times 10^{-6}$	—	—	—
N_2 含量（体积分数）		—	$\leq 3 \times 10^{-5}$	—	$\leq 3 \times 10^{-5}$	—
Ne 含量（体积分数）			$\leq 3 \times 10^{-5}$		——	—
H_2O 含量（体积分数）		—	$\leq 1.5 \times 10^{-5}$	—	$\leq 2 \times 10^{-6}$	—
油含量（体积分数）		$\leq 3 \times 10^{-7}$	—	$\leq 3 \times 10^{-7}$	—	—
露点/℃	一般	≤ -55	-63	≤ -55		-63
	特殊	≤ -63				
固体粒子浓度/（$mg \cdot m^{-3}$）		≤ 5	—	≤ 5	—	—
尘埃杂质颗粒度/μm		≤ 20	≤ 20	≤ 20	≤ 20	—

常用的氮气提取方法是空气低温液化分离法，即先通过制冷使空气降温并液化，然后再使之多次经过精馏塔，使空气多次发生冷凝和蒸发，最后获得高纯度液氮（或氮气）或高纯度液氧（或氧气）。当用量不大时一般直接制备出氮气和氧气，然后用压缩机将氮气和氧气压入气瓶中贮存。当用量较大尤其是要使用液氮和液氧时，一般制备液氮和液氧，然后将部分液氮汽化成气体。

根据需要，氢气可从制氢厂或供应点购买，也可自行生产，自行生产的方法是用高压汽化器将液氢汽化并达到常温后压入到高压气瓶中贮存，日本种子岛发射场就是采用这种方法获得氢气的，所产生的氢气不仅用于发射时贮箱与液氢加注管路的置换，还用于发动机的动力试车。

由于气体的纯度与制备、压缩、贮运、输送等系统和设备的密封性及洁净度等因素有关，因此，首先要求制备出厂气体的纯度要高于表 9 - 2 中的使用指标。例如，分馏塔出口的氮气纯度通常应高出表 9 - 2 中使用指标的 0.3% ~ 0.5% ，外购氦气的纯度应高出使用指标的半级至一级。其次系统和设备需保证密封，防止外界空气、水分和杂质进入造成污染。使用前，气瓶和管路要用合格气体吹除和置换，以清除可能存在的固体杂质和杂质气。

制氧站制备出液氮后，通常采用带有贮罐的液氮汽化车将液氮运至气瓶库，然后利用车上的汽化器装置和高压泵，将液氮汽化后充入气瓶库或气瓶车的气瓶内。典型的液氮汽化车由液氮贮运罐、低压液氮汽化器装置、高压液氮汽化器装置、活塞式高压液氮泵、管路系统、燃油系统、动力装置和汽车底盘等部分组成。贮运罐的最大液氮装载量为 2 800 kg，夹层采用真空粉末绝热结构，昼夜蒸发率不大于 1.5% 。典型的液氮汽化车流程原理如图 9 - 1 所示。

低压汽化器用于将液氮汽化后为贮罐增压，使贮罐压力保持为所需的增压压力，避免液氮泵发生汽蚀。高压液氮泵通常为柱塞型的容积泵，其出口压力至少要不低于气瓶的最高工作压力。用泵将液氮输送到高压汽化器后，汽化器将液氮汽化并过热到接近常温温度，然后压入到气瓶中贮存。

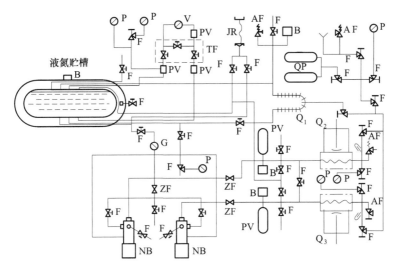

图 9 - 1　典型的液氮汽化车流程原理

F—截止阀；B—爆破片装置；QP—气瓶；V—液位计；P—压力表；Q_1—低压汽化器；

AF—安全阀；ZF—止回阀；JR—金属软管；TF—三位阀；Q_2，Q_3—高压汽化器；

G—过滤器；PV—平衡容器；NB—高压液氮泵

还有一种方式是在试验场用固定罐贮存液氮，用工业化批量生产的高压汽化装置将液氮汽化，从而获得高压的气氮，拜科努尔发射场就是采用这种方法生产高压氮气的，其制备高压氮气的汽化器和控制设备如图 9 - 2 所示。生产时，先用高压泵将液氮压缩至 42.0 MPa 压力，并使它流过热交换器与热水进行热交换，液氮汽化成蒸气并被加热成过热氮气，最后压入到贮气瓶中。热水由专用锅炉提供，温度为 120 ℃，压力为 0.6 MPa，流量为 400 t/h。在该系统中，汽化器入口管路上装有滤网材料为彼得里亚织物的过滤器。

图 9 - 2　制备高压氮气的汽化器和控制设备

9.3.2 气体的贮运

贮气设备有固定式和车载移动式（气瓶车）两种：当需要的气体量较大且需长期贮存气体时，一般采用固定式贮气设备；而需要的气体量较小、用气地点远而分散（如机动发射）时一般采用车载移动式（气瓶车），高压气体的远距离运输及转注通常也采用车载移动式贮气设备。

贮气设备主要是气瓶或气罐，常用的气瓶有球形气瓶和圆柱形气瓶，固定式贮气设备多采用球形气瓶，车载移动式贮气设备多采用圆柱形气瓶。国内常用的高压气瓶的规格见表 9-3。

表 9-3 国内常用的高压气瓶的规格

名　称	工作压力 /MPa	容积 /L	长度 /mm	直径 /mm	壁厚 /mm	材　料	质量 /kg
球形氮气瓶	31.4	1 400	—	1 400 （内径）	66	15MnMoVN 18MnMoNb	4 700
球形氦气瓶	31.4	1 400	—	1 400 （内径）	66	15MnMoVN 18MnMoNb	4 700
柱形空气瓶	14.7 11.7	40	1 370 ± 20	219 （外径）	5.5 ~ 6.0	42Mn2	55
柱形空气瓶	34.3	50	2 000 ± 50	219 （外径）	12.0	30CrMnSi	133
柱形氧气瓶	14.7	40	1 350	219 （外径）	8.0	45 号钢	55

球形气瓶结构紧凑、安装方便。在容积和贮气压力相同的情况下，球形气瓶具有最小的体积和质量。容积为 1.4 m³ 的典型球形气瓶示意如图 9-3 所示，气瓶由瓶体、人孔盖、人孔盖密封、防雨罩、连杆机构和裙式底座等部分组成，连杆的一端与球体内壁相连，另一端则与人孔盖相连。人孔盖与瓶体之间的密封采用内压自紧式密封形式，人孔盖上设有双道密封，其中一道为橡胶 O 形圈密封，另一道为垫圈密封，垫圈材料通常为铝或铜。气瓶的进、排气口通常设在与球体垂直中心线成 45° 交角的位置，进、排气口的直径通常为 15 mm。

日本"H-2"火箭发射场设有高压氮气气瓶库和氦气气瓶库，氮气气瓶库内设有 6 个高压氮气气瓶，每个气瓶的几何容积为 20 m³，压力为 25 MPa。氦气气瓶库内设有 7 个高压氦气气瓶，每个气瓶的几何容积为 11 m³，压力为 42 MPa。改造后的吉信发射场的设有 8 个高压氦气气瓶、1 个液氮容器和 6 个高压氮气气瓶，每个氦气瓶容积为 11 m³，压

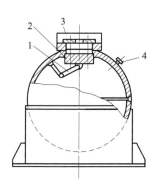

图 9 – 3　容积为 1.4 m³ 的典型球形气瓶示意

1—连杆；2—人孔盖；3—防雨罩；4—进、排气口

力为 44 MPa。每个氮气瓶容积为 20 m³，压力为 27 MPa。液氦容器容积为 640 m³，压力为 1.13 MPa。

拜科努尔发射场的气瓶库设在露天场地，氦气瓶和氮气瓶均为球形气瓶（图 9 – 4），其中氦气瓶直径为 12 m，最高压力为 40 MPa。

图 9 – 4　拜科努尔发射场的低压氮气气瓶库

移动式贮气设备通常为气瓶车，几种国内气瓶车的主要技术参数见表 9 – 4，典型气瓶车的气路流程原理如图 9 – 5 所示。气瓶车通常由气瓶组（图中有 A、B 两组）、配气操作台、管路、阀门、电器设备以及汽车底盘、车厢等部分组成，气瓶通常为圆柱形气瓶。

表 9 – 4　几种国内气瓶车的主要技术参数

项　　目	车　　型		
	A	B	C
气瓶类型	圆柱形气瓶	圆柱形气瓶	圆柱形气瓶
每个气瓶容积/L	50	50	50
气瓶数目/个	32	32	14
所贮气体种类	空气、氮气	氮气	空气、氮气

项　目	车　型		
	A	B	C
最高贮气压力/MPa	34.3	34.3	34.3
输出压力/MPa	0~0.98, 4.9, 19.6, 32.4	0~0.98, 4.9, 22.6, 34.3	0~0.98, 4.9, 19.6
输出气体的露点/K	≤218	≤213	≤218
外接导管	高压橡胶软管	高压橡胶软管	高压橡胶软管
汽车底盘	JN252	JN252	CA-30

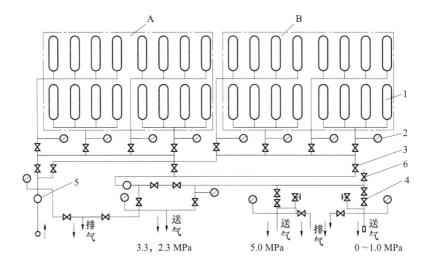

图 9-5　典型气瓶车的气路流程原理

1—柱形气瓶 (分 A、B 两组)；2—压力表；3—截止阀；4—减压阀；5—过滤器；6—安全阀

在箭（弹）运至试验场之前，试验场必须贮备足量的压缩气体。所需贮运的各种气体的容积量或质量主要根据各用气单元的耗气量并考虑一定的余度来确定。

箭（弹）与地面发射支持系统各用气单元的耗气量通常按几种条件进行估算，第一种条件是给定用气时间和气体的容积流量；第二种条件是给定用气时间和气体的质量流量；第三种条件是给定用气单元的容积、压力、温度和充气次数估算等。所列的三种条件的耗气量分别为

$$V_1 = q_V t \tag{9-1}$$

$$V_2 = q_m t / \rho_{ga} \tag{9-2}$$

$$V_3 = n V_0 (p_2 / Z_2 T_2 - p_1 / Z_1 T_1) / \rho_{ga} R \tag{9-3}$$

总的耗气量为

$$V_z = \sum_{i=1}^{n} V_i$$

式中　V_1，V_2，V_3——分别为不同情况下的耗气量，Nm^3；

　　　q_V——气体的体积流量（标准状态下），Nm^3/s；

　　　q_m——气体的质量流量，kg/s；

　　　t——用气时间，s；

　　　n——充气次数；

　　　V_0——用气单元的容积，m^3；

　　　ρ_{ga}——标准状态下气体的密度，kg/m^3；

　　　R——气体常数，J/（kg·K）；

　　　p_1，p_2——分别为充气前和充气终了时气单元的绝对压力，Pa；

　　　Z_1，Z_2——分别为 p_1、p_2 压力下气体的压缩性系数；

　　　T_1，T_2——分别为充气前和充气终了时用气单元内气体的温度，K；

　　　V_z——各用气单元总的耗气量，Nm^3。

　　贮气原则是要在总耗气量的基础上再增加一定的余度。另外，由于气瓶中所贮存的气体不可能全部被利用，经使用后压力低于最低使用压力的那部分余气是不可利用的，这部分余气也要计入所需的贮气量当中。因此，最少的总贮气量为

$$V_{z\,min} = BV_z/\eta \qquad\qquad (9-4)$$

式中　$V_{z\,min}$——最少的总贮气量，Nm^3；

　　　B——余度系数，一般 $B = 1.3 \sim 1.5$；

　　　η——气瓶的有效供气率，$\eta = V_{dk}/V_d = 1 - p_{min}Z_{max}/p_{max}Z_{min}$；

　　　V_{dk}，V_d——分别为单个气瓶的可利用气量和贮气量，Nm^3；

　　　p_{min}，p_{max}——分别为气瓶的最低使用压力和最高贮气压力，MPa；

　　　Z_{min}，Z_{max}——分别为最低压力和最高压力下气体的压缩性系数。

　　以一、二级采用常温推进剂而三级采用低温推进剂的火箭为例，发射时箭上和地面发射支持系统的氮气耗气量约为 2 500 Nm^3，氦气约为 2 600 Nm^3。考虑到发射可能会因发生故障而泄出推进剂，并在短时间内重新组织发射，故贮气量分别为 9 800 Nm^3 和 13 000 Nm^3 左右，为正常耗气量的 3.9 倍和 5 倍。

　　气体通常都采用高压贮存方法，贮存压力由需要的最高用气压力、气瓶的承压能力等因素确定。每个气瓶所能贮存的气体质量和容积量分别为

$$m_g = p_{max}V \times 10^6/Z_{max}RT \qquad\qquad (9-5)$$
$$V_a = m_g/\rho_{ga}$$

式中　m_g——气瓶所能贮存的气体质量，kg；

　　　V——气瓶容积，m^3；

　　　V_a——气瓶的容积量，Nm^3；

　　　T——气瓶内气体的温度，K。

为了既能充分利用已有的贮气量，又能保证顺利供气和满足各用气单元的需求，通常将气瓶组的气体按压力分段使用，即分为高、中、低三个压力区，不同压力区的气体供给不同的用气单元，每个区段的最低可用压力通常按减压器允许的最低入口压力（9.4 节）确定。比如，如气瓶的最高贮气压力为 31.36 MPa，而用气单元的用气压力为 26～7.36MPa 时，气瓶中压力为 31.36～26 MPa 的那部分气体就供给用气压力为 26～20.6 MPa 的单元使用，当气瓶压力降至 26 MPa 时就切换到另一个气瓶供高压气，原来气瓶的气体则供给需要中压和低压气的用气单元使用。气瓶内每个压力区段内的可用气体质量为

$$m_{\mathrm{g}} = (p_{\mathrm{s}}/Z_{\mathrm{s}}T_{\mathrm{s}} - p_{\mathrm{x}}/Z_{\mathrm{x}}T_{\mathrm{x}})V/R \qquad (9-6)$$

式中 m_{g} ——相应压力区段内气体的质量，kg；

       p_{s}，p_{x} ——分别为该压力区段气体的最高和最低压力，Pa；

       Z_{s}，Z_{x} ——分别为该压力区段气体最高和最低压力下的可压缩性系数；

       T_{s}，T_{x} ——分别为该压力区段气体最高和最低压力下的温度，K。

9.4   供配气

9.4.1   对供配气的要求

对地面供配气的主要要求是保证箭（弹）与发射支持系统在测试和发射时的用气需求，包括系统和设备对环境和气候适应性要求、机动性要求、用气单元、供配气项目、用气时间、供气种类及品质（如纯度、含水量、含油量和尘埃度等）、供气压力、流量和精度、供配气程序和时间、供气连接器脱落时间和方式、接口关系以及可靠性、可维修性要求等。对于机动发射的箭（弹）系统，还要求供配气系统及设备具有良好的机动性和快速反应能力。

箭（弹）要求的供配气项目通常有贮箱吹除、气密性检查、置换和增压等；箭（弹）上气瓶（包括增压气瓶、控制气瓶和吹除气瓶）吹除、气密性检查、置换和充气；伺服机构蓄能器充气；气浮平台供气；活门开关执行机构供气；气封和吹除供气；等等。

发射支持系统中的推进剂加注系统和地面供配气系统本身要求的供配气项目有贮罐增压（采用挤压加注时）、加注管路吹除、管路气密性检查和置换、管路正压保护、阀门开关执行机构供气、加泄连接器与溢出（排气）连接器锁紧和脱落执行机构供气、常温供气连接器与低温供气连接器锁紧和脱落执行机构供气以及低温设备的排故和除霜、安全防爆吹除用气等。另外，还有发射台操作用气、消防和减振系统用气等。

各用气单元所要求的供气压力分为高、中、低三挡，压力在 10 ~ 100 MPa 为高压，压力在 1.6 ~ 10 MPa 为中压，压力小于 1.6 MPa 为低压。目前国内、外箭（弹）上用气单元的用气压力一般最高为 35 MPa，相应的贮气压力分别为 34.5 MPa、42 MPa。典型导弹发射时所要求的供配气程序、供气项目和充气压力见表 9 – 5。

表 9 – 5 典型导弹发射时所要求的供配气程序、供气项目和充气压力

供配气程序	供气项目	充气压力/MPa
1	发射台支臂供气	5
2	弹上气瓶气密性检查	20
3	Ⅰ级氧化剂贮箱和燃烧剂贮箱气密性检查	0.26
4	Ⅱ级氧化剂贮箱气密性检查	0.4
5	Ⅱ级燃烧剂贮箱气密性检查	0.33
6	弹上气瓶充气	20
7	伺服机构供气	16.5
8	弹头气瓶充气	20.5
9	气浮陀螺供气	20.5
10	气管连接器脱落供气	18 ~ 22
11	气浮陀螺供气	20.5
12	Ⅰ级氧化剂贮箱和燃烧剂贮箱预先增压	0.2
13	Ⅱ级燃烧剂贮箱预先增压	0.18
14	Ⅱ级氧化剂贮箱预先增压	0.25
15	Ⅱ级燃烧剂贮箱增压	0.2
16	Ⅱ级氧化剂贮箱增压	0.27
17	Ⅰ级氧化剂贮箱和燃烧剂贮箱增压	0.22
18	Ⅰ级动力系统气密性检查	0.22
19	Ⅱ级氧化剂动力系统气密性检查	0.37
20	Ⅱ级燃烧剂动力系统气密性检查	0.3
21	贮箱增压	0.2
22	弹上气瓶补气	20
23	气浮陀螺供气	20.5
24	Ⅰ级氧化剂贮箱和燃烧剂贮箱补压	0.22
25	Ⅱ级燃烧剂贮箱补压	0.2
26	Ⅱ级氧化剂贮箱补压	0.2

箭（弹）和发射支持系统要求供给的气体通常为常温氮气、空气和氦气，在技术区测试时火箭通常使用压缩空气，而飞船通常还要使用氦气和氧气，而在发射区，火箭与地面发射支持系统通常使用氮气和氦气。对于使用低温液体推进剂的火箭，除常温氮气、常温氦气和空气外，通常还要求供给热氮气和低温氦气，有时还会使用氢气。热氮气用于对火箭发动机舱的吹除以避免舱内温度过低，推进剂温度过低将会造成姿控发动机无法正常工作。低温氦气则用于加注后的液氢和液氧贮箱增压以及给设在箭上贮箱内的氦气瓶充气，氢气则用于置换液氢贮箱和液氢加注管路。

制备和供给冷氦气是使用低温液体推进剂的火箭对地面供配气系统的一项特定的要求，也是一项新技术。在初始发展阶段，射前液氢、液氧贮箱的增压以及箭上气瓶充气均采用常温氦气。随着火箭运载能力的增大，如贮箱仍采用常温氦气增压，箭（弹）上就要配置很多的气瓶贮气，使得火箭的自身质量增加，运载能力降低。同时，常温氦气与液氢、液氧接触会引起液氢、液氧蒸发，使贮箱的推进剂无功损耗增加。继美国"土星Ⅰ"火箭和"土星Ⅴ"火箭之后，我国和法国、日本等国家均采用了冷氦气增压的新技术，不仅液氢、液氧贮箱的射前增压采用冷氦气，飞行中的增压也采用冷氦气。火箭飞行中所需的冷氦气由浸泡在液氢贮箱内的氦气瓶供给，氦气瓶由地面供配气系统事前充气。为了尽量减少氦气与液氢之间的热交换，所供给的低温氦气温度至少应接近液氮温度，如美国"土星Ⅴ"火箭所用的低温氦气。

对于贮箱增压和气瓶充气等供气项目，除要求达到规定的压力外，通常还有流量要求，防止增压速度过快而造成气瓶过热和超压。而对于向开放的空间供气（如管路吹除等），通常的要求是供气压力和供气时间。对于贮罐增压等供气项目，虽然通常无定量的流量要求，但要求在规定的加注流量下，进入贮罐的增压气体流量足以保持所需的增压压力，否则加注流量就会减少。向阀门和连接器执行机构的供气也是如此，如果供气流量太小，阀门和连接器的动作就会迟缓。

对于使用低温推进剂的火箭，贮箱在发射前还要增压和测压，故地面供气一直到发射前才能结束，用于连接火箭和地面供气管路的气体连接器要在发射前可靠脱落并与火箭分离。

对于机动发射，制氮设备和压缩机车等气源设备一般不进入发射阵地，但贮气设备和配气设备须随导弹机动，故这些设备必须具有良好的机动性和对恶劣环境、天气和地形的适应性，且操作简便，使用可靠和容易维修。

为确保人员安全，对地面供配气的要求是远程操作与控制，做到发射前现场无须人员值守，尤其是对于发射使用低温推进剂的火箭，最低的要求是射前 $0.5 \sim 1.0$ h 后现场无人值守，有些做到发射前 $6 \sim 7$ h 后就无人值守，即开始低温推进剂加注时人员就撤离现场。

9.4.2　供配气原理和方式

地面供配气是以气源压力为驱动气体流动的动力，该压力已在贮气时通过压缩气体而获得，供气时无须如推进剂加注那样再启动动力源。为了使供气和受气过程可控，按预定的程序和时间完成与确保安全，用气单元一般都要求气源压力恒定并符合规定的压力值。显然，由气瓶或气罐直接向用气单元供气满足不了这种要求，因为在供气过程中其压力会不断降低或波动，不能保持恒定。采用减压阀后，即使气瓶或气罐的压力发生变化（在一定范围内），其出口压力仍能基本恒定在规定值上。通过减压阀减压和稳压后供气的典型原理简图如图 9 - 6 所示。

减压阀通常设在紧靠用气单元的现场，每个配气台集中管理一组用气单元。由于各单元和各用气项目所要求的供气参数、供气时间等都不一样，故配气台内的主管路从减压阀下游某一位置开始分成若干分支，每一分支管路对应一个用气单元。主管路上减压阀的出口压力通常是按一组用气单元所需的最高压力确定的，当有些用气单元所需压力较低时，通常要在对应的分支管路上再设置减压阀，进行两次甚至三次减压，使最下游的减压阀的出口压力符合用气单元的要求。

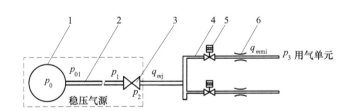

图 9 - 6　通过减压阀减压和稳压后供气的典型原理简图
1—气瓶或气罐；2—主管路；3—减压阀；4—分支管路；
5—电磁截止阀；6—限流孔板
p_0—气瓶压力；p_{01}—气瓶出口压力；p_1，p_2—分别为减压器入、出口压力；
p_3—用气单元所需压力；q_{mj}，q_{mmi}—分别为通过减压器和供到 λ 个用气单元的气体流量

减压阀具有这样的特性，即将进入的气体压力减压到一定程度，使出口压力比入口压力低出一定数值，就能在入口压力和流量发生变化时保持出口压力基本不变。减压阀的出口压力特性如图 9 - 7 所示。由图可知，入口压力变化时，由于作用在活门上的力始终能达到平衡，故出口压力可保持不变。流量变化时，由于所引起的动压增大或减小数值很小，故出口压力也基本保持不变。例如，当原来的出口压力为 22.65 MPa（氦气），流量增大或减小 0.1 kg/s 时，出口压力也只降低或增高约 0.01 MPa。

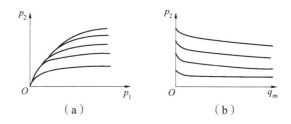

图 9 – 7　减压阀出口压力特性

(a) 出口压力与入口压力关系曲线；(b) 出口压力与流量关系曲线

减压阀是通过节流作用使气体降压的，即使其活门处于最大开度位置，其流通截面积也很小。气体流经这种细小的截面时会产生扰动和膨胀，流速增大，压力显著降低和比容增大。流速达到亚音速或音速，以至于节流前的流速（一般≤30 m/s）可忽略不计。忽略阻力损失（通常用流量系数修正），节流前后气体流速、压力和比容变化的关系式为

$$k/[(k+1)p_1 V_1 \times 10^6] = v_2/2 + k/[(k+1)p_2 V_2 \times 10^6] \qquad (9-7)$$

式中　k ——气体的绝热指数；

　　　p_1，p_2 ——分别为减压阀入口和出口压力，MPa；

　　　V_1，V_2 ——分别为减压阀入口和出口的气体比容，m^3/kg；

　　　v_2 ——贴近减压阀出口的气体流速，m/s，$v_2 = a\sqrt{[2/(k-1)][(p_2/p_1)^{(1-k)/k} - 1]}$；

　　　a ——当地声速，m/s，$a = \sqrt{kp_2 V_2}$。

如前所述，减压阀允许入口压力在一定范围内变化。对于高、中、低压减压阀，允许的入口压力变化范围有所不同。例如，出口压力为 23 MPa 的高压减压阀，其入口压力最低可为 26 MPa；而出口压力为 5 MPa 的中压减压阀，其入口压力最低可为 6.5 MPa。作为总气源，气瓶或气罐的压力用于克服气瓶或气罐与减压阀之间管路的阻力（流量由减压阀和限流孔规定），以保证减压阀的入口压力不超出允许的范围。气瓶或气罐的最低可使用压力应满足下列不等式：

$$p_{0min} \geqslant p_{1min} + [8q_m^2/(\rho\pi^2 d^4)_1 + 8(\lambda L_1/d_1 + \sum\zeta_{1i})q_m^2/(\rho\pi^2 d^4)_1] \times 10^{-6} \qquad (9-8)$$

式中　p_{0min} ——气瓶或气罐气体的最低可使用压力，MPa；

　　　p_{1min} ——减压阀允许的最低入口压力，MPa；

　　　q_m ——气体流量，kg/s；

　　　d_1，L_1 ——分别为气罐出口至减压阀入口管路的流通直径和长度，m；

　　　λ，$\sum\zeta_{1i}$ ——分别为沿程阻力系数和局部阻力系数和。

当减压阀的入口压力和出口压力一定时，通过的气体流速和比容也一定，故流

量只与活门的开度有关，开度越大则通过的流量也越大。低临界状态即 $[k/(k+1)]^{k/(k-1)} < p_2/p_1 < 1$ 和超临界状态即 $p_2/p_1 \leqslant [k/(k+1)]^{k/(k-1)}$ 下，通过减压阀的流量分别为

$$q_{mj} = \varphi_1 S_2 p_1 \times 10^6 \sqrt{[1/(RT_1)][k/(k-1)][(p_2/p_1)^{2/k} - (p_2/p_1)^{(k+1)/k}]}$$

$$(9-9)$$

$$q_{mj} = \varphi_1 S_2 p_1 \times 10^6 \sqrt{[1/(RT_1)]k[2/(k+1)]^{(k+1)/(k-1)}} \qquad (9-10)$$

式中　φ_1 ——流量系数；

　　　S_2 ——减压阀活门与阀座之间最小缝隙的流通截面积，m^2；

　　　T_1 ——减压阀入口的气体温度，K。

减压阀活门的开启与关闭通常由设在下游管路上的截止阀控制，截止阀打开时，事先调定的出口静压中的一部分变为了动压，出口压力降低，活门开启。截止阀关闭时，动压又变回为静压，出口压力回升到调定值，活门关闭。因此，如果不限定活门的开度即不限流，截止阀打开时活门将开启至最大开度，使通过的流量达到最大值，减压阀的出口压力将从原先的调定值下降为较低值，即降幅较大。此时的出口压力值为

$$p_2 = p_{2t} - 8 \times 10^{-6} q_{mmax}^2 / (\rho \pi^2 d_2^4) \qquad (9-11)$$

式中　p_{2t} ——供气前调定的减压阀出口压力，MPa；

　　　q_{mmax} ——最大开度时通过减压阀的流量，kg/s；

　　　d_2 ——减压阀出口压力测点所在管路的流通当量直径，m；

　　　ρ ——气体密度，kg/m^3。

为吹除、贮罐增压、阀门和连接器操作气缸等供气时通常不采取限流措施，而向箭（弹）上气瓶充气和贮箱增压供气，通常要进行限流以限定最大流量，这样做的目的是确保安全和满足规定的精度。限定最大流量的常用方法就是在减压阀的下游管路上设置限流孔板，通过流通直径一定的小孔进行节流。对于给定的限流孔，在入口压力（减压阀的出口压力）一定时，允许通过限流孔的流量与出口压力有关。在超临界条件和低临界条件下，允许通过限流孔的流量分别为

$$q_{mk} = \varphi_2 \frac{\pi d_k^2}{4} p_2 \times 10^6 \sqrt{[1/(RT_2)]k[2/(k+1)]^{(k+1)/(k-1)}} \qquad (9-12)$$

$$q_{mk} = \varphi_2 \frac{\pi d_k^2}{4} p_2 \times 10^6 \sqrt{[1/(RT_2)][k/(k-1)][(p_3'/p_2)^{2/k} - (p_3'/p_2)^{(k+1)/k}]}$$

$$(9-13)$$

式中　q_{mk} ——通过限流孔的气体流量，kg/s；

　　　φ_2 ——流量系数；

d_k——限流孔的流通直径，m；

T_2——限流孔入口的气体温度，K。

限流孔的入口压力即为减压阀的出口压力，它基本上不受流量变化的影响。与减压阀的出口压力不同，限流孔的出口压力随气瓶和贮箱反压的升高而升高，该压力为

$$p_3' = p_3 + [8(\lambda L_3/d_3 + \sum \zeta_{3i})q_{mk}^2/(\rho \pi^2 d_3^4)] \times 10^{-6} \qquad (9-14)$$

式中　p_3'，p_3——分别为限流孔后压力和用气单元反压，MPa；

　　　λ——沿程阻力系数；

　　　d_3，L_3——分别为限流孔下游管路的流通直径和长度，m；

　　　$\sum \zeta_{3i}$——限流孔下游管路的局部阻力系数和。

限流孔作用是限制通过它的流量，它决定了减压阀活门开度，在该开度下，通过减压阀的流量等于允许通过限流孔的流量。在气瓶充气的初始阶段，由于孔后压力较低，限流孔处于超临界限流状态，此时允许通过它的流量最大，且不随孔后压力的升高而减小，限流孔的入口压力和减压阀活门开度恒定不变。当孔后压力升高到一定数值以后，限流孔由超临界限流状态转变到低临界限流状态，允许通过它的流量减小，且随着孔后压力的不断升高而越来越小。在这个过程中，孔后压力升高和通过限流孔的流量减小是交替发生的，流量减小则动压减小。孔前压力稍有升高但很小，减压阀活门开度也稍有变化。由于贮箱通常所需的增压压力较低，限流孔自始至终都处于超临界限流状态，通过它的流量最大且基本不变。限流孔后、前压力比（p_3'/p_2）与流量比（$N_s = q_m/q_{mmax}$）的关系曲线如图9-8所示，其中A、B两点分别为双原子气体（$k = 1.4$）和单原子气体（$k = 1.67$）时的临界压力比。

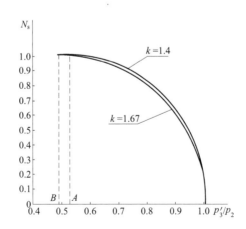

图9-8　限流孔后、前压力比与流量比的关系曲线

贮箱增压通常采用关闭截止阀的方法来控制供气的停止。为了满足增压精度要

求，在供气过程中通常采用压力信号器监测贮箱的压力，增压精度由压力信号器精度和管路系统容积、压力和截止阀关闭响应时间决定。当达到规定的贮箱增压压力时，压力信号器发出信号，控制电磁截止阀关闭。截止阀关闭后，截止阀至贮箱之间管路内的气体仍会因惯性作用流入贮箱，故在确定压力信号器的工作点时通常要考虑"后冲"量。

对于气瓶充气，由于气瓶容积小、数量多，所需的充气压力又较高，为简化结构和便于控制，充气精度通常由气源压力保证，当气源压力与限流孔后压力平衡时流量为零，充气自然停止。同样，向连接器和气动阀门的执行机构供气的气源压力通常也由所需的充气压力确定，当执行机构的气压与气源压力平衡时供气停止。对于向连接器和气动阀门的执行机构供气，其气源压力通常也由所需的充气压力确定，当执行机构的气压与气源压力平衡时供气自然停止。

对于采用低温推进剂的火箭，推进剂加注中和加注后需要用热氮气吹除发动机舱，以避免温度过低而影响姿控发动机的正常工作。供往发动机舱的热氮气温度通常低于 100 ℃，获得热氮气的方法一般为用加温器对常温气体进行加温。用得较多的加温器为水浴式加温器。在这种加温器中，气管浸入水中，水由电热管加热。来自配气台的常温氮气经气管流过加温器时，与管外的热水进行热交换而温度升高。这种加温方法操作简便，温度稳定，易于控制。

有些低温推进剂火箭的贮箱增压和气瓶充气要求采用低温氦气，获取低温氦气的通常方法是使常温氦气与制冷剂进行热交换，从而使其温度由常温变为接近制冷剂的温度。常用的制冷剂有液氮和液氢，其中液氮用得较多。

氦气出口温度不高于要求温度所需的换热面积（以换热管内壁表面积计）为

$$S_i = b[(q_m c_{pg} \Delta t)/(K \Delta t_m)] \qquad (9-15)$$

其中　$K = 1/[(1/\alpha_o) + (d_o/d_i \alpha_i) + (d_o/2\lambda) \ln(d_o/d_i)] \qquad (9-16)$

$\alpha_i = \lambda_g Nu_g/d_i$

$\alpha_o = 1.905 \times 10^{-3} [\rho_L \gamma_L/(\rho_L - \rho_g)]^{1/30} (\rho_L/\sigma)^{1/3} [\lambda_L^{0.75}/(\mu_L^{0.45} c_{pL}^{0.117} t_v^{0.37})] q_i^{0.7}$

$$(9-17)$$

$\Delta t_m = [(t_o - t_v) - (t_2 - t_v)]/[\ln(t_o - t_v)/(t_2 - t_v)] \qquad (9-18)$

式中　S_i ——所需的换热面积，即被制冷剂浸泡的换热管内壁表面积，m^2；

　　　b ——考虑结霜和污染而引入的余度系数；

　　　q_m ——流过单根换热管的氦气质量流量，kg/s；

　　　c_{pg}，c_{pL} ——分别为氦气和制冷剂的平均定压比热，J/（kg · K）；

　　　Δt ——热交换器进、出口氦气的温差，K；

　　　K ——热交换器的换热系数，W/（m^2 · K）；

Δt_{m} ——平均对数温差，K；

α_i，α_o ——分别为管内和管外的放热系数，W/（m^2·K）；

d_i，d_o ——分别为换热管内直径和外直径，m；

λ ——管子材料的导热系数，W/（m·K）；

λ_g，λ_L ——分别为氦气和制冷剂的导热系数，W/（m·K）；

Nu_g ——氦气流的努谢尔特准则数；

ρ_g，ρ_L ——分别为氦气和制冷剂的密度，kg/m^3；

γ_L ——制冷剂的汽化潜热，J/kg；

σ ——制冷剂的表面张力，N/m；

μ_L ——制冷剂的动力黏度，Pa/s；

t_o，t_v，t_2 ——分别为外界环境温度、制冷剂在相应压力下的饱和温度和热交换器出口氦气的温度，K；

q_i ——通过换热管内表面的平均热流密度，W/m^2。

地面供配气也有固定式和移动式两种，对于固定发射的箭（弹），通常采用固定式供配气。对于机动发射的箭（弹），通常采用移动式供配气。对于固定发射方式，通常采用气源集中供应与管理、现场配气台分级操作与控制的分级供配气模式，即用气单元所需的气体可出自同一个气源，但贮气设备不是直接而是通过现场的配气台向用气单元供配气。现场包括各加注库房或加注场地、发射工位、塔上或发射井等，现场的配气台有属于本系统的配气台和属于其他地面发射支持系统的配气台。

地面供配气通常采取手动操作与自动控制相结合的控制方式。地面供气管路与箭（弹）的连接有两种方式：一种是将多条管路汇集在多通道气管连接器上，通过气管连接器与箭（弹）的插座对接；另一种是单条管路通过单管连接器连通。大多数管路采用前一种连接方式。

9.4.3　常温供配气流程和系统

发射常温液体推进剂箭（弹）时，箭（弹）上的用气单元和地面用气单元所需气体通常都是常温气体。典型的地面常温供配气流程原理如图9-9所示。由图可知，气瓶库贮气设备中的气体经气瓶库配气台后，从主管路流到供气配气台，然后再流向推进剂库房的配气台、地面配气台、加泄配气台、弹头配气箱和发射台，最后流向各配气台所负责供配气的用气单元。

常温液体推进剂箭（弹）的地面供配气系统通常由气瓶库、供气管路、配气台、过滤器、气管连接器、气体加温和配气设备、测试和控制设备等部分组成。气瓶库通常设有贮气设备、空气压缩机、液氮汽化车、配气台和控制设备等。

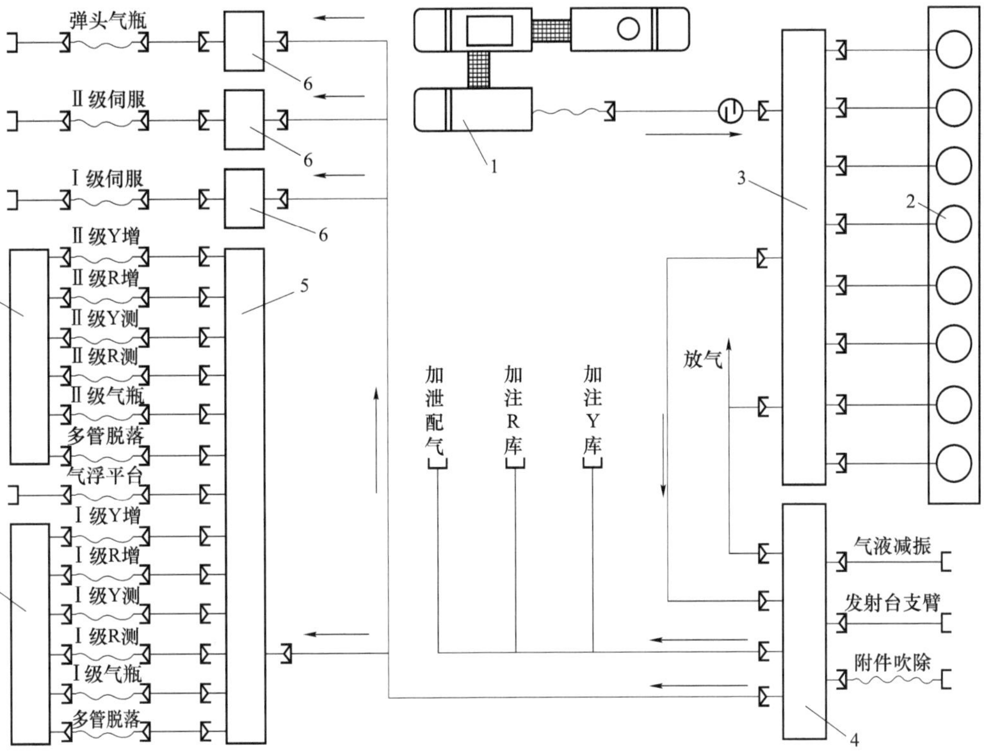

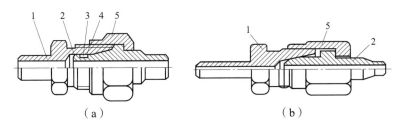

图 9 - 9　典型的地面常温供配气流程原理

1—活动制氮设备；2—高压贮气设备；3—气瓶库配气台；4—供气配气台；

5—地面配气台；6—弹头供气箱；7—多管连接器；Y—氧化剂；R—燃烧剂

供气管路分为主管路和分支管路，管路通常为非绝热的单壁管，管段之间的连接有焊接连接和连接器连接两种，连接器通常为球形接头 – 喇叭口式，这种连接器又分设有密封圈和不设密封圈两种，后一种应用较广。典型的供气管路连接器示意如图 9 – 10所示。

（a）　　　　　　　　　　　（b）

图 9 - 10　典型的供气管路连接器示意

（a）设有密封圈的连接器；（b）不设密封圈的连接器

1—接管嘴；2—球形接头；3—O 形橡胶密封圈；4—保护挡圈；5—外套螺母

通常设置的配气台有气瓶库配气台、地面配气台、各级配气台以及弹头配气箱、加泄配气台和清泄配气台等。

配气台通常由台体、气路和电路组成。气路通常由减压阀、电磁截止阀、手动截止阀、集气管、通气管、过滤器、测压管、压力表等部分组成。电路部分通常由压力信号器、开关、按钮、指示灯、电阻器、接插件、电缆和导线等部分组成，它是电 - 气控制系统的一部分，主要用于电磁截止阀的控制、信号传输和显示以及测压等。配气台上的电磁截止阀通常要由测控中心的动力控制台供电控制。早期典型配气台的气路原理和电路原理分别如图 9 - 11 和图 9 - 12 所示。

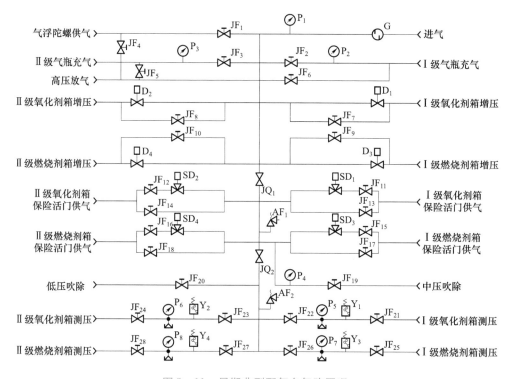

图 9 - 11　早期典型配气台气路原理

G—过滤器；JQ$_1$、JQ$_2$—减压阀；JF$_1$ ~ JF$_{28}$—角式手动截止阀；Y$_1$ ~ Y$_4$—压力信号器；AF$_1$，AF$_2$—安全阀；
P$_1$ ~ P$_8$—压力表；D$_1$ ~ D$_4$—二位三通常闭式电磁截止阀；SD$_1$ ~ SD$_4$—二位三通常开式电磁截止阀

按气体的流向与活门开启方向的一致与否以及活门所受进气是否减荷分类，地面供配气系统常用的减压阀有四种类型，即非减荷反向作用型、非减荷正向作用型、减荷反向作用型和减荷正向作用型，分别如图 9 - 13（a） ~ （d）所示；按开启和调节活门开度时的加载方式分，常用的减压阀有机械弹簧加载式和气压加载（气簧）式（图 9 - 13（e））。按直接加载还是间接加载分，常用的减压阀有直接作用式和先导式，分别如图 9 - 13（e）和（f）所示。

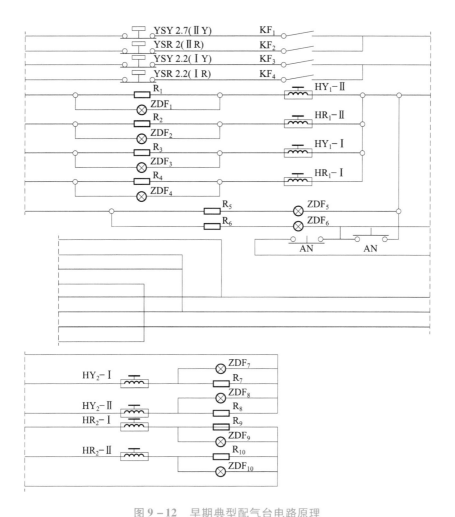

图 9 – 12　早期典型配气台电路原理

$HY_1 – Ⅰ$，$HY_1 – Ⅱ$，$HY_2 – Ⅰ$，$HY_2 – Ⅱ$，$HR_1 – Ⅰ$，$HR_1 – Ⅱ$，

$HR_2 – Ⅰ$，$HR_2 – Ⅱ$—电磁截止阀；AN—按断开关；$KF_1 \sim KF_4$—开关；

$ZDF_1 \sim ZDF_{10}$—指示灯；$R_1 \sim R_{10}$—电阻；YSY 2.2，YSR 2.2，YSY 2.7，YSR 2—压力信号器

　　非减荷反向作用型减压阀典型结构组成示意如图 9 – 14 所示，使用时通过操纵加载螺杆使主弹簧压缩，从而使活门开启，通过调整所加载荷和主弹簧的压缩量，就可调节活门开度，从而达到所要求的出口压力。由于气体流动方向与活门开启方向相反，且活门始终受到气体作用力作用，故这种减压阀属于非卸荷反向型减压阀。不同类型减压阀的适用场合见表 9 – 6。不同的用气单元对供气流量、供气压力精度等的要求也不一样。例如，对于大型加注贮罐增压供气，就需使用流量较大的减压阀，而对于贮箱增压，由于加注推进剂后贮箱气枕容积较小，为控制气枕压力，供气减压阀的流量较小且出口压力精度要求较高。

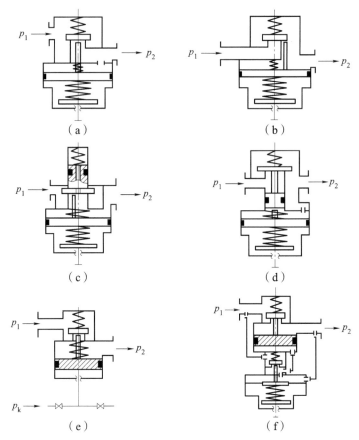

图 9 – 13　减压阀的基本类型

（a）非减荷反向作用型；（b）非减荷正向作用型；（c）减荷反向作用型；
（d）减荷正向作用型；（e）气压加载的非减荷反向作用型；（f）先导式减荷反向作用型

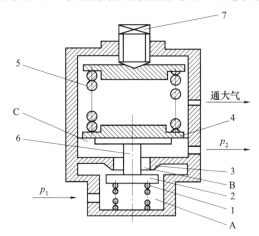

图 9 – 14　非减荷反向作用型减压阀典型结构组成示意

1—副弹簧；2—活门；3—阀座；4—膜片；5—主弹簧；6—顶杆；7—加载螺杆；
A—高压腔；B—节流孔；C—低压腔

表 9 - 6　不同类型减压阀的适用场合

类　　　型			流量 q_m			出口压力 p_2			精度 $\Delta p/p_2$		
			大	中	小	高	中	低	高	中	低
直接作用式	弹簧加载式	非卸荷正向			√			√			√
		非卸荷反向		√		√				√	
		卸荷正向			√	√	√			√	
		卸荷反向		√	√	√	√			√	√
	气压加载式	卸荷反向	√	√		√			√	√	
先导式	弹簧加载式	卸荷反向	√				√	√		√	

注：目前，精度及压力等级的划分尚无统一标准，其中的一种划分规定如下：

1. Δp 为出口实际压力与目标压力之差；
2. $\Delta p/p_2$ 在 ±3% 范围内为高精度，$\Delta p/p_2$ 介于 ±3% 与 ±6% 为中等精度，$\Delta p/p_2$ 在 ±6% 以上为低精度；
3. $p_2 \geqslant 3$ MPa 为高压，1 MPa $< p_2 < 3$ MPa 为中压，$p_2 \leqslant 1$ MPa 为低压

　　电磁截止阀通常用于供配气的远程控制，它的种类很多，其中二位二通和二位五通电磁截止阀用得较广，多用于远程控制贮箱增压等场合。由于在高压下阀门关闭时所需的电磁力较大，采用直接作用式结构会带来结构尺寸和质量均较大的问题，故高压截止阀均采用先导式结构而不采用直接作用式结构。典型的先导式电磁截止阀结构示意如图 9 - 15 所示，其工作原理是通电打开而断电关闭，电磁铁通电时先导活门向下运动，其上部的活门打开、下部的活门关闭，主活门背压腔放气，主活门在气压作用下开启，主气路开通。断电时，弹簧和进气口压力推动先导活门向上运动，其上部的活门关闭，下部的活门打开，气体进入主活门上部。与此同时，与弹簧共同作用下主活门关闭，并在背压作用下保持密封，主气路的气体流动被截止。

　　典型的二位五通电磁截止阀结构示意如图 9 - 16 所示，这种截止阀多用于对阀门开关、连接器锁紧与脱落、打开与关闭箭（弹）上阀门等的远程控制。图中 A 为进气口，C、D 通过管路分别与用气单元执行气缸活塞两侧的气腔连接。以控制加注阀门的开关为例，断电时先导活门打开，气体进入常闭侧主活门背面使其密封，在气压作用下常开侧主活门打开，气体由 C 处流向加注阀门气缸活塞一侧的关闭腔，原先存于气缸打开腔的气体则经过管路从常闭侧主活门的放气口排出，阀门关闭。通电时先导活门关闭，气体进入常开侧主活门背面使其密封，在气压作用下常闭侧主活门打开，气体由 D 处流向加注阀门气缸的打开腔，关闭腔放气，加注阀门打开。

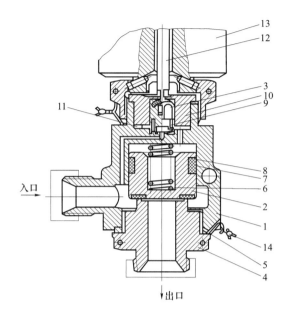

图 9 – 15　典型的先导式电磁截止阀结构示意

1—壳体组合件；2—主活门；3—先导活门；4—接管嘴；5—垫圈；6、9—弹簧；

7—O 形橡胶圈；8—挡圈；10—活门座；11—调整垫；12—推杆；13—电磁铁；14—铅封

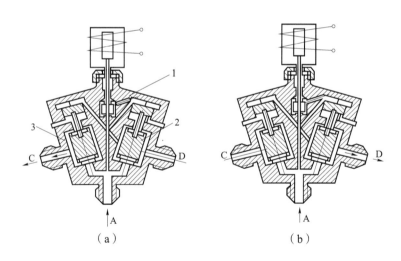

图 9 – 16　典型的二位五通电磁截止阀结构示意

（a）断电状态；（b）通电状态

1—先导活门；2—常闭侧主活门；3—常开侧主活门

过滤器的过滤精度要求较多，但通常以 14 μm 和 40 μm 为多，滤网材料为不锈钢、麂皮和烧结材料。为了适应供气和放气使用，过滤器一般为双向过滤器，即其滤网可承受正向和反向气流的冲击。典型不锈钢滤网的单向气体过滤器如图 9 – 17 所示。

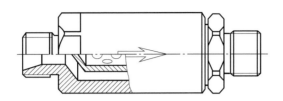

图 9 - 17　典型不锈钢滤网的单向气体过滤器示意

气管连接器用于地面供配气管路与箭（弹）多管插座之间的连接与分离。气管连接器通常为组合式，即通过一个连接器可实现多条地面供配气管路与箭（弹）插座各管之间的同时连接与分离。气管连接器一般具有手动连接、自动脱落和手动脱落的功能。

典型的多管气管连接器结构示意如图 9 - 18 所示，这是一种七管组合的连接器，它将氧化剂贮箱增压管、氧化剂贮箱测压管、燃烧剂贮箱增压管、燃烧剂贮箱测压管和气瓶充气管路等管路组合在连接器上，通过一个连接器实现这些地面管路与箭（弹）插座各管的同时连接与分离。连接器可通过远程控制脱落，也可手动操作脱落。这种连接器采用人工手动连接和锁紧方式。连接前，逆时针方向旋转压紧螺母 9，此时活塞筒 17 和球锁 2 等向左移动，钢球处于活塞杆 19 中直径较小的杆段。连接时，将连接器的插头体与箭（弹）上的插座对中并插入插座，直至活塞筒插入到承力螺母 1 中。由于被承力螺母阻挡，在插入过程中套筒 16 相对地向右移动而离开钢球。当钢球到达承力螺母的梯形槽位置时，活塞杆 19 在活塞弹簧 3 的作用下向右移动，其由小直径变到大直径的过渡圆锥迫使钢球的一部分落入承力螺母的梯形槽内，并被活塞杆压住而不能回位。至此，连接器已被连接到位，随后进行锁紧，使插座与连接器之间保持密封，并防止非正常脱落。锁紧时，顺方向旋转压紧螺母，直至插头体端面与插座体端面贴紧，以保证所有密封圈都得到一定的预紧力，预紧力通常要由力矩扳手控制。

采用远程控制脱落时，通电打开电磁截止阀，高压气体由接管嘴 5 突然进到活塞筒内，从而推动活塞杆向左移动。当活塞杆圆锥段移动到钢球位置后，钢球因径向压紧力解除而落回到活塞筒内。与此同时，高压气体通过活塞杆与活塞筒之间的间隙和活塞筒上的 6 个小孔进到插头体的气腔内，再通过 8 个小孔从垂直方向喷向连接器与插座的分离面，在反力作用下连接器从箭（弹）上的插座中弹射出来，实现与箭（弹）的分离。

需要人工操作脱落时，先要拆除电磁截止阀 7，然后逆时针方向旋转压紧螺母 9 以卸除预紧力，再以人工方法推动活塞杆向左移动，并从箭（弹）上的插座中拔出连接器。

如前所述，为了使末修级或姿控发动机贮箱的推进剂温度不至于太低，保证发动机能正常工作，发射前需用温度高于常温的热氮气吹除发动机舱。通常采用的氮气加

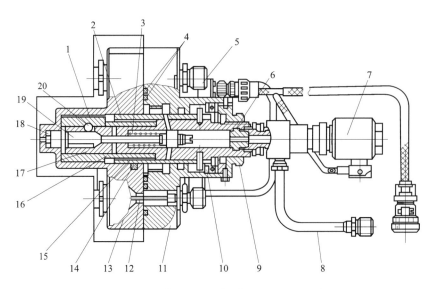

图 9 – 18　典型的多管气管连接器结构示意

1—承力螺母；2—球锁；3—活塞弹簧；4，6，14—O 形密封圈；5—接管嘴；

7—电磁截止阀；8—进气管；9—压紧螺母；10—轴承；11—插头体；12—顶杆；

13—插座体；15—套筒弹簧；16—套筒；17—活塞筒；18—缓冲垫；19—活塞杆；20—钢球

温装置为一种池式换热装置，它主要由盘管式换热器和容器组成，盘管置于水面之下，水由插入其中的电热管加热至给定温度并在供气过程中一直保持该温度，如图 9 – 19 所示。需要用热氮气吹除时，常温氮气以给定流量流经盘管，与热水进行热交换后温度升高，达到规定的温度。

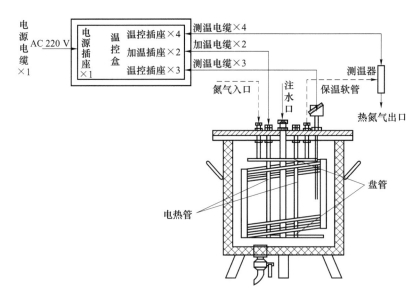

图 9 – 19　典型的氮气加温装置示意

9.4.4　低温供配气流程和系统

对于采用低温推进剂的火箭，除箭上的姿控气瓶、发控气瓶和补压气瓶等用气单元要求供常温气体外，设在低温贮箱内的气瓶要求供冷氦气。另外，由于贮箱加注低温推进剂后会导致发动机舱的温度偏低，影响姿控发动机的正常工作。因此，发射前需由地面供配气系统供热氦气对发动机舱进行吹除。

典型的常温气体、热氦气和冷氦气的供配气流程如图 9-20 所示。由图可知，常温氮气从贮气设备流出后，经气瓶库配气台配送后分为两路：一路气体沿主管路流到塔架位置的配气间，通过配气台配送到液氧加注场地配气台、液氮加注场地配气台、尾端加温配气台及塔上的一级配气台、二级配气台和氮（或氦）配气台；另一路则供给液氢加注场地配气台。其中各加注场地的配气台为加注系统的贮罐、管路、阀门的执行机构等用气单元供配气，尾端加温配气台为发动机舱吹除供气，而塔上的氮（氦）配气台主要为火箭上的用气单元供配气，为气管连接器的脱落执行机构供气，同时也为设在塔上的加注系统的加泄配气台供气，加泄配气台再为设在塔上的加注系统阀门和连接器的执行机构供气。同时，常温氦气从贮气设备流出后，最后由三级氦配气台对各用气单元进行配送。

作为上述流程的一部分典型的冷氦气供配气分系统框图如图 9-21 所示。来自气源的常温氦气进入氦配气台后分成三路进入热交换器，常温氦气流经热交换器内的盘管时与管外的液氮或液氢进行充分热交换，变为低温氦气后流出，其中"氢箱增压"和"氧箱增压"两路的低温氦气经真空绝热管路和冷氦连接器流入贮箱气枕，而"气瓶充气"一路则经真空绝热管路、纯化器和冷氦连接器流入贮箱内的冷氦气瓶。是否需要经过纯化器是根据要求的氦气纯度和工业氦气的纯度确定的，工业氦气纯度通常为 99.99% 左右，如果要求充入冷氦气瓶的氦气纯度不低于 99.999%，则系统中通常要设置纯化器。

冷氦气供配气系统通常由氦气瓶库、非绝热管路、绝热管路、过滤器、氦气配气台、热交换器、冷氦连接器和测试与控制等设备组成。

如图 9-20 所示系统的氦气瓶库设有 25 个容积为 1.4 m^3 的球形气瓶，最高贮气压力为 34.3 MPa，另外还配备了两辆气瓶车和一辆模压机车。氦气的贮存能力不低于13 000 m^3，每次发射的氦气使用量约为 2 600 m^3（该用量包括常温氦气和低温氦气用量）。

热交换器后的冷氦气管路采用真空多层缠绕绝热，内管通径为 8 mm，外管内径为50 mm，夹层封口真空压强不大于 1.33×10^{-3} Pa，漏放气速率不大于 1.33×10^{-8} Pa·L/s，缠绕层数为 5 层。绝热管路为多管段通过接头连接而成，每路绝热管路长度为 40 m。在液氮温度下，每个接头的漏热不大于 5.5 W。由换热器出口至冷氦连接器，冷氦气的温度升高不超过 4 K。

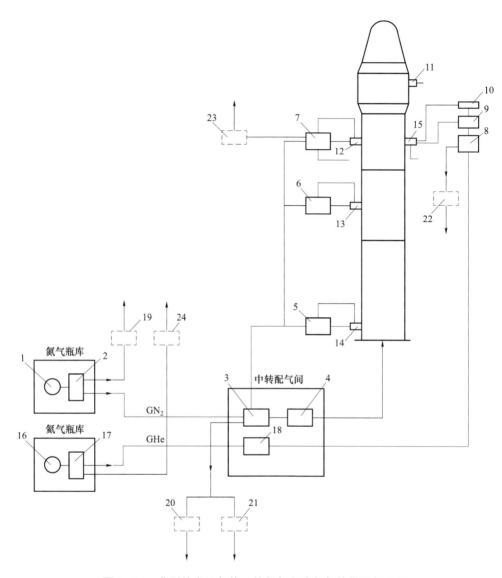

图 9 – 20 典型的常温气体、热氮气和冷氦气的供配气流程

1—氮气瓶组；2—氮气瓶库配气台；3—中转氮配气台；4—尾端配气台及加温设备；5—一级配气台；

6—二级配气台；7—三级氮配气台；8—三级氦配气台；9—冷氦热交换器；10—冷氦纯化器；

11—空调连接器；12—三级常温气管连接器；13—二级常温气管连接器；14—一级常温气管连接器；

15—三级冷氦连接器；16—氦气瓶组；17—氦气瓶库配气台；18—中转氦配气台；

19—液氧加注场地氮配气台；20—液氧加注场地氦配气台；21—液氢加注场地氦配气台；

22—液氢加泄配气台；23—液氢加泄配气台；24—液氢加注场地氮配气台

　　冷氦热交换器通常设在离火箭较近的位置，这样可减少冷氦气的热损。热交换器通常由换热器和容器两大部分组成，容器用于盛装制冷剂，换热器则用于常温氦气与制冷剂的热交换。换热器通常为盘管式换热器，容器通常为圆筒形容器，采用聚氨酯发泡绝

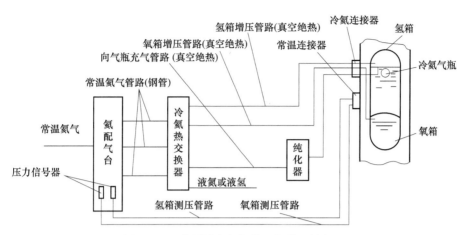

图 9 – 21　典型的冷氦气供配气分系统框图

热或真空绝热。常用的制冷剂有液氮和液氢两种，采用液氮做制冷剂时，要由专门设置的液氮加注系统将液氮加注到冷氦热交换器的容器内；以液氢做制冷剂时，已有的做法是将热交换器并联在液氢加注管路上，由液氢系统供给液氢，作为预冷剂和氦气的制冷剂。美国土星Ⅰ和土星Ⅴ的冷氦热交换器就是如此，如图 8 – 17 和图8 – 18所示。

　　如图 9 – 21 所示系统的热交换器容器为立式圆筒形容器，采用聚氨酯发泡绝热。容器直径约为 1.1 m，总高为 2.4 m，几何容积约为 1.77 m³，全液位时的液氮量约为1.5 m³。换热器为螺旋式盘管结构，共有 8 组盘管，管子规格为 φ12 mm × 2 mm。

　　纯化器由纯化筒与容器组成，纯化筒由厚壁无缝钢管经两端热旋压收口成型，筒内装有一定质量的 13X 型分子筛，分子筛由液氮制冷，以提高其吸附能力。容器为一直立式圆筒形双层容器，内容器容积约为 1.8 m³，设计压力为 0.3 MPa，采用真空粉末绝热，粉末材料为珠光砂。纯度为 99.99% 的氦气经过纯化器后，纯度可提高到 99.999%以上。

　　由于低温推进剂加注要到射前几分钟才能结束，加注结束后地面供配气系统还要给贮箱增压，并监测贮箱压力，因此，无论是常温气管连接器还是冷氦连接器均要在完成增压和测压工序后才能脱落，脱落时间通常在加、泄连接器脱落之后。典型的冷氦连接器结构示意如图 9 – 22 所示，这是一种三管组合的低温连接器，连接器通过 3 个爪子实现与火箭插座的连接和分离。连接时，活动气缸动作，拉紧 3 个爪子，从而使连接器锁紧在火箭插座上。脱落时，活动气缸反向动作，3 个爪子张开，在拉簧的作用下，连接器被拉离火箭。

　　"土星Ⅴ"火箭 S – Ⅱ级的组合连接器示意如图 9 – 23 所示，它将 43 条脐带的连接器组合在一个装置上，各连接器的分布位置及脐带的功用如图 9 – 24 所示。该连接器的连接、锁紧及脱落结构原理与图 8 – 34 所示连接器相似，也是在火箭起飞到 1.9 cm高度时脱落并与火箭完全分离。

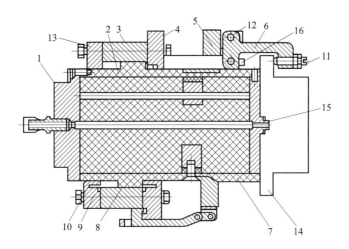

图 9 – 22 典型的冷氦连接器结构示意

1—连接体；2—套筒活塞；3—活动气缸；4—拉杆端盖；5—支撑吊架；6—锁紧钩；7—隔温圈；
8，9，10—O 形密封圈；11—调节螺钉；12—销；13—端盖；14—插座；15—密封垫；16—撞击块

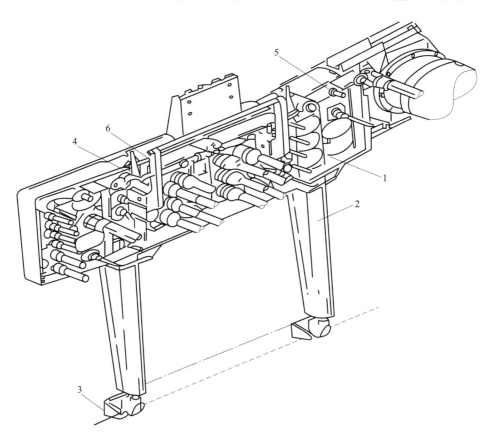

图 9 – 23 "土星 V"火箭 S – Ⅱ 级的组合连接器示意

1—本体；2—支腿；3—火箭上的支座；4，5—机械锁紧机构；6—机械解锁连杆机构

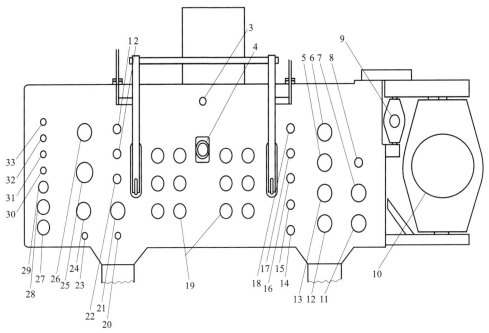

图 9 - 24　"土星 V"火箭 S - Ⅱ级组合连接器中各连接器的分布位置及脐带的功用

1—涡轮泵吹除；2—供气打开排气活门；3—组合连接器脱落供气；4—吹除电分离插头；

5—推力室夹套吹除；6—氢泵密封部位泄漏排出；7—液氧贮箱氦气增压和气瓶充气；

8—供气打开或关闭液氢加注活门和吹除阀；9—电子设备吹除；10—发动机舱吹除；

11—液氢循环回路吹除放气；12—液氢贮箱放气降压；13—液氢贮箱充氢气；

14—液氧贮箱排气和增压活门；15—供气打开或关闭液氧贮箱加注活门和排气活门；

16—回路增压调压器检查；17—回路系统增压调压器检查；18—氢增压系统吹除；

19—电插头；20—"J"形密封外漏检测；21—充氦气搅拌液氧；22—发动机氦气瓶充气；

23—"J"形密封内漏检测；24—气体发生器预冷时放气；25—加注或泄出液氧时贮箱泄压；

26—供气控制回路系统；27—公用舱（吹除气放气口）泄漏检测；28—公用舱（吹除气通气口）泄漏检测；

29—液氢贮箱隔层入口泄漏检测；30—贮箱液氢进口泄漏检测；

31—贮箱液氢出口泄漏检测；32—贮箱液氧进口泄漏检测；33—贮箱液氧出口泄漏检测

　　典型的氦气配气台气路原理如图 9 - 25 所示，进入配气台的高压常温氦气分成两路，一路经减压阀 JQ_1 减压后流经设在下游的冷氦热交换器和纯化器，然后充入火箭液氢贮箱内的氦气瓶。另一路经减压阀 JQ_2 减压后又分成几路，其中两路的氦气经冷氦热交换器后分别充入液氢贮箱和液氧贮箱，使贮箱增压，另外几路则不经过冷氦热交换器，直接为火箭上的姿控气瓶、发控气瓶和补加气瓶供气。在每条的气路上均并联设置了手动截止阀和电磁截止阀，人员在场时调整好减压阀的出口压力，手动截止阀和电磁截止阀均可打开供气，人员撤离前关闭手动截止阀，单独由电磁截止阀供气。电磁截止阀由动力测试 - 发射控制系统的动力控制台供电，由压力信号器提供信号，控制其通电或断电，使截止阀打开或关闭。

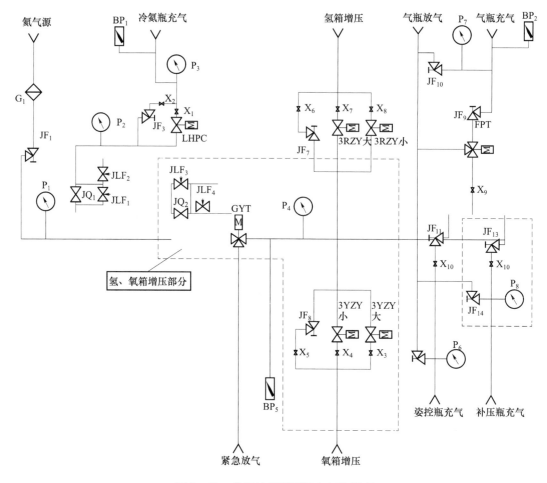

图 9 – 25 典型的氦气配气台气路原理

JQ_1，JQ_2—气压加载式减压阀；LHPC—冷氦气瓶充气电磁截止阀；

3YZY—氧箱增压电动截止阀；3RZY—氢箱增压电磁截止阀；JF_3，JF_7，JF_8—手动截止阀

如前所述，贮箱增压通常由压力信号器监测和控制，当达到规定压力时电动截止阀关闭，增压停止。常用的压力信号器有常开式、常闭式和双触点式三种，分别如图 9 – 26、图 9 – 27 和图 9 – 28 所示。压力信号器通常安装在贮箱的测压管路上，测压管路通过气管连接器与火箭贮箱相连。

常开式压力信号器由膜盒、定片触点、动片触点、动片顶杆、膜盒顶杆和壳体等部分组成。当两侧存在压差时，膜盒就会产生变形，推动动片顶杆和动片触点运动。当压差达到设定值时动片触点与定片触点闭合，电路接通。

常闭式压力信号器的结构与常开式压力信号器基本相同，不同的是，在不存在压差的情况下，其动片触点与定片触点处于闭合状态，当压差达到设定值时触点断开。

双触点式压力信号器由膜片、芯块、碟簧、调节块、限位块、微动开关、常闭触

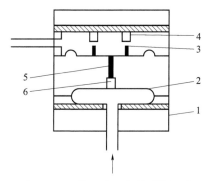

图 9 – 26　常开式压力信号器示意

1—壳体；2—膜盒；3—动片触点；4—定片触点；5—动片顶杆；6—膜盒顶杆

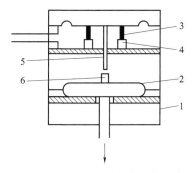

图 9 – 27　常闭式压力信号器示意

1—壳体；2—膜盒；3—动片触点；4—定片触点；5—动片顶杆；6—膜盒顶杆

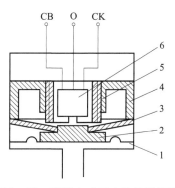

图 9 – 28　双触点式压力信号器示意

1—膜片；2—芯块；3—碟簧；4—调节块；5—限位块；6—微动开关；

CB—常闭触点；CK—常开触点；O—中间触点

点、常开触点、中间触点和壳体等部分组成，其中常闭触点与常开触点可互相转换，碟簧一般具有负刚度特性。当膜片感受到的气体压力达到设定值的上限时，碟簧会突然起跳，通过芯块推动微动开关，从而使常闭触点断开、常开触点闭合。反之，当膜片感受到的气体压力下降到设定值的下限时，碟簧会向相反方向突然起跳，使常闭触点闭合而常开触点断开。

地面供配气系统通常采用分布式控制和集中控制与管理相结合的方式，分布式控制就是通过分布在各现场的配气台实现对各用气单元的供配气控制，集中控制与管理通常由动力测试－发射控制系统完成。典型的动力测试－发射控制系统框图如图9－29所示。图中显示，设在控制中心的动力控制台可控制供配气系统的一级和二级配气台、气瓶库氮配气台、尾端配气与加温控制台、氦配气台和氮配气台，并接收和显示有关信号。动力控制台同时可控制加注系统的加泄配气台。通过一级和二级配气台，动力控制台主要控制一级和二级气管连接器的连接锁紧和脱落，并测试贮箱压力。通过氦配气台，动力控制台主要控制液氢、液氧贮箱增压和气瓶充气，控制冷氦连接器的连接锁紧和脱落，并接收贮箱压力信号和冷氦连接器的锁紧与脱落信号。对各连接器的控制是通过给相关配气台上的电磁截止阀供电或断电来实现的。

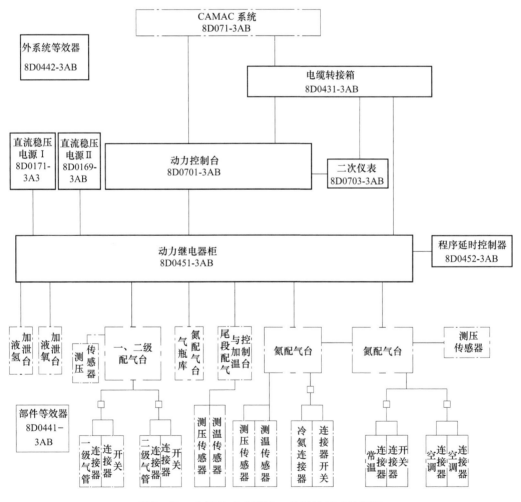

图9－29　典型的动力测试－发射控制系统框图

典型系统的冷氦气供气供配气程序和工序为：开始加注液氢后，冷氦供气分系统给火箭液氢贮箱内的气瓶充低温氦气；当气瓶内的氦气温度达到 21 K 时继续给气瓶充气，直至射前 2 min，从开始供气到供气结束，整个过程历时约为 3 h；约射前 20 min，液氧贮箱加注到Ⅲ液位，气枕容积为 0.77 m^3，此时对液氧贮箱供冷氦气以使贮箱增压，供气流量为 0.06 kg/s；当贮箱压力增至 0.32 MPa 时开始发动机预冷，预冷中贮箱保持该压力，直至射前 16 min 预冷结束。

射前 27 min 液氢贮箱加注到Ⅲ液位，气枕容积约为 2.3 m^3，此时对液氢贮箱供冷氦气使贮箱增压，增压后开始发动机预冷。冷氦气流量为 0.10 kg/s，增压压力为 $0.22^{+0.1}_{0}$ MPa。射前 25 min 泵前阀门打开，射前 16 min 预冷结束。射前 14 min 贮箱泄压补加，开始发动机自流预冷，至射前 4 min 再给贮箱供冷氦气使之增压，直至射前 2 min 结束，常温气体连接器和冷氦连接器脱落。

第 10 章 抗核加固和防护技术

10.1 概 述

武器系统生存的最大威胁是可能遭受的核袭击，因此，抗核加固和防护是在给定的核环境下，为保存武器系统生存和战斗力而采取的必要措施。

核爆炸可在极短的时间（30～100 μs）内释放出巨大的能量（每千吨 TNT 当量约 4.2×10^{12} J），核弹头无论是在空中爆炸（空爆）还是触地爆炸（地爆），均会产生强烈的空气冲击波、光和热辐射、电磁脉冲、爆破碎片及放射性沾染等破坏效应，而且还会激起地震波，核爆产生的空气冲击波、核地震波、电磁脉冲和光辐射对导弹发射工程设施、地面设备系统及导弹的杀伤破坏最大，它们会使地下井倾斜和错位，使井盖及坑道大门产生永久变形，使发射工程主体结构及管网破坏，使机动发射的导弹和地面设备系统受到强烈冲击而抛移、倾翻及损坏。电磁脉冲和光辐射还可能使导弹和地面设备裸露的部分发生燃烧和熔化，使电器系统的工作受到干扰甚至完全破坏。

对于不同的核爆方式（空爆或地爆）和不同的核环境参数（诸如能量、强度、空间和时间等），核爆对导弹及其发射系统的杀伤与破坏也是不一样的。空中爆炸会产生较强的光辐射、空气冲击波和电磁脉冲，杀伤范围大。触地爆炸会产生强烈的地震波和空气冲击波，在距爆心较近的范围内，空气冲击波超压比空爆要大，但随距离的增大而迅速衰减。此外，弹坑和碎片的破坏作用也比空爆要大。

为了提高导弹系统的生存能力，无论是地下井的设备和设施还是机动发射的地面设备和设施，都要考虑在遭到核爆炸时的生存能力问题，以采取相应的抗核加固和防护措施。

10.2 核爆的影响

除了核袭击直接命中以外，地下井或地下工事可将核爆炸造成的多种破坏效应衰减到无害的程度，但对核爆炸激起的地震波的防护能力很差。无论是空中核爆炸还是地面核爆炸都会激起地震波和冲击波，其中地爆激起的地震波破坏力更大，其冲击波效应是同当量空爆冲击波的两倍。

空爆时，核爆冲击波从爆心向外扩展，在空气中快速传播，阵面大致为半球形。空爆时产生的地面超压可由式（10-1）~式（10-3）计算。

当比高 $R/W^{1/3} \leqslant 96$ 时：

$$\Delta p_k = (1.682 \times 10^3 W^{1/3}/R^2) + (7.167 \times 10^5 W^{2/3}/R^3) \tag{10-1}$$

当比高 $96 < R/W^{1/3} \leqslant 1\,080$ 时：

$$\Delta p_k = 10.72 W^{1/3}/R + 1.3 \times 10^3 W^{2/3}/R^2 + 6.47 \times 10^5 W/R^3 \tag{10-2}$$

当比高 $R/W^{1/3} > 1\,080$ 时：

$$\Delta p_k = 6.3 W^{1/3}/R + 4.71 \times 10^3 W^{2/3}/R^2 \tag{10-3}$$

式中　Δp_k——空爆时产生的地面超压，MPa；

　　　R——与爆心的距离，m；

　　　W——核弹头的爆炸当量，kt。

地爆时核爆冲击波产生的地面超压为

$$\Delta p_\phi = 1.06 W^{1/2}/R + 4.3 W^{2/3}/R^2 + 14 W/R^3 \tag{10-4}$$

式中　Δp_ϕ——地爆时产生的地面超压，MPa。

发生地爆时，来自爆心的球面冲击波在空气中传播，而正压缩波在土壤中传播，如图 10-1 所示。压缩波的最大压力和地下井井壁上受到的水平方向的压力分别为

$$p_z = 0.1 \Delta p_\phi / [v + \Delta p_\phi Z/(1\,200 \sqrt[3]{W \times 10^{-3}})] \tag{10-5}$$

$$p_r = k_0 p_z (\sin \alpha + \xi \cos \alpha) \tag{10-6}$$

式中　p_z——地爆压缩波的最大压力，MPa；

　　　v——正压缩波在土壤中的传播速度，m/s；

　　　Z——地下井深度，m；

　　　p_r——地下井井壁上受到的水平方向的压力，MPa；

　　　k_0——考虑压缩波反射使井壁上受到的压力增加的系数，一般取 $k_0 = 2$；

　　　ξ——横向压力系数；

　　　α——压缩波传播方向与垂直方向的夹角，(°)。

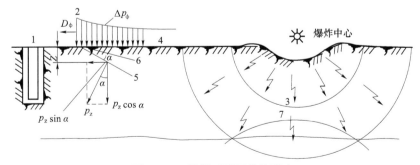

图 10-1　地爆时地下井的受力

1—地下井；2—空气冲击波；3—正压缩波；4—表面波；5—纵向压缩波；6—横向剪切波；7—地震波

除了受地爆压缩波的压力外，地下井井壁还要受到周围土壤产生的横向地层压力。对于一般土壤和黏性土壤，横向地层压力分别为

$$p_{n1} = \left(\rho_n g h_n + \sum_{i=1}^{n} \rho_i g h_i \right) \times \tan^2(45° - \varphi_n/2) \times 10^{-6} \tag{10-7}$$

$$p_{n2} = \left[\mu_0/(1-\mu_0) \right] \left(\rho_n g h_n + \sum_{i=1}^{n} \rho_i g h_i \right) \times 10^{-6} \tag{10-8}$$

式中　p_{n1}，p_{n2}——分别为一般土壤和黏性土壤的横向地层压力，MPa；

ρ_i，ρ_n——分别为第 i 层和第 n 层土壤的密度，$kg \cdot m^{-3}$；

h_i，h_n——分别为第 i 层和第 n 层土壤的厚度，m；

φ_n——第 n 层土壤的内摩擦角，（°）；

μ_0——第 n 层土壤的泊松系数。

设地下井井壁的抗压强度为 H_k，若 $H_k < (p_r + p_n)$，则地下井在遭到核袭击时不能生存，需要进行抗核加固；若 $H_k > (p_r + p_n)$，则地下井在遭到核袭击时仍能生存。

地爆时会在地面形成弹坑，激起直接地震波。同时，地爆会形成高温、高压的气团及高动能的碎片，碎片直接拍击地面，也会激起直接地震波。高温、高压的气团会猛烈膨胀，在爆心上空形成半球形的空气冲击波并拍击地面，在地下激起间接地震波。因为空气冲击能在大气中传播得很远，故间接地震波是离弹坑较远处地震波的主要部分。

地震波对某一地点的作用程度可用该处质点的地动参数来衡量，这些参数包括速度、加速度、位移、震动持续时间等，其大小取决于核爆炸当量、爆炸高度、离爆心在地面投影点的距离、深度、土壤性质（如密度、含水量、强度、孔隙度和可压缩性等）、地质状况（如断层、分层、裂缝和不均匀性等）和环境条件等。例如，在干燥的土壤中，地震波的衰减速度较快，不会传播得很远，而在岩石地层中却衰减得很慢，可以传播得很远。

核爆炸地震波的作用时间很短，一般不足 1 s，但它的地动参数值很大，尤其是加速度数值。要预先确定某处的地动参数是十分困难的，核爆炸地震加速度要比自然地震的加速度大很多，以一枚 1 TNT 当量的核弹头地爆为例，其弹坑周围区域的地面加速度达数百个 g（$g = 9.81$ m/s²），离爆心 1 km 处的加速度也在数个 g 以上。

对于一般的地质条件和花岗岩地质结构，核地震波的冲击加速度可分别由经验式（10-9）和式（10-10）估算：

$$a_{c1} = 105(W/b)^{0.7}(100/R)^{2.3}(c_p/c_1)^{0.9}\cos\alpha \tag{10-9}$$

$$a_{c2} = \left[235W^{0.7}/(R/100)^{2.22} \right]\cos\alpha \tag{10-10}$$

式中　a_{c1}——一般地质条件下核地震波在垂直方向的冲击加速度，g；

a_{c2}——花岗岩地质结构下核地震波在垂直方向的冲击加速度，g；

b——系数，$b = 1$ kt；

c_p——岩石波速，m/s；

c_t——凝灰岩波速，m/s；

α——计算点和爆心之间的连线与爆心垂直线之间的夹角，(°)。

有资料表明，当 1 000 kt 级核装药在空中爆炸时，距爆心投影点 6 km 范围内，瞬间作用于车辆的冲击波超压不小于 2.942×10^4 Pa，车辆会被推移或掀翻。

10.3　抗核加固和防护措施

10.3.1　地下工程的抗核加固和防护

处于地下工程的重型机电设备，其不破坏的核防护估计值为 $10\ g$，一般的电子仪器设备的耐振能力为 $2\ g \sim 10\ g$，人员的耐振（低频振动）能力为 $2\ g$ 以下。因此，如果将导弹系统和人员直接置于地下工事的地基上，遇有核袭击是很不安全的，必须采用抗核加固和减振措施，以抵御核地爆袭击激起的地震波的作用，使设备和设施免遭破坏，保证人员安全。

地下井加固一般采取均衡加固、重点加固和利用地形进行加固等几种方法。所谓均衡加固就是在分析来袭核武器的各种杀伤破坏作用的基础上，对地下井、导弹及各种设备采取等强度加固措施，避免出现薄弱环节。重点加固是对诸如导弹、发射控制设备和电站等重要而易受破坏的设备与设施进行重点加固，使其防护能力与它们的重要性及易损性相适应，而对其他部位和设备、设施则采取一般性防护措施。利用地形进行加固就是将地下井构筑在山脚下，使其对来袭核弹头的飞行方向形成一定的遮蔽角度。

所采取的抗核加固和减振措施应满足下列要求：①在采取均衡加固时，抗核减振措施的技术指标应与地下井井盖、坑道门及地下工事的耐振能力相协调，符合均衡加固原则，即地下井井盖、坑道门不致遭到破坏，地下工事不会发生塌陷，减振系统能发挥减振作用；②在给定的核爆炸和地质条件下，导弹的各个方向的加速度响应不超过允许值，弹性支撑部分与基础间的最大相对位移应小于预留的间隔距离，不得与其他设施和设备相碰撞；③能长期使导弹处于减振状态；④将导弹从弹性悬挂的减振状态转换为刚性支撑的待发射状态以及弹簧刚度调整等操作应快速、方便；⑤减振性能和操作性能应稳定可靠；⑥费用少，易维修。

通常的减振措施就是在地下井或地下工事内设置减振系统，这种减振系统由减振装置（包括弹簧、阻尼器、摆杆和支承装置等）和控制设备等部分组成，通过减振装置，导弹被弹性支承在地下井或地下工事的基础上。

按弹簧的支承方式分，减振装置分为下支承式减振装置和摆式减振装置，如图 10－2所示。摆式减振装置又分为低质心摆式减振装置和高质心摆式减振装置两种，如

图 10 – 3 所示。

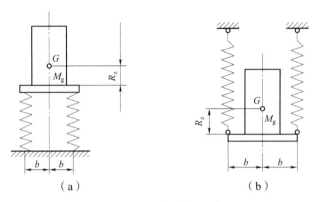

图 10 – 2 减振装置示意

（a）下支撑式；（b）摆式

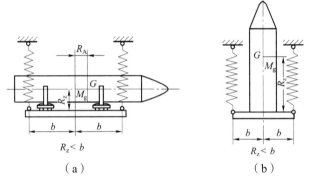

图 10 – 3 高质心和低质心摆式减振示意

（a）低质心摆式；（b）高质心摆式

弹簧和阻尼器的布置应与核爆时的地基运动相适应。测试结果表明，核爆时地基的运动基本上是平移运动，由于该平移运动可分解为一个竖直方向的运动和两个相互垂直的水平方向的运动，故弹簧和阻尼器要按这 3 个方向进行布置。

如图 10 – 2（a）所示，出于对稳定性的考虑，下支撑式减振装置的弹簧的竖直方向刚度不能太小，而水平方向的刚度应为各弹簧刚度的总和，水平方向的减振能力较差。大型导弹的横向允许过载比纵向允许过载小得多，故下支撑式减振装置不适用于大型导弹。

1. 低质心摆式减振装置

典型的低质心摆式减振装置示意如图 10 – 4 所示，它由支架、带弹簧的摆杆、阻尼器、升降机构、锁定机构和动力装置等部分组成，有些减振装置也将液压升降机构及锁定机构设在摆杆上。

在这种减振装置中，弹簧的作用是无地震波时支撑导弹等负载，在遭受地震波冲击时储存并消耗能量，以衰减地震波引起的振动。用于这种场合的弹簧有四种，即金属弹簧、空气弹簧、橡胶弹簧和液体弹簧。

金属弹簧简单耐用，性能稳定，可靠性高。缺点是刚度不可调，内阻尼很小，常常需要另外加装阻尼器。当负载较大或负载变化较大、刚度要求较高时，这类弹簧的安装和使用操作都很不方便，而且还有高频驻波效应，对高频冲击的隔离效果较差，一般只适用于负载不大且不变化、刚度要求不严格且不需要调整的场合。

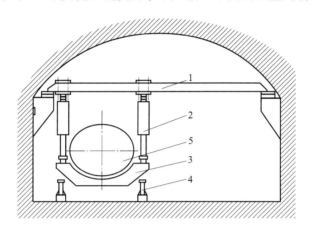

图 10 - 4　典型的低质心摆式减振装置示意

1—横梁；2—带弹簧的摆杆；3—减振支架；4—千斤顶；5—导弹（水平状态）

空气（或氮气）弹簧可分为气缸式、气囊式和波纹管式等几种，这类弹簧的刚度和阻尼均可调整，刚度可随负载的变化而变化，容易使系统的固有频率降到 1 Hz 以下，减振效果很好（气缸式稍差），安装和使用操作都较方便。其中气囊式和波纹管式承载能力较小，体积较大。气缸式承载能力大，体积较小，缺点是气缸活塞的动密封容易损坏，长期承载时其刚度需调整。

橡胶弹簧阻尼较大，对高频冲击的减振效果较好，但承载能力小，尺寸较大，容易老化，刚度不稳定，固有频率很难降到 1 Hz 以下，只适用于中、小负载和对减振效果要求不高的场合。

液体弹簧常以硅油作为工作介质，这类弹簧承载能力大，体积较小，刚度和阻尼可按需要选择，但刚度随温度而变化，泄漏和摩擦解决有难度。

减振装置的主要问题是稳定性问题，稳定性包括静稳定性和动稳定性。对于低质心摆式减振装置，由于其与箭（弹）的合成质心距下吊点所在的水平面的高度小于吊点跨距的一半，即 $R_z/b \leqslant 1$，故静稳定性一般是足够的，而动稳定性则需要分析确定。

2. 高质心摆式减振装置

高质心摆式减振装置由弹簧组件、预埋梁、气液减振缸、吊杆和吊篮等部分组成，其支撑方式有三点式和四点式两种。四点式的高质心摆式减振装置示意如图 10 - 5 所示，它设有 4 根套有螺旋形金属弹簧组件的吊杆，吊杆上、下端均为球铰结构，吊杆上端通过球铰分别与井壁上的 4 根预埋梁相连,下端则与吊篮铰接。为了消除部分的高频振动,通常要在球铰与预埋梁之间垫衬橡胶垫,消除两者之间的间隙。

吊杆的长度一般取得较大,这样可使减振系统沿水平方向摆动的固有频率降到很低,消除减振系统水平方向与竖直方向的耦合振动,提高系统的减振能力。

弹簧组件具有大、小两种刚度,以适应导弹加注推进剂前、后对刚度的需求。吊篮为金属结构,用于吊装导弹和发射台。采用吊篮方式可降低导弹和发射台等弹性悬挂部分的合成质心高度,提高系统的动态稳定性。吊篮的升降、调平、锁定和状态转换均由液压机构完成。

气液减振缸既是液体弹簧又是阻尼器,其工作介质为液压油和高压氮气。对于高质心摆式减振装置,一般采用拉伸型气液减振缸,压缩型气液减振缸只适用于下支撑式减振装置。

四点式支承的稳定性好,但支撑反力随各支点之间的高度差变化而变化,而且变化较大,因而在升降及调平中要采取措施来均衡支反力。三点式支撑虽属静定系统,但其动稳定性相对较差。

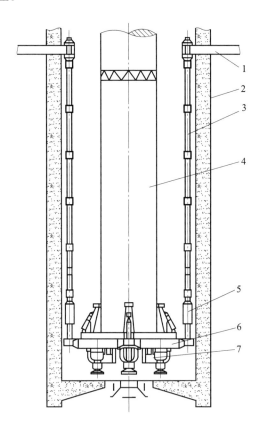

图 10 - 5　四点式的高质心摆式减振装置示意

1—预埋梁;2—井壁;3—吊杆;4—导弹;5—气液减振缸;6—发射台;7—气液控制箱

10.3.2　机动发射设备的抗核加固和防护

机动发射设备的品种繁多，结构复杂，工作环境随机变动，实施加固的技术难度和所需费用较大，其防护效果也不如固定设备明显。机动发射设备中的机械设备通常采取下列抗核加固和防护措施：

（1）车辆周围采用密闭的裙式结构，以减少冲击波对车辆的影响；

（2）车体设升降机构，停车时使车辆贴近地面；

（3）增加车辆结构的刚度，尽量减少迎风面；

（4）提高车辆悬挂系统的性能；

（5）采用地锚式固定器，提高车辆的稳定性，以防车辆被冲击波掀翻。

为防止电子脉冲引起电流效应，电子设备通常采取以下防护措施：

（1）设备外壳采用密封和屏蔽结构，选用铝板为材料且厚度适当；

（2）设备的通风口采用蜂窝式结构；

（3）设备接地，穿墙螺钉、螺栓和轴等用导电的啮合表面接地；

（4）采用全屏蔽式电缆，或采用合理铺设的内部屏蔽电缆；

（5）对瞬间干扰采取滤波或限辐措施。

参 考 文 献

［1］导弹地面设备翻译组．导弹地面设备［M］．北京：国防工业出版社，1976.

［2］龙乐豪，等．世界航天运载器大全［M］．北京：宇航出版社，2007.

［3］周载学，等．发射技术（上、中、下册）［M］．北京：宇航出版社，1987.

［4］杨长骙．起重机械［M］．北京：机械工业出版社，1982.

［5］陈贵霖．铁道车辆动力学基础［M］．北京：中国铁道出版社，1978.

［6］王福天．车辆动力学［M］．北京：中国铁道出版社，1981.

［7］［加］黄祖永．地面车辆原理［M］．北京：机械工业出版社，1985.

［8］吴明昌，等．地面设备设计与试验（上、下册）［M］．北京：宇航出版社，1991.

［9］匡永成．肯尼迪空间中心土星 V 运载火箭的发射设备［J］．靶场与试验技术，1979（1）：1 – 20.

［10］［美］化学火箭推进公司危险工作小组．液体推进剂处理、贮存和运输［M］．杨宝贵，等，译．北京：国防工业出版社，1976.

［11］气动技术编写组．气动技术［M］．北京：北京出版社，1980.

［12］上海工业大学流体控制研究室．气动技术基础［M］．北京：机械工业出版社，1980.

［13］舒传声，等．低温技术与应用［M］．北京：科学出版社，1983.

［14］柴诚敬，张国亮．化工流体流动与传热［M］．北京：化学工业出版社，2000.

［15］张祉祐，石秉三．制冷及低温技术［M］．北京：机械工业出版社，1981.

［16］［苏］B.л.伊萨琴科，等．传热学［M］．王丰，等，译．北京：高等教育出版社，1987.

索　引